十二五科技支撑项目“重要外来有害生物
传入风险及监测技术研究”(2015BAD08B01)资助

口岸截获外来小蠹彩色图鉴

张俊华 主编

上册

中国林业出版社
China Forestry Publishing House

图书在版编目(CIP)数据

口岸截获外来小蠹彩色图鉴：全 2 册 / 张俊华主编 .
-- 北京：中国林业出版社，2020.6
ISBN 978-7-5219-0386-7

Ⅰ . ①口… Ⅱ . ①张… Ⅲ . ①小蠹科—昆虫—鉴定—
图解 Ⅳ . ① Q969.514.1-64

中国版本图书馆 CIP 数据核字（2019）第 277067 号

责任编辑 印芳 孙瑶

出版发行 中国林业出版社（100009 北京市西城区德内大街刘海胡同 7 号）
http://lycb.forestry.gov.cn 电话：（010）83143629
印 刷 河北京平诚乾印刷有限公司
版 次 2020 年 8 月第 1 版
印 次 2020 年 8 月第 1 次
开 本 710mm × 1000mm 1/16
印 张 15
字 数 350 千字
定 价 120.00 元（共 2 册）

编写人员

主　编

张俊华

参加编写人员

（按姓氏拼音为序）

陈　克　陈乃中　陆　军　吕　飞　綦虎山　宋光远

王　倩　尤　波　于艳雪　张　箭　郑　超　朱雅君

目录

CONTENTS

第一章　概况

第二章　分类鉴定

第一章

概况

小蠹隶属于鞘翅目象虫科，是鞘翅目中最进化的一个类群。小蠹英文名为Bark and Ambrosia Beetles，是鞘翅目昆虫中最具检疫意义的类群之一。

作为世界上危害最严重的林木害虫类群之一，也是口岸主要截获的类群。由于其生物学特性和重要的经济意义，一直以来受到国际学者的重要关注。小蠹在国际贸易中主要随木材及木质包装材料等进行扩散，由于其隐蔽的生活环境加大了小蠹的检疫难度，增加了其入侵的可能性。

口岸检疫是预防小蠹传入的重要途径，也是据以制定小蠹监测方案的重要数据来源。Hacck于2001年对美国口岸截获小蠹数据单独进行了分析研究，Eckehard等人于2006年对新西兰口岸截获小蠹数据进行了分析研究，其研究结果均对两国的检验检疫和监测提供了支持。中国作为国际上重要的贸易国，每年进口的商品货物居于前列，近年来中国各口岸截获数据显示，小蠹每年的截获批次不断增加，分析2003—2017年间中国大陆口岸共截获外来小蠹268467批次，有72.9%（195660批次）被鉴定到属，57.6%鉴定到种。截获种类未能准确鉴定的问题，为我们进一步评估外来小蠹的入侵风险带来困难，有些种类有可能对我国的林木安全造成严重威胁。提高口岸截获小蠹总体鉴定精确度对于外来小蠹的防控具有重要意义。

目前，世界已知小蠹6000余种，中国347种。

我国2007年发布的《进境植物检疫性有害生物名录》中，包含小蠹科的昆虫有3属7种。中国大陆口岸自2003—2017年间共截获已鉴定出的小蠹科昆虫有79属287种。本书对小蠹科昆虫的介绍，主要为口岸送检的小蠹科昆虫标本，依据外部形态进行分类鉴定，共记述56属269种；有小蠹科的分族、属及种的检索表，图文并茂，便于鉴定。根据该学科国际上最新的研究进展，对某些类群的分类地位、学名进行修订，采用最新的研究数据，便于文献查阅。

一、小蠹科昆虫系统分类研究

自1762年Geoffroy建立了小蠹虫的第一个属——小蠹属（*Scolytus*）以来，小蠹虫以其重要的经济价值和独特的生物学习性吸引了众多鞘翅目分类学家、生理学家和行为学家开展相关研究。经过几个世纪的研究，世界各个地理区系和一些类群的研究论著相继发表和出版。LeConte和Horn于1876年发表了关于新北区小蠹研究的首次全面评论，文中记录了127个种。新北区和新热带区以Wood和Bright等为代表，分别于1982年和2007年出版了《北美和中美洲小蠹》《南美洲小蠹和长小蠹》，书中记录了北美洲和中美洲地区1430余种小蠹虫、南美洲地区1339种小蠹，又分别于1987年和1992年出版了小蠹和长小蠹的世界名录（第1部：《文献书目》和第2部：《分类名录》），书中共记载了1758—1984年之间关于小蠹研究方面的21488篇文献和世界各地小蠹25族225属

5812种；Bright于1976年出版了关于加拿大和阿拉斯加地区的小蠹，书中记录了214种的形态特征描述、分布和生物学信息，并提供了分属及各属分种的检索表。Wood于1986年对世界范围内的小蠹虫进行了分类修订，编制了分族（25个族）和属的检索表，此书成为小蠹分类学研究上重要的工具书。Bright等分别于1997年和2002年出版了小蠹和长小蠹世界名录的增补本，书中分别增补了1420篇文献和1341篇文献，更新了该类群的分类、分布、生物学和相关文献等信息。Grüne于1979年发表了关于欧洲地区的154种小蠹的分类检索表以及特征图。Bovey于1987年出版了关于瑞士的小蠹研究著作，书中提供了形态特征描述及分布图。Schott于1994年出版了法国阿尔萨斯的小蠹名录和地图集。Pfeffer于1995年出版了德国的小蠹研究专著，书中记录了311种，提供了部分种类的形态特征图。2004年Maiti等出版了印度地区的小蠹专著，书中记载了分布于印度的270种小蠹。中国的小蠹分类专著主要是1984年出版的殷惠芬等编著的《中国经济昆虫志—第二十九册：鞘翅目·小蠹科》，书中记录了分布于中国的165种小蠹虫。随着小蠹分类研究的不断完善，世界范围内一些类群的修订工作的研究成果也不断涌现。Alonso-Zarazaga 等于2009年对世界范围内的小蠹分类进行了更新与修订，文中包括了29个族240个属；2015年，Bright出版了小蠹世界名录第三增订本，名录中把小蠹科分为13个亚科30个族，是目前世界范围内小蠹系统分类研究的最新进展。

历史上，小蠹的分类地位一直存在争议，以国际著名小蠹分类专家Wood 为代表的早期学者一直采用小蠹科的分类系统。但是，近期随着支序系统学和分子生物学等新研究方法的发展，越来越多的数据支持小蠹为象虫科的一个亚科这一观点。目前国际上小蠹研究方面的专家，如Lawrence、Newton 和Farrell 等已普遍接受小蠹亚科这一分类系统。但是由于文中数据主要使用的是小蠹科的分类系统，因此，本文将采纳使用小蠹科这一分类系统。

分类学的一个主要问题是有些种类的学名缺乏稳定性，这个特殊问题在重要经济害虫小蠹虫上尤为明显。检疫性小蠹涉及的3个属和7种，目前这7个种所属的属级分类阶元没有发生变化，而3个属中有许多种类的分类地位发生了变化。关于3个检疫性小蠹属的系统研究成果也比较多，早在1909年Hopkins发表了关于大小蠹属的研究论文，文中记录了24个种的形态特征、整体图及特征图。Wood于1963年对大小蠹属的种类进行了系统研究，文中记录了14个种的形态特征、标本存放地、寄主、分布、生活史及异名修订。Nunberg于1963年发表了关于材小蠹属的研究论文，文中记载了73个种的描述、整体图及特征图。大小蠹属的种类主要分布于北美洲，目前世界上已知19种，中国大陆已知分布有3种，《中国经济昆虫志—第二十九册：鞘翅目·小蠹科》和《中国昆虫名录》中记录中国大陆已知2种，另外1种红脂大小蠹（*Dendroctonus valens* LeConte）是于1997年入侵中国的，在我国只有局部地区有分布。齿小蠹属（*Ips*）属于齿小蠹族（Ipini），该族目前包括7个属（*Acanthotomicus*、*Dendrochilus*、*Ips*、*Orthotomicus*、*Pityogenes*、*Pityokteines*、

Pseudips）。齿小蠹属为世界性分布，世界上已知43种，《中国经济昆虫志—第二十九册：鞘翅目·小蠹科》记录了中国大陆分布有8种，2002年出版的《中国昆虫名录》中记录中国大陆已知15种，目前作者统计中国大陆已知分布有17种。材小蠹属*Xyleborus*属于材小蠹族Xyleborini，材小蠹族的分类系统变化较大，进行了多次修订。随着材小蠹族分类系统的变化，材小蠹属的一些种类也出现新组合或异名修订。材小蠹属为世界性分布，1992年的世界名录中记录了材小蠹属566种，《中国经济昆虫志—第二十九册：鞘翅目·小蠹科》记录了中国大陆分布有31种，2002年出版的《中国昆虫名录》中记录中国大陆已知有34种，目前作者统计中国大陆已知分布有20种。

二、小蠹科昆虫成虫基本结构

小蠹科昆虫为小型甲虫，体长约为0.8～9.0mm；体型多为圆柱形或长卵形，少数种类呈半球形；成虫体色一般为褐色至黑色，有些种类颜色稍浅，呈黄褐色或红褐色；多数种类体色一致，部分种类头部和前胸背板颜色深，鞘翅颜色浅，少数种类的鞘翅体表被有花斑或斑纹等。

小蠹科昆虫成虫体壁坚硬，整个体躯分成头、胸、腹三部分。眼长椭圆形；无明显的喙；触角棒较宽；前胸与鞘翅比例正常；前足胫节无栉梳，前足基跗节正常，要短于其余跗节之和。

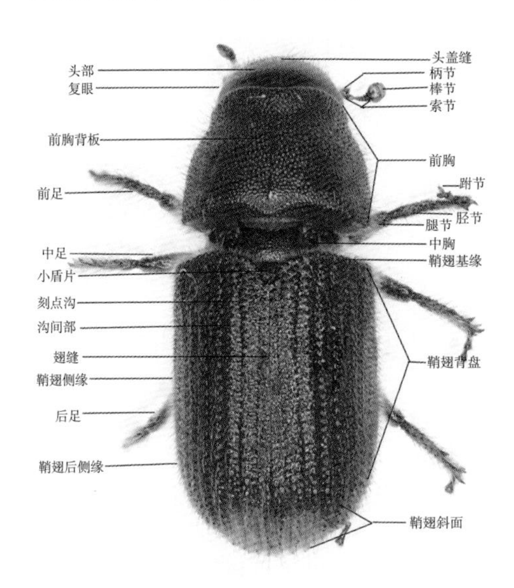

图1　整体结构图背面观

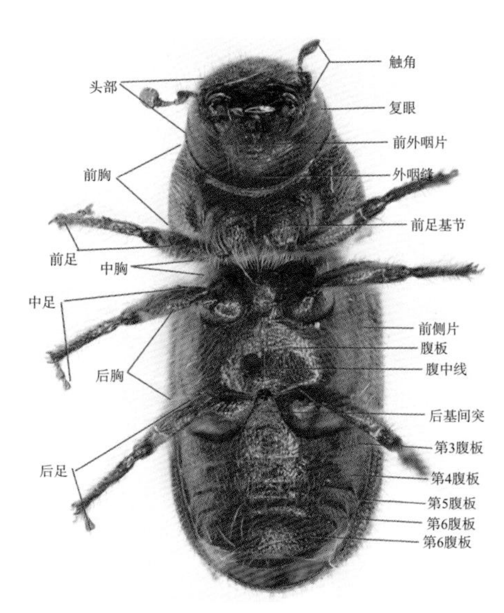

图2　整体结构图腹面观

小蠹全身各部位均生有毛，称为毛被。毛的长短和粗细变化较大，由小而细的鬃毛至细长的鬃毛，由粗壮的鬃至扁平状的鳞片鬃，鬃的形状变化是分类上常用的鉴定特征。

小蠹全身各部位的体表除了具有毛被，还具有刻点和颗粒。刻点大小、形状以及深浅均有变化。刻点中心、刻点周缘以及稠密刻点的间隔部分，均能突起形成颗粒，颗粒的有无、大小、形状、疏密以及排列方式也是重要的分类特征。

（一）头部

头部主要包括额面、口器、复眼和触角四部分。小蠹原始类群的额面在两性中均为凸状，在一些高等类群中，雌雄虫的额面出现不同程度的凹陷，具有明显的雌雄二型现象。口器特点为无上唇，上颚强大，变化很少，下颚和下唇在不同属中变化较多。复眼形状变化很大，原始类群的复眼呈完整的长椭圆形，变化的部位主要发生在复眼的前缘，有浅凹型、深凹型和完全分离型。触角膝状，主要分为柄节、索节和触角棒三部分。柄节细长如柄，变化少；梗节1节，较小；索节节数多变，原始类群7节，大多数类群为5节，少数类群为6节、4节、3节或更少至2节；触角棒节数和形状均多变，由完全无节的扁平状结构至节间有环形毛缝，有时环节之间还有几丁质的嵌隔，形状有棍棒状至扁平状或平截状。

（二）胸部

胸部包括前胸、中胸和后胸。其中主要明显的特征位于前胸。前胸背板上的刻点形状、大小、疏密以及颗瘤的形状、着生位置等是重要的分类特征。前胸背

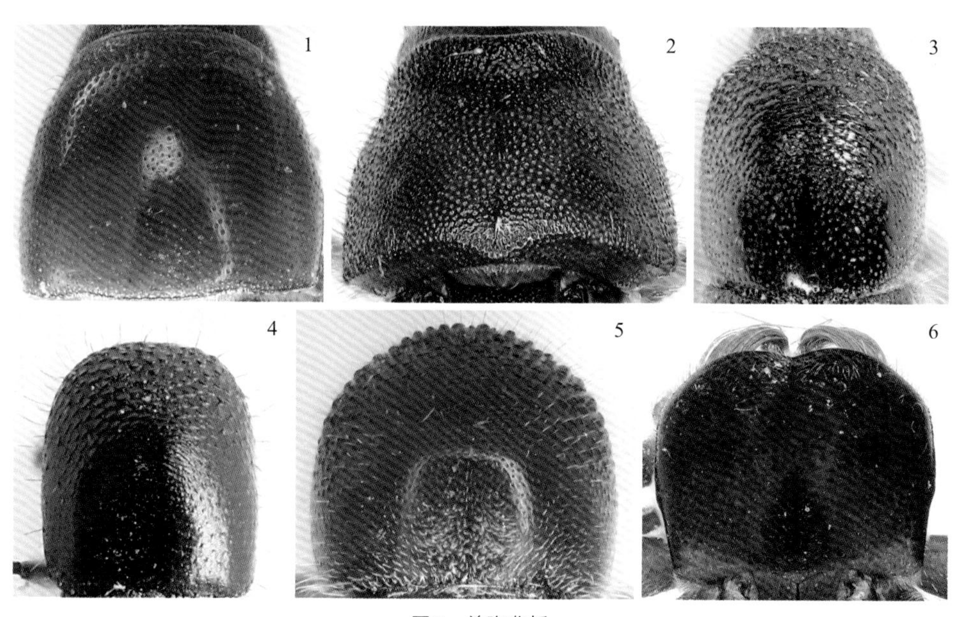

图3 前胸背板

1. *Scolytus seulensis*；2. *Dendroctonus valens*；3. *Ips sexdentatus*；4. *Euwallacea piceus*；5. *Xylosandrus mancus*；6. *Scolytoplatypus pubescens*

板的类型是重要的分类依据之一，前胸背板通常可分有侧缘和无侧缘的，有侧缘的正背面观形状多变，有的近于梯形，有的侧缘以下前胸两侧还有停放前足的凹陷，正背面观呈正方形；前胸背板无侧缘，正背面观有的近梯形，有的呈盾形，还有些类群呈近长方形或正方形等。

前足基节间的间隔距离也是重要的分类特征，在原始的类群中前足基节呈完全宽阔分离状，有些类群的前足基节相互连接。其次胫节特征也是重要的分类依据之一，胫节外缘是否为平滑的，是否有齿列，齿瘤的数量、着生位置等均为重要的分类依据。

（三）腹部

鞘翅的周缘主要包括齿基缘、翅外缘、翅端缘和翅缝部分。鞘翅一般具有10条刻点沟和的11条沟间部，排列数序由翅缝向外依次而推。鞘翅纵向分为翅基缘、翅前部和翅斜面,其中翅基缘有较大变化，原始类群的翅基缘为直线缘状，但一些高等类群的翅基缘向前弯曲，呈隆起的齿列状。鞘翅斜面变化最大，有些类群的鞘翅尾端不向下方倾斜，没有斜面；有的类群斜面呈凸状、扁平状或平截状；有些类群的斜面凹陷，外缘隆起，齿、瘤等着生于边缘上；有些类群的斜面变化复杂，有时同种的两性会截然不同。斜面上奇偶数沟间部的隆起和凹陷，以及沟间部颗瘤的有无、数量、大小、形状、着生位置等也是重要的分类依据。

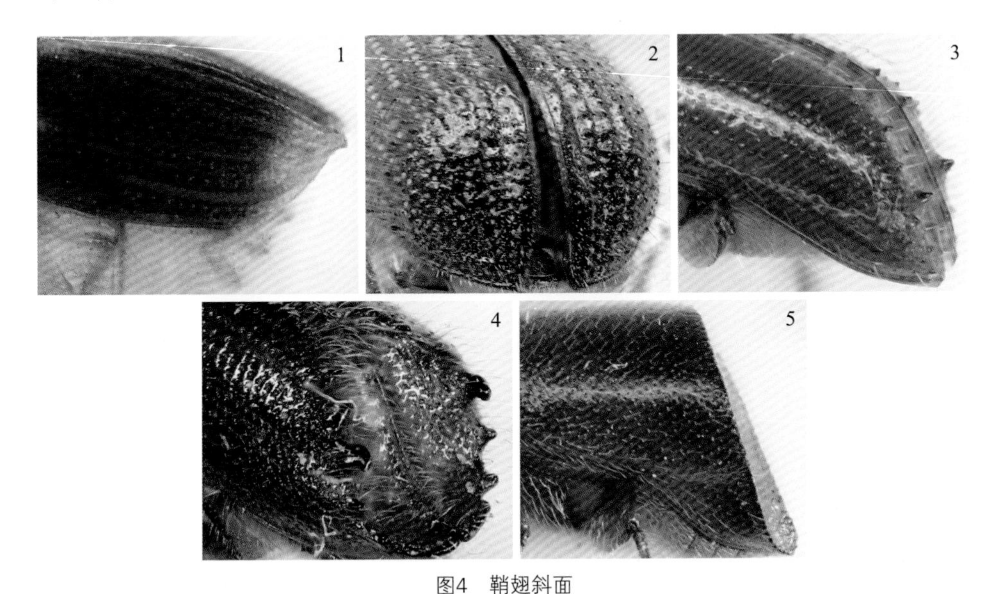

图4 鞘翅斜面

1. *Scolytomimus philippinensis*；2. *Dendroctonus simplex*；3. *Xyleborus ferrugineus*；4. *Ips pini*；5. *Xylosandrus mancus*

三、生物学习性

按照生物学习性，小蠹可以分为三类：树皮小蠹、食菌小蠹和食种小蠹。树皮小蠹坑道位于树皮与边材之间，直接取食韧皮部与边材中的淀粉纤维等成分，它们的食物就是寄主植物的机体。树皮小蠹与寄主植物的关系是直接的，受植物种类的限制较大，多是单食性或寡食性种类。食菌小蠹，坑道位于木质部中，上下纵横贯穿，呈立体结构。食菌小蠹不取食植物机体，它们只是在其中修筑坑道，靠取食坑道中真菌为生。此类小蠹与寄主植物的关系是间接的。只要共生真菌能够生长，它们就能生活，多为杂食性种类。食种小蠹，取食种子和水果果肉。

四、小蠹危害与防治措施

小蠹虫个体微小，主要在树身和采伐的材段内危害，危害隐蔽，极易随种苗、木材、木质包装和果物等的运输而传播，一直是国际贸易中传播较为普遍的一类森林昆虫。

它不仅可以直接取食植物寄主本身造成直接危害，还可以携带寄生菌危害寄主。同时，由于小蠹对寄主造成的伤害会大幅度降低寄主本身的防御能力，也会导致其他害虫对寄主的侵害并造成危害的几率增大。其次，小蠹虫常常在病树、砍伐树木的树皮之下危害。因此树木在受其危害初期不易引起注意。极强的环境适应力、广泛的寄主、强大的繁殖力，使检疫性小蠹虫一旦进入我国并爆发，就会造成难以估计的经济损失。

材小蠹属大部分昆虫属于传播性害虫，在船检和木质包装材料中经常截获。一些种类已经对我国经济造成影响。例如，橡胶材小蠹（*Xyleborus affinis*）在云南省危害橡胶树引起巨大的经济损失；小粒材小蠹（*Xyleborinus saxeseni*）引起大量杨梅树的死亡。

◎ 加强检疫

严禁调运虫害木。对虫害木要及时进行药剂或剥皮处理，以防止扩散。熏蒸处理是最广泛的化学药剂处理方法，常用的是溴甲烷或硫酰氟进行熏蒸（李德山等，2003）；也可采取热处理和辐射处理。

◎ 营林措施

林内合理经营和管理是提高林分抗性并且有效预防小蠹大发生的根本措施，可采取：①适地适树，合理规划，选择抗逆性强的树种或品种；营造针阔混交林，节约经营管理，加强抚育，封山育林，增加生物多样性。②适龄采伐，合理间伐；保持林地卫生；严防森林火灾及乱砍滥伐。③在林区形成一整套营林、采伐、贮运的工作体系。

大力加强营林措施是一项系统而又长远的工程，有些措施会在很短的时间见效，但更多的是通过改善生态平衡，以提高森林生态系统自身对害虫的抵抗力，从而达到长久的预防和抵抗目的。

◎ 化学防治

小蠹的化学防治是备受争议的防治技术，首先是对每株树木进行化学防治有困难并且不经济，其次会引起森林生态系统的污染和森林生物多样性的干扰和破坏，因此较少使用。但若使用可以在越冬代的扬飞入侵盛期使用40%氧化乐果乳油100～200倍液涂抹或喷洒活立木枝。

◎ 生物防治

生物制剂防治植物病虫害已成为全世界发展的趋势。小蠹天敌种类繁多，主要有捕食性昆虫、寄生蜂和寄生菌等。我国寄生小蠹的寄生蜂有5科45属141种2亚种。寄生蜂不仅可以寄生于小蠹成虫，还能寄生小蠹的卵和幼虫。比利时曾利用大唼蜡甲（*Rhizophagus grandis*）成功防治云杉大小蠹的效果，*R. grandis*于2000年引入国内，几年的研究结果表明，*R. grandis*对红脂大小蠹的捕食嗜好性比原寄主云杉大小蠹（*Dendroctonus micans*）还要大，释放后取得了显著的控制效果。据李丽莎等报道，白僵菌粉对纵坑切梢小蠹感染效果较好。由于其对人畜环境无害，可在林间大面积的施用。鸟类也可以用于小蠹的林间防治。例如，人为的在林地内保留衰弱木和枯死木，以招引啄木鸟在此定居和保护林内其余树木免遭小蠹的侵害。

◎ 信息素的利用

小蠹虫信息素的研究和利用在其控制中作用日益显著：①防控者可以利用小蠹信息素通过诱捕法对该类害虫进行大量的诱杀，从而降低虫源的密度；②我们可以利用聚集信息素，对小蠹虫发生区、发生期和发生量进行监测，从而了解其发生的规律和种群动态，指导小蠹虫的防治工作；③小蠹虫趋避剂能起到干扰小蠹寄主选择、降低小蠹对寄主入侵的作用。在具体的林间应用过程中，可对小蠹趋避剂和小蠹聚集信息素结合使用，综合防治小蠹虫。具体方法如下：首先利用小蠹的驱避信息素将目标害虫赶出目标保护林，同时利用小蠹聚集信息素在目标林外诱捕目标害虫。

第二章

分类鉴定

目前，世界已知小蠹6000余种，中国347种。中国大陆口岸自2003—2017年间共截获已鉴定出的小蠹科昆虫有79属287种。本书分为上下两册，对小蠹科昆虫的介绍，主要为口岸送检的小蠹科昆虫标本，依据外部形态进行分类鉴定，上册记述了3族28属120种，下册记述了14族28属149种。本书还提供了小蠹科的分族检索表、各族分属检索表，以及各属分种检索表、图文并茂，便于鉴定。根据该学科国际上最新的研究进展，对某些类群的分类地位、学名进行修订，采用最新的研究数据，便于大家的进行文献查阅。

小蠹科分族检索表

1 鞘翅两侧基缘向前弯曲，且具有1列钝圆缘齿（或在Bothrosternini、Diamerini和Polygraphini一些类群中具有不明显的齿列），通常两侧翅基之间具有1个小盾片的凹缘；小盾片通常小而圆或凹陷，在一些类群中小盾片缺失；前胸背板前半部微倾斜，通常无任何颗瘤，但在前外侧区域有时具钝圆齿；背面观头部通常可见，较宽；前足胫节通常较宽；一般具有鳞片或深裂刚毛…………………………2

鞘翅基缘呈1条直的、横向的缘线，无颗瘤（在Scolytini、Ctenophorini、Cryphalini类群中基缘为1条微弱隆起的缘线）；小盾片通常大而扁平（在一些Xyleborini类群中缺失或高度变形）；前胸背板前半部微弱至强烈倾斜，通常带有许多粗糙的钝圆齿，尤其是在中部区域；背面观头通常部分或全部隐藏于背板之中，有时较为狭窄；前足胫节通常较窄；鳞片和深裂刚毛不常见………12

2 后胸背板的盾片区域和后背板被一个缝状节间膜分开；盾间缝的后部向中线强烈弯曲至近盾片沟，而后向头部平行延伸至约为后胸背板长度2/3的缘脊（在Phrixosomini和Hyorrhynchini类群中很少见）；后胸侧沟在侧翅突处垂直下降至后胸沟，其由相应的前缘脉沟和鞘翅凸缘组成，形成尖锐的角度，而后继续沿这条沟向近尾部延伸，直到侧前缘脉基突；小盾片可见；索节6或7节，若为5节则眼全裂为两部分（*Sueus*），雄虫前额不凹陷，触角棒对称……………………3

后胸背板的盾片区域及后背板至少在中间第3节完全愈合，节间膜退化；盾间缝不强烈弯曲，逐渐达到盾片沟前缘，继续向头部平行，长度小于后胸背板的1/2（在某些群内它从未达到这个沟的边缘）；后胸侧沟有时如上面所描述，但更常见的是直接从侧翅突延伸到侧前缘脉突起，其大部分或全部常常远离鞘翅前缘脉的锁定位置；小盾片不可见，若可见则触角索节5节，雄虫额凹陷

（Bothrosternini索节6节，但有一个明显的前足胫节）……………………………………7

3 眼完整至微凹；盾间缝在约为背板长度的2/3处与盾片沟前缘平行；前胸的基前节隆脊存在或缺失；触角索节5～7节 ……………………………………………………4

眼全裂，被完全地分离；盾间缝远离盾片沟前缘；鞘翅基缘的钝圆齿较低，不明显；前胸基前节隆脊缺失；触角索节通常6节（*Sueus*为5节）……………………6

4 前胸基前节区域相当大，其侧缘从前缘向基节强烈隆起；鞘翅基部钝圆齿通常不明显；触角索节7节，触角棒圆锥形，第1节通常等长于其余节之和；头有些延长，略微有喙，额无性别分化；复眼完整，很短；若无人为引入则通常在北半球；寄主为松科…………………………………………………………………**Hylastini**

前胸基前节区域短而小，其侧缘区域隆起或不隆起；鞘翅基部钝圆齿更显著地隆起，形成明显的1列（除了在*Dactylipalpus*类群愈合）；触角索节多变，5～7节，触角棒不明显或略微变平；头部喙不明显，雄虫额通常有凹陷；眼卵圆形至细长形，完整至微凹 ……………………………………………………………………5

5 前胸背板在前侧区具粗糙颗瘤（*Hylastinus*除外）；前胸从基节到前缘，具隆起的前缘脊；触角索节6或7节；鞘翅缝中线表面在小盾片后面具结节和腔的内连锁，此连锁中断了缝沟和凸缘；全世界分布 ……………………………**Hylesinini**

前胸背板前侧区域光滑；前胸基前节缘线缺失；索节5～7节；鞘翅缝中线表面具缝沟和凸缘的内连锁，此连锁延伸至基部，在小盾片之后无1列结节或腔；全世界分布 ……………………………………………………………**Hylurgini**（**Tomicini**）

6 前足胫节外侧端缘具有约等大的镶嵌齿；前足基节相连；额凸起，无性别分化；触角柄节伸长，触角棒第1节被部分分离；前胸背板从无颗瘤；分布在美洲以及非洲 …………………………………………………………………**Phrixosomini**

前足胫节外端角具一明显的体刺，可达跗节着生处，外缘无任何镶嵌齿；前足基节相距较远；雄虫额明显有凹陷（除了*Sueus*外），雌虫额凸起；触角柄节或长或短，触角棒无隔膜；前胸背板前外侧区域或有或无颗瘤；分布于东南亚
……………………………………………………………………………**Hyorrhynchini**

7 前胸背板侧缘近急剧地隆起，具缘脊线；中胸后侧片适中至很大，其背面部分通常形成接受鞘翅基部的沟槽；鞘翅基部下的盾片壳较大，向后延伸超过可见的小盾片；盾间缝距离盾片沟前缘至其基部较远；前足胫节外端角通常只有一个后弯的体刺；分布于非洲、东南亚和澳大利亚 ……………………………**Diamerini**

前胸背板侧缘圆钝状（在少数新热带区的Bothrosternini具缘脊线）；中胸后侧

片不扩大，无沟槽（在*Aricerus*中有微弱沟槽）；鞘翅后的盾片壳若存在，则很小，不向尾部延伸超过可见的小盾片；盾间缝相距较近，且至少在后胸背板前4节与盾片沟前缘平行……8

8 前足胫节外端角具一弯曲二裂突起，中足或后足胫节在外端角具一或二（通常较小）弯曲体刺，延伸到超越体刺到内端角；前胸背板光滑或纵向具硬毛；触角索节6节；前胸背板侧面区域从基节到前缘近急剧隆起；前足基节宽阔分离状；鞘翅基部小圆齿相当小或（很少）被一条连续的隆起的前缘脊取代；眼完整；分布于美洲……**Bothrosternini**

前足胫节外端角具一些约等大的齿（Phloeotribini的*Aricerus*除外），均不延伸超过跗节着生处；触角索节4～7节；前胸背板的侧缘圆钝状，缘脊线缺失；眼完整、微凹或完全分离……9

9 小盾片可见，鞘翅基部具安置其的凹槽；跗节第3节粗大，通常微呈二叶状（只在*Chramesus*中细长）；鞘翅正中缝中直接在小盾片下方，具一系列连锁的节和腔洞……10

小盾片退化缺失，鞘翅基部缝或有轻微缺刻；跗节第3节细长；鞘翅中缝通常无特别的锁卡、沟和凸缘延伸到小盾片基部……11

10 触角棒在缝处缢缩，节间缝不固定；分布在泛北极区、新热带区和澳大利亚……**Phloeotribini**

触角棒固定不动，明显地在接缝处愈合，接缝常部分或全部缺失；分布于全世界……**Phloeosinini**

11 眼微凹或完全分离；前胸背板从无颗瘤；鞘翅基部小圆齿较宽地分开，侧向延伸超过鞘翅表面第5沟间部；索节5或6节；盾间缝在后胸背板前面第4节靠近并且平行于盾片沟；分布于北半球和非洲……**Polygraphini**

眼微凹或完整；前胸背板具少数分散的或聚生的颗瘤；鞘翅基部小圆齿局限在缝与鞘翅表面第5沟间部之间；触角索节3～6节；盾间缝远离后胸背板前面第4节的盾片沟前缘；几乎分布于全世界……**Hypoborini**

12 前足胫节和后足胫节侧缘光滑，只有一个单独的端刺状突，其弯向并超过内端角突起；前胸背板侧缘近急剧隆起，有缘脊线；侧沟从侧翅突到鞘翅前缘脉上接收沟和凸缘垂直下行，在此点缝突然转折并跟随缝走向近尾部后足基节突起；索节7节，触角棒缝强烈向前弯曲或缺失；分布在泛北极和新热带区……**Scolytini**

前足胫节侧缘具有两个或以上的齿，均不超过内端突或向其弯曲；侧缝角度较缓和，接收鞘翅前缘脉的凸缘被移位向腹侧从侧缝区域；前胸背板侧缘近急剧隆起或不升高；触角形状多样……13

13 后胸前侧片长度可见，略长于鞘翅在锁定位置时背侧的一半，其或具一个明显的接收前缘脉凸缘的沟，或具一个小齿前端或近前端的后胸前侧片前端前缘脉的残迹；触角棒形状多变，从扁平到倾斜平截……14

后胸前侧片被鞘翅大大覆盖，其接受前缘脉凸缘的凹槽退化，在后胸前侧片前端具一个小的、横向的瘤状物或一个小的横凹槽；触角棒十分扁平；触角棒从不倾斜平截……24

14 前胸背板侧缘近急剧隆起，鞘翅基缘通常微微隆起；前足基节相距较远（Xyloctonini除外）；前足胫节外侧具明显的内弯顶端突起，通常延伸超过跗节着生处，后足胫节自端部1/3处渐尖，着生有一些小镶嵌齿；索节6或7节；跗节常常可缩回至胫节凹槽内……15

前胸侧板侧缘和基缘圆钝（*Cnestus*除外），前足基节几乎相连（除大部分Micracini和一些Xyleborini）；前足胫节有外侧端角，不明显，着生有一些小镶嵌齿；索节2～6节；跗节不可缩回（*Eccoptopterus*除外）……17

15 眼具非常深的内凹或完全分离；触角棒扁平，通常增大，缝强烈向前弯曲；腹部明显朝端部向上（在*Ctonoxylon*偶尔不明显）；跗节通常可缩回胫节凹槽中；分布于非洲和南亚……**Xyloctonini**

眼完整或前缘微凹；触角棒扁平，通常较小，较细长，若存在缝则可见；腹部水平；跗节可缩回或不可缩回……16

16 触角棒由凹槽、刚毛或隔膜形成的一条或多条缝；小盾片大而扁平；分布于美洲；主要取食韧皮部，从不取食菌类……**Ctenophorini**

触角棒无缝；前胸背板具边，在后半部分强烈缢缩；小盾片缺失（在*Scolytoplatypus*中存在一个小的小盾片）；从非洲到亚洲和巴布亚新几内亚均有分布；取食菌类……**Scolytoplatypodini**

17 前足基节适度分开；前足胫节边平行，只在端缘或后表面着生有齿；索节6节（在一个非洲属中为5节）；雌虫额常凹陷，雄虫额很少凹陷（*Pseudothysanoes* 2种除外）；分布于非洲和美洲，一个种分布于亚洲……**Micracini**

前足基节相连（Carphodicticini和一些Xyleborini除外）；前足胫节端部较宽，侧缘着生有一些齿；雌虫额很少凹陷，雄虫额常凹陷；索节2～5节，在

*Tiarophorus*中为6节……18

18 雄虫额强烈凹陷，口上片着生有1对（通常情况下）愈合的巨大的角状突起；索节5节，触角棒常常很小而且微扁平化；眼小，完整；前胸背板的峰接近基缘；分布于美国西部以及墨西哥地区……**Cactopinini**

不符合上述组合特征……19

19 中胸和后胸胫节更加细长，在端部1/4处急剧变更加窄缩，侧缘和端缘着生有较少的粗糙的齿；眼波状至浅浅微凹（在非洲的*Tiarophorus*、*Dryocoetini*为完全分离）；前胸背板有时在基缘或侧缘具有一条升起的线前外咽区不凹陷；两性的体型和身体构造一致（在*Coccotrypes*和*Ozopemon*中雄虫矮小，畸形）；习性各异，但从不钻蛀树木或取食菌类……20

若眼全裂成两部分且触角索节4节，则雄虫额深凹陷，且雌雄体型相等；若眼具凹缘（或若全裂且索节5节），则雄虫矮小、不会飞翔、畸形，雌虫中足和后足胫节扩大到刚刚超过中间的位置而后向端部弧形渐尖，其外缘前2/3部分着生有一行大量的高密度等大小齿，它们通常被在后表面的靠近边缘的毛编成1列；雄虫前胸背板形态高度变异；前外咽片区域凹陷（*Premnobius*除外）；钻蛀树木，取食菌类……23

20 前胸背板十分发达，在后半部侧面缢缩，前半部分不倾斜且无颗瘤；前足基节适度分离；触角棒十分扁平，具2条缝，前表面的缝与后表面的缝大约等长；分布于南美洲、印度至斯里兰卡……**Carphodicticini**

前胸背板不缢缩，边缘从直线到渐尖，前半部分通常倾斜，通常具颗瘤；前足基节相连；触角棒倾斜平截或在前表面的明显向端部偏移（很少见缝退化）21

21 眼微弱弯曲（在一些*Acanthotomicus*中为浅凹），其下半部明显窄于上半部；前足胫节具3～4个镶嵌齿；触角棒很少倾斜平截（*Pityokteines*、*Orthotomicus*），前足基节相连，基节间部分纵向微凹至缺失，从未完整；鞘翅适当有沟至凹陷，侧缘常常着生小瘤或体刺；前胸背板在前部1/3区域更加倾斜，颗瘤较大；分布于全世界……**Ipini**

眼明显十分深凹（在*Deropria*中为弯曲），下半部分通常与上半部分宽度相等；前足胫节通常具有4个或更多的镶嵌齿（大多数例外前胸背板侧缘急剧隆起）；前足基节或者相连，或者明显的、窄窄的分开；鞘翅坡度平缓至凸起，无体刺或大瘤；前胸背板或者从基部到前缘均匀地拱形弯曲，或者在前缘1/3处稍缓倾斜，若存在颗瘤，则通常微小而大量……22

22 触角索节4~6节，触角棒或者倾斜平截或者后表面缝明显向端部偏移；前胸背板前半部分倾斜更明显、具更粗糙颗瘤（在*Tiarophorus*中无着生物），分布于全世界……………………………………………………………………………**Dryocoetini**

触角索节2或3节，触角棒前表面的缝与后表面的缝大致相等端；前胸背板在前半部分略微倾斜，无颗瘤（在某些*Aphanarthrum*中有精密的颗粒状物），许多种具网状表面；体型小，分布于北半球和非洲…………………………**Crypturgini**

23 眼常常全裂为两部分；触角索节4节，触角棒基部微微至适当成角质，通常基部具柔毛；雌雄虫体型几乎相等，雄虫额扁平或凹陷，其前胸背板前缘更加阔圆……………………………………………………………………………**Xyloterini**

眼微凹，一些*Amasa*全裂；索节5节（在一些亚洲种类为3或4节）；雄虫不会飞，矮小，畸形，前胸背板的前斜坡不同地凹陷；雄虫头凸状；亲本坑道中无亲本雄虫，只有子代雄虫，部分孤雌生殖，雄虫为单倍体；全世界几乎均有分布……………………………………………………………………………**Xyleborini**

24 鞘翅前缘从坡基部到顶部轻微至适中上升；后胸前侧片底端着生有愈合组织或由退化的后胸刺形成的再生沟；触角棒后表面的缝较为显著的偏移向顶端；索节3~5节；胫节更加扁平，通常着生有超过4个齿；眼通常完整，不常见凹陷；分布于全世界……………………………………………………………………**Cryphalini**

鞘翅前缘向端部下降（*Brachysvartus*除外）；后胸前侧片底端具一个小的横沟（当鞘翅在锁定位置时是隐藏的），鞘翅在锁定位置时更加完全的覆盖后胸前侧片；触角棒后表面的缝只轻微向顶端偏移；索节1~5节；胫节较为细长，很少着生超过4个的镶嵌齿；眼微凹；全世界除了澳大利亚几乎均有分布…………**Corthylini**

一、材小蠹族 Xyleborini LeConte，1876

族征 该族小蠹由小至大，体型变化较大；体表光亮；额凸；复眼呈凹型，极少种类复眼分离型，前外咽片区凹陷；前胸背板侧面观其前部弓曲较高，有时在背顶部形成折角，后部平直而略下倾；背板表面前半部为鳞状瘤区，后半部为刻点区；刻点区的底面光亮，刻点常细小不明；鞘翅斜面有时简单倾斜，有时有各种变化。

在Wood出版的著作中，该族包括了24个属。Hulcr等于2013年出版了巴布亚新几内亚材小蠹族的分类专著，把Wood专著中异名的3个属（*Microperus*、*Pseudowebbia*、*Streptocranus*）重新修订，认为它们是有效的，同时把*Terminalinus*

修订为*Cyclorhipidion*的异名，*Cyclorhipidion*为有效学名。2009年Alonso-Zarazaga等在他们的文章中认可了该修订。Hulcr等于2009年发表了东洋区材小蠹族的3个新属（*Ambrosiophilus*、*Beaverium*、*Diuncus*），2010年又基于形态和分子特征对古热带区材小蠹族种类系统研究，发表了5个新属（*Debus*、*Fortiborus*、*Planiculus*、*Truncaudum*、*Wallacellus*），同年发表的另一篇论文对古热带区的材小蠹族的一些属种进行了修订，认为学名*Taphrodasus* Wood是无效的。

目前该族世界上已知37属1165种，主要包括了*Amasa*、*Ambrosiodmus*、*Ambrosiophilus*、*Ancipitis*、*Anisandrus*、*Arixyleborus*、*Beaverium*、*Cnestus*、*Coptoborus*、*Coptodryas*、*Cryptoxyleborus*、*Cyclorhipidion*、*Debus*、*Diuncus*、*Dryocoetoides*、*Dryoxylon*、*Eccoptopterus*、*Euwallacea*、*Fortiborus*、*Hadrodemius*、*Immanus*、*Leptoxyleborus*、*Microperus*、*Planiculus*、*Pseudowebbia*、*Sampsonius*、*Schedlia*、*Stictodex*、*Streptocranus*、*Taurodemus*、*Theoborus*、*Truncaudum*、*Wallacellus*、*Webbia*、*Xyleborinus*、*Xyleborus*、*Xylosandrus*。

材小蠹食性广泛，在热带、亚热带、温带地区，只要有林木的存在，即可危害。其寄主范围广，既能危害阔叶林也能危害针叶林。口岸截获数据显示，材小蠹是中国口岸截获小蠹频率最高的一个类群。作为口岸经常截获的重要的森林害虫，防止其入侵对于保护我国生物多样性，维护生态稳定具有重大意义。因此，对于材小蠹种类的检疫鉴定研究具有重要的检疫意义。本书对口岸送检的材小蠹族标本依据外部形态进行分类鉴定，共记述17属59余种。

材小蠹族分属检索表

1 小盾片小，锥形，位于两鞘翅基部缺刻处，周围着生起自鞘翅基部下方的鬃毛；体型极小 …… ***Xyleborinus***

小盾片可见，与鞘翅平齐，但极小；鞘翅明显尖锐；稀少 …… 2

小盾片不可见或者只有当鞘翅基部前坡暴露小盾片可见；鞘翅基部经常覆盖密集的和储菌器相关的鬃毛丛 …… 3

小盾片可见，通常不小，和鞘翅齐平 …… 8

2 触角棒第1节小，凸，通常被短柔毛；前足胫节细，似镰刀状；后缘轻度膨大 …… ***Cryptoxyleborus***

触角棒第1节向前凹，遮盖住触角棒后缘大部分；前足胫节扁平，宽 …… ***Xyleborus metacuneolus***

3 前胸背板基部有密集的鬃毛丛（和中胸的携菌器有关），鞘翅基部和鞘翅其余部分一样着生刚毛；触角棒第1节大，端部近平截，第2节在平截面非常细短；

体型大，黑色 ………………………………………………………………… ***Hadrodemius***

前胸背板基部没有刚毛丛，或如果有则比鞘翅基部有更多明显的刚毛丛；鞘翅基部通常有缘脊并前弯曲 ……………………………………………………………… 4

4 前胸背板前缘部分具有两个明显向前隆起的扁平的锯齿（在一些亚洲种类上没有）；体型大、多毛；触角棒第1节小，凸，通常被短柔毛 ……………… ***Coptodryas***

前胸背板前缘部分有一排多个约等大小的扁平颗粒；体型和触角多样 ………… 5

前胸背板前缘部分没有明显的颗粒列，或颗粒和前背斜坡剩余部分没有区别 …… 6

5 鞘翅端部渐尖，尖锐的；体型小，细长 ……………………… ***Cryptoxyleborus***

鞘翅斜面陡或斜截，体型大，粗壮 ………………………………………… ***Schedlia***

6 前胸背板极长，背部平坦，前外侧膨大，近正方形；触角棒通常宽大于长；索节2～3节 …………………………………………………………………………… ***Webbia***

前胸背板正常大小，或轻微延长；触角棒环状、多变，索节4节 ………………… 7

7 鞘翅斜面急剧平截，完全被一圈瘤围绕，眼深凹；稀少 ………… ***Pseudowebbia***

鞘翅斜面常规倾斜；如果平截，截面周缘无一圈的齿瘤；眼浅凹；常见，体型小 ………………………………………………………………………… ***Microperus***

8 前胸背板基部有一个小的，但和正中携菌器相关的浓密的刚毛丛（在前基节相隔较远的体型小但肥胖的*Xylosandrus*上刚毛丛小）……………………………… 9

前胸背板基部没有明显的刚毛丛，如果有刚毛也不是聚集在一个明显的丛中，大约和在前背平面上一样密集 ……………………………………………………… 13

9 前胸背板前缘有一明显的锯齿列；前足基节窄到宽的分离 ……………… ***Xylosandrus***

前胸背板前缘没有明显的锯齿列（前背斜面上的锯齿没有区别）；在这些种前胸背板背有明显毛丛，但和储菌器没有关系 ……………………………………… 10

前胸背板前部坡有1对明显的扁平颗粒，大于其余部分的锯齿 ………………… 11

10 触角棒第1节大，端部近平截，第2节在平截面非常细长，一般宽大于其高度，而且不对称；鞘翅上常带有明显的刻点沟，隆起的沟间部上有颗粒或瘤 …………
……………………………………………………………………… ***Arixyleborus***

触角棒第1节小，凸，棒大多可披短鬃毛；鞘翅刻点沟和沟间部通常平齐（除了*C. sua*）…………………………………………………………… ***Cyclorhipidion***

11 后足比前足和中足大得多，后足腿节明显宽、扁平；鞘翅不同部位处有大齿
……………………………………………………………………… ***Eccoptopterus***

后足和前足、中足大小相同，鞘翅上没有任何大齿（小颗粒或许可见）………12

12 前胸背板侧缘有明显的脊；体表大多光秃，只有稀少的表被；一些种的鞘翅有着半透明（发白的）斑 ································ ***Cnestus***

前胸背板侧倾斜状缘线，没有明显的脊；体表多数覆盖浓密的表被（温带地区种上除外）；体黑色 ································ ***Anisandrus***

13 鞘翅斜面在端部凹（有缺口）································ 14

鞘翅斜面急剧平截；具完全的周缘或隆脊 ································ 15

鞘翅斜面逐步或大幅下降，没有急剧平截；后外侧鞘翅平面缘明显或否，鞘翅斜面周缘不完整 ································ 17

14 鞘翅斜面浅或深凹，被微突或明显突起的沟包围，沟上有瘤；鞘翅斜面第1沟间部较宽，斜面上刻点沟刻点大多退化 ································ ***Debus***

鞘翅斜面凸，可能在斜面端部微凹；斜面上只有均一的小的颗粒，没有大齿；鞘翅斜面第1沟间部向端部方向稍微加宽，刻点沟刻点清晰可见···· *Planiculus limatus*

鞘翅斜面轻凹或平坦，但是由于1对向后产生的突起，斜面明显凹；小种前胸背板极长并向侧面收缩 ································ ***Streptocranus***

15 体型大且粗壮，体长超过4mm；前胸背板后半部上有着和前面斜坡上相同的颗粒 ································ ***Immanus***

正常体型，体长不超过3mm；前胸背板后半部光泽或有细微刻点 ································ 16

16 触角棒第1节大，端部近平截，第2节在平截面非常细长；前足胫节通常扁平，宽 ································ ***Truncaudum***

触角棒第1节小，向前突凸，棒大多有微鬃毛）；前足胫节通常狭，近三角形；斜面周缘具隆起的缘脊 ································ ***Amasa***

触角棒第1节大，端部近平截，第2节在平截面非常细长；斜面周缘被齿列所包围（除*T. longior*缘）································ ***Truncaudum***

17 前胸背板前缘有2个明显向前着生的锯齿；大多数体色较浅，个体大的种在鞘翅峰区上有齿 ································ ***Diuncus***

前胸背板前缘有短的、隆起、向下弯曲连续的脊 ································ 18

前胸背板前缘或有等大的齿列或不明显的齿 ································ 19

18 体型大且粗壮，前胸背板高、粗壮；鞘翅斜面大幅下降，扁平，侧面具缘脊 ································ ***Beaverium***

体小，狭长；前胸背板非常长，侧面观凸；鞘翅斜面有两个向后着生的大突起 ································ ***Streptocranus***

19 前足胫节轻微或明显的膨胀，后缘表面具颗瘤，鞘翅有沟的种的前足胫节窄、似镰刀状……20

前足胫节扁平，宽大……22

20 触角棒第1节小，凸起，或缺失，棒上大多有微鬃毛)；鞘翅背盘上刻点成行或不清晰；刻点沟浅或退化；腿节特别粗壮……***Crylorhipidion***

触角棒第1节完全角质化，凹陷或前面直线状，覆盖住触角棒后面大部分鞘翅背盘上刻点沟排列成行线成行排列，清晰可见；如果不清晰或混乱，则鞘翅上分具隆脊和沟……21

21 鞘翅刻点沟和沟间部变为脊和沟，经常覆盖浓密成排分布的瘤；斜面峰区第1沟间部平行……***Arixyleborus***

鞘翅刻点沟上有明显的刻点，浅的凹陷，但没有转变为深沟，鞘翅上没有浓密的瘤；在鞘翅峰区第1沟间部最宽……***Wtictodex***

22 前胸背板背盘上具有颗粒……23

前胸背板背盘上有刻点或光滑，仅前胸背板前半部有颗粒……24

23 体型小到中型（最多3.0mm)，鞘翅斜面斜圆，陡，后侧缘脊延长至第7沟间部，不能完全环绕鞘翅斜面；前足胫节有大小一致的嵌齿……***Ambrosiodmus***

体型大（超过4.0mm)；斜面或者被连续的脊环绕，或者被一整排大齿环绕；前足胫节齿减少，被不平坦的波状边缘所替代……***Immanus***

24 第1沟间部在翅端部明显向外分离开（变宽)，有时生有1对或更多的瘤……25

第1沟间部斜面上接近平行，瘤不比第3沟间部的大……26

25 前胸背板背面观近方形，前胸背板颜色单一；体长超过2.5mm；鞘翅斜面第1沟间部有1对大的瘤……***Wallacelus***

前胸背板背面观圆形，前胸背板背盘常常延长；前胸背板前部分大多为深棕色，后面为浅棕色到黄色；体长不超过2.5mm（高海波地区体型大)；斜面上第1沟间部可能生有也有可能不生有较大的瘤……***Planiculus***

26 鞘翅斜面的后侧缘脊缘短，倾斜，或没有……27

鞘翅斜面后侧缘脊明显，经常具隆脊线；轻微或明显的隆起，使得斜面看起来宽阔29

27 前足胫节斜三角状，外缘具棱角，少于6个嵌齿；表被稀疏；前胸腹板后基节突起膨大，近圆形或者斜立方形……***Xyleborus***

前足胫节外缘圆形，嵌齿小，多于6枚；表被多；前胸腹板后基节突起小，不明显或尖的，但是不膨大……28

28 触角棒第1节完全角质化，前侧凹陷，覆盖整个触角棒后部或触角棒后部大部分体延长，鞘翅斜面平坦，被具有瘤的斜缘环绕……………………***Truncaudum agnatum***

触角棒第1节小，凸起，或向前缺失，触角棒大部分有短鬃毛体型多样，大多粗壮；斜面从平坦到凸起多变……………………………………***Cyclorhipidion***

29 前胸背板背面观近矩形，前外侧方向的角轻微膨大，背盘前足胫节缘圆形的，有许多小齿（大于6个齿）……………………………………………***Wallacelus***

前胸背板背面观圆锥形或基部阔圆形、前部锥形鞘翅斜面明显扁平的，向后侧延伸，覆盖有小星状的刚毛或竖直的小刚毛……………………………………30

前胸背板背面观近方形，前外侧的角膨大，短、粗壮；体型大（超过3.5mm）；索节第1节比梗节长，柄状，眼上部分大于下部……………………………31

前胸背板背面观圆形，前胸背板背盘短或延伸（2或7型）；多数种体型小……32

30 鞘翅斜面在峰突起，在近端部处凹陷，斜面表面覆盖有一浓密的小星状的鳞片；亚颏刻痕浅；中足和后足缘有嵌齿且多于7个，齿小…………***Leptoxyleborus***

鞘翅斜面均匀凸起，但在端部处平坦；覆盖着紧贴的刚毛，没有星状的鳞片；亚颏平坦，与颊齐平，中后足缘上有少于7个的嵌齿，齿高大于宽……………***Ancipitis***

31 触角棒第1节缘凹，下弯（也可能直的）；前胸背板前边缘向前生有锯齿列前足胫节阔圆形（除*F. indigens*），有7个或更多的齿，前足胫节刺缺失（前足胫节刺毛和其他等距的瘤分开）…………………………………………***Fortiborus***

触角棒第1节缘直或凹；前胸背板前边缘圆钝；前足胫节近三角形，有6个或少于6个齿，前足胫节有刺……………………………………………***Euwallacea***

32 体细长，体型小到微小（小于2.5mm，高海拔体型较大）；第1沟间部向鞘翅斜面端部方向变宽，其上通常有颗粒，比其他沟间部的稍大；前胸背板背盘延长，峰低；大多数种前胸背板双色（前面深棕色，后面黄或浅棕色）………***Planiculus***

大多数体型粗壮；鞘翅斜面上第1沟间部平行；前胸背板背盘基本型或更短；一般体色深…………………………………………………………………33

33 鞘翅斜面比较陡，平坦，鞘翅背盘平坦；第1和第3沟间部上有明显的斜面瘤；触角棒第1节缘轻微硬化，一般在后侧有微鬃毛；大多种在大的材小蠹族隧道附近开掘蛀道……………………………………………………***Ambrosiophilus***

鞘翅斜面逐渐倾斜，背盘与斜面无明显的界线，鞘翅斜面与背盘交界处圆钝状；触角棒第1节缘通常角质化；有单独的隧道，大多生活在桑科植物上……………………………………………………………………***Euwallacea***

（一）菌材小蠹属 *Ambrosiodmus* Hopkins，1915

属征 体长1.9～4.2mm；前胸背板的瘤齿一直延伸到基部，包括大部分的背板，前胸背板前缘无锯齿；前足胫节的侧缘有7～8个齿，后足胫节有8～11个齿。

目前该属世界上已知84种（2009），分布于多个动物地理区域。所有种类都蛀食针叶树的木质部，如松属（*Pinus*）、云杉属（*Picea*）等。新西兰在2002年和2003年连续多次截获了该属的*Ambrosiodmus compressus*（Lea）。我国口岸主要截获该属的4个种。

❶ 端齿菌材小蠹 *Ambrosiodmus apicalis*（Blandford）

鉴定特征 体型短而粗壮，体长3.2～3.4mm，体长为体宽的2.0～2.2倍；鞘翅端部刻点沟凹陷具明显刻点，每个刻点具有微毛，第1和第2刻点沟比其他刻点沟凹陷明显，具有相对较大的刻点；沟间部扁平，光滑，刻点具有直立的毛鞘翅斜面始于中部，表面光滑和扁凸状；斜面第1和第2沟间部具有具刚毛的颗瘤，第2沟间部颗瘤位于斜面峰区，第3沟间部颗瘤稍微位于上半部区域，第4沟间部具有微小的颗瘤，斜面第3沟间部的颗瘤比其他沟间部的明显；鞘翅的后侧缘与第4沟间部相交。

寄主 辽东桤木（*Alnus hirsuta*）、日本桤木（*A. japonica*）、辽东桤木（*A. sibirica*）、日本栗（*Castanea crenata*）、锥属（*Castanopsis* spp.）、冬青属（*Ilex* spp.）、胡桃属（*Juglans* spp.）、润楠属（*Machilus* spp.）、苹果（*Malus pumila*）、松属（*Pinus* spp.）、杨属（*Populus* spp.）、李属（*Prunus* spp.）、薄片椆（*Quercus lamellosa*）、木荷属（*Schima* spp.）、山矾属（*Symplocos* spp.）、榆属（*Ulmus* spp.）、葡萄属（*Vitis vinifera*）。

分布 中国、不丹、缅甸、印度、日本、韩国。

❷ 下齿菌材小蠹 *Ambrosiodmus inferior*（Schedl）

鉴定特征 体长4.8～4.9mm；体色黑色；前胸背板前缘呈圆形，背板的峰位于后部1/3处，背板前部2/3区具波纹状皱褶；鞘翅斜面自中部呈平截稍内凹状；斜面漆黑光亮；鞘翅刻点浅；第2沟间部在斜面与背盘交界处具1个明显的颗瘤；第3沟间部具有4个明显的颗瘤；鞘翅后侧缘位于第5沟间部的外侧，具有1列小的颗瘤。

寄主 无。

分布 巴西。

图1 下齿菌材小蠹背面观、侧面观

❸ 微小菌材小蠹 *Ambrosiodmus minor*（Stebbing）

鉴定特征　体型短而粗壮，体色红棕色，体长3.7～3.9mm，体长为宽的2.2倍；鞘翅斜面上的鬃毛长于背盘；鞘翅斜面刻点沟刻点明显，且较密；沟间部扁平或具有颗瘤；斜面沟间部通常具有单列的颗瘤；第2和第3沟间部的颗瘤非常大。

寄主　木棉（*Bombax malabaricum*）、蛇螺羯布罗香（*Dipterocarpus obtusifolius*）、丝绵树（*Salmalia malabarica*）、娑罗树（*Shorea robusta*）、柚木（*Tectona grandis*）、千果榄仁（*Terminalia myriocarpa*）、粗糠柴（*Mallotus philippinensis*）、漆树（*Odina wodier*）、翅子树（*Pterospermum acerifolium*）、毛榄仁（*Terminalia tomentosa*）、黄豆树（*Albizia procera*）。

分布　中国台湾、孟加拉国、不丹、缅甸、印度、尼泊尔、泰国、越南。

❹ 红颈菌材小蠹 *Ambrosiodmus rubricollis*（Eichhoff）

鉴定特征　体长2.3～2.5mm，体色红棕色，鞘翅颜色深，圆柱形，适度覆盖着白色的毛；额区粗糙，口上具细长毛和纤毛；前胸背板具颗瘤，无刻点；鞘翅平截，与前胸背板的基部同宽，表面除了基部具有不规则的刻点外，几乎无凹陷的规则的刻点沟刻点，尤其在端部，沟间部仅具有2列规则的微小刻点，斜面凸，第1沟间部稍微宽，所有沟间部具有微小颗瘤；沟间部的微毛直立，明显长于刻点上微毛。

寄主　冷杉（*Abies fabri*）、金合欢属（*Acacia* spp.）、黄槐（*Cassia* spp.）、板栗属（*Castania* spp.）、山核桃属（*Carya* spp.）、山茱萸属（*Cornus* spp.）、樟属（*Cinnamomum* spp.）、杉木（*Cunninghamia lanceolata*）、冬青属（*Ilex* spp.）、紫慧豆属（*Hovea* spp.）、美洲黑核桃（*Juglans nigra*）、桑（*Morus alba*）、李属（*Prunus* spp.）、栎属（*Quercus* spp.）、盐肤木属（*Rhus* spp.）、千果榄仁（*Terminalia myriocarpa*）等。

分布　中国、日本、印度、韩国、马来西亚、泰国、越南。

传入　澳大利亚、美国、意大利。

图2　红颈菌材小蠹背面观

（二）毛胸材小蠹属 *Anisandrus* Ferrari，1867

属征　体型较大，体长为4.3mm；眼浅内凹，上部小于下部；触角索节4节，第1索节长于或等长于梗节，柄节明显细长；触角棒近圆形，触角棒端部平截，触角棒第1节大，覆盖于后缘面；前胸背板侧缘肋骨状倾斜，没有明显的脊；前胸背板的背盘具密的刻点和覆盖浓密的微毛；前胸背板的前缘具于1对明显的扁平齿，大于其余部分的锯齿；前背基部有1个小的和中胸携菌器相关的浓密刚毛丛；前足基节窄的分离；小盾片扁平，鞘翅齐平；鞘翅背盘短于斜面；鞘翅斜面上覆盖有浓密的直立状鬃，要多于刻点沟刻点。

该属目前世界已知9种。我国口岸主要截获其中3种。

❺ 印度毛胸材小蠹 *Anisandrus butamali*（Beeson）

鉴定特征 前足基节相连，触角棒倾斜平截，第1节形成圆形缘，第1节覆盖于整个后表面，前足胫节具有6个齿瘤。

寄主 榴玉蕊（*Careya arborea*）、小花五桠果（*Dillenia pentagyna*）、罗汉松（*Dipterocarpus indicus*）、柚木（*Tectona grandis*）、毛榄仁（*Terminalia tomentosa*）、印度龙脑香（*Vateria indica*）。

分布 印度。

❻ 北方毛胸材小蠹 *Anisandrus dispar*（Fabricius）

鉴定特征 体长2.8～3.5mm，体长为体宽的2.2倍；体色为深棕色到黑色。前胸背板前缘上有6～8个齿瘤，前胸背板背盘上的刻点大小一致。鞘翅长为宽的1.1倍，为前胸背板长的1.3倍；鞘翅两边直，在距鞘翅基部3/4处近乎平行；鞘翅背盘刻点沟未凹陷，刻点沟上刻点适大、深凹；背盘沟间部光滑、有光泽；沟间部宽为刻点沟宽的2倍；沟间部上的刻点非常小，排列无规则；斜面的坡度小；斜面沟间部上的颗粒稍大，隆起的后外侧缘轻微的波状，缘上无锯齿或小齿；体表上有毛，毛长于沟间部的宽度。

寄主 槭属（*Acer* spp.）、七叶树属（*Aesculus* spp.）、桦木属（*Betula* spp.）、鹅耳枥（*Carpinus turczaninowii*）、栗属（*Castanea dentata*）、山楂属（*Crataegus* spp.）、水青冈属（*Fagus* spp.）、朴属（*Celtis* spp.）、榛属（*Corylus* spp.）、水曲柳（*Fraxinus mandschurica*）、梣属（*Fraxinus* spp.）、皂荚属（*Gleditsia* spp.）、冬青属（*Ilex* spp.）、胡桃属（*Juglans* spp.）、鹅掌楸属（*Liriodendron* spp.）、苹果属（*Malus* spp.）、松属（*Pinus* spp.）、悬铃木属（*Platanus* spp.）、杨属（*Populus* spp.）、李属（*Prunus* spp.）、石榴属（*Punica* spp.）、西洋梨（*Pyrus communis*）、栎属（*Quercus* spp.）、蔷薇属（*Rosa* spp.）、柳属（*Salix* spp.）、水榆花楸（*Sorbus alnifolia*）、铁杉属（*Tsuga* spp.）、葡萄属（*Vitis* spp.）、榆树（*Ulmus pumila*）。

图3 北方毛胸材小蠹背面观、侧面观

分布 中国、印度、土耳其、奥地利、比利时、保加利亚、法国、捷克、斯洛伐克、丹麦、英国、芬兰、法国、德国、希腊、匈牙利、意大利、荷兰、挪威、波兰、西班牙、瑞典、瑞士、前南斯拉夫、俄罗斯、爱沙尼亚、拉脱维亚。

传入 加拿大、美国。

⑦ 冠刺毛胸材小蠹 *Anisandrus percristatus*（Eggers）

鉴定特征 体长4.4mm，体型粗壮；体色漆黑；前胸背板前半部具有粗糙的颗瘤，后半部光滑；鞘翅背盘凸凹呈波浪状，背盘与斜面交界处具粗壮的钩刺，斜面平截状，表被具小齿瘤。

寄主 无记录。

分布 中国、缅甸。

图4 冠刺毛胸材小蠹背面观、侧面观

（三）脊间小蠹属 *Arixyleborus* Hopkins，1915

属征 触角索节4或5节；触角棒平截，后面观可见2节；小盾片扁平，与鞘翅平面齐平；前足基节相连；前足胫节窄，后缘膨胀具有粗糙的颗粒；鞘翅具有深的刻点沟和沟间部隆脊；鞘翅盘与斜面的界限明显。

目前该属世界上已知34种，主要分布于东洋区、澳洲区（群岛），中国大陆仅有1种分布。我国口岸（主要包括张家港、泰州、扬州等）在来自巴布亚新几内亚、所罗门群岛和马来西亚等地区的原木上经常截获脊间小蠹属昆虫，其中沟纹脊间小蠹频次最高。我国口岸曾截获脊间小蠹属种类共计5种。

口岸常截获脊间小蠹种类及其近似种的检索表

1 鞘翅斜面逐渐倾斜，无显著平截状；斜面具颗瘤，无明显成列的沟间部隆脊………2

鞘翅斜面呈明显平截状；斜面沟间部具明显成列的隆脊………………………………5

2 鞘翅上具有规则排列成列的微小颗粒瘤 ……………………………………***A. simplicaudus***

	鞘翅上具有排列密且混乱的颗粒瘤	3
3	鞘翅盘上具有细长的鬃毛，斜面上具有短而直立状的扁平鳞片鬃	***A. okadai***
	鞘翅盘和斜面仅具有鬃毛	4
4	鞘翅具有明显长而密的鬃毛，颗粒瘤相对较小	***A. granulifer***
	鞘翅上鬃毛稀疏，颗粒瘤相对较大	***A. puberulus***
5	鞘翅盘上具有鬃毛，斜面具有扁平状的鳞片鬃	6
	鞘翅盘上无鬃毛，鞘翅斜面上具有细鬃毛	8
6	鞘翅斜面平截缓和，鞘翅盘与斜面没有明显分界	***A. granulicauda***
	鞘翅斜面平截陡峭，鞘翅盘与斜面具有明显分界	7
7	鞘翅斜面隆脊上的鬃密，隆脊上的颗粒瘤相对较小	***A. abruptus***
	鞘翅斜面隆脊上的鬃稀疏，隆脊上的颗粒瘤较大	***A. scabripennis***
8	鞘翅盘光亮	9
	鞘翅盘暗淡，无光泽	12
9	鞘翅沟间部隆起的脊始于鞘翅斜面	***A. leprosulus***
	鞘翅沟间部隆起的脊始于鞘翅盘基部的1/2～2/3处	10
10	体长至少3.0mm；鞘翅沟间部隆脊始于鞘翅盘基部2/3处	***A. grandis***
	体长一般短于2.5mm；鞘翅沟间部隆脊始于鞘翅盘基部1/2处	11
11	鞘翅斜面沟间部隆脊强烈明显	***A. canaliculatus***
	鞘翅沟间部隆起的脊与刻点沟凹陷不明显	***A. yakushimanus***
12	鞘翅斜面上第1和第3沟间部隆脊比较宽大，第2、4、5沟间部隆脊退化	***A. minor***
	鞘翅斜面上各沟间部隆脊宽度相同，无沟间部隆脊明显退化缺失	13
13	体型粗壮；体长约为体宽的2.5倍	***A. rugosipes***
	体型细长；体长约为体宽的2.9倍	***A. mediosectus***

⑧ 沟纹脊间小蠹 *Arixyleborus canaliculatus*（Eggers）

鉴定特征 体型中等，体长2.1～2.5mm；前胸背板的前缘呈圆形，具有1列齿突，背面观前胸背板的前部呈圆锥状；鞘翅斜面平截，斜面后侧缘具有隆起的脊，鞘翅盘与斜面具有明显分界；鞘翅盘的基部光亮，具有浅而不明显的刻点，鞘翅盘的后部分与斜面的表面相同；鞘翅沟间部隆起的脊起始于鞘翅盘基部的1/2处，向后延伸，在鞘翅盘与斜面的交界处，隆起的脊上除了具有小的弯齿外，无其他皱折；鞘翅盘上无鬃毛，仅斜面上沿隆脊具有成列的倒伏状的细长鬃。

寄主 锥属（*Castanopsis* spp.）。

分布 印度、巴布亚新几内亚。

图5 沟纹脊间小蠹背面观

⑨ 尾瘤脊间小蠹 *Arixyleborus granulicauda* Schedl

鉴定特征 脊间小蠹属较小的种类之一，体长1.5～1.7mm；体型细长，鞘翅斜面不陡峭，平截不明显；鞘翅是前胸背板的1.5倍，鞘翅斜面开始于基半部之后，最初逐渐凸起，下部平截；鞘翅盘仅基部光亮，具有成列的相当小的刻点；成列的刻点向斜面延伸逐渐凹陷呈沟，沟间部的隆脊具有规则成列的微小颗瘤和极短的直立的鬃毛；鞘翅盘与斜面没有明显分界；鞘翅沟间部隆起的脊起始于鞘翅盘基部的1/3处，向后延伸，在鞘翅盘与斜面的交界处，隆起的脊上的颗瘤明显、较大；鞘翅盘上具有细长的毛状鬃，斜面具有扁平状的鳞片鬃。

寄主 无记录。

分布 巴布亚新几内亚。

图6 尾瘤脊间小蠹背面观

⑩ 传媒脊间小蠹 *Arixyleborus mediosectus*（Eggers）

鉴定特征 体型小，体长1.6～1.8mm，身体细长；深棕色，前胸背板的颜色稍深，棕黑色；斜面始于鞘翅基部2/3处，鞘翅斜面平截较短；前胸背板和鞘翅盘暗淡

图7 传媒脊间小蠹背面观

无鬃毛，斜面隆起的脊上具有短小的黄色毛；斜面沟间部隆起的脊上具有微小的颗瘤。

寄主 棒果香（*Balanocarpus heimii*）、美叶橄榄（*Canarium euphyllum*）、羯布罗香（*Dipterocarpus turbinatus*）、锡兰龙脑香（*D. zeylanicus*）、*D. pilosus*。

分布 缅甸、柬埔寨、印度、马来西亚、斯里兰卡、越南、印度尼西亚。

⑪ 冈田脊间小蠹 *Arixyleborus okadai* Browne

鉴定特征 体型中等，体长2.0mm；前胸背板的端部更强烈的圆形；鞘翅斜面平截圆钝，鞘翅斜面开始于中部之后，鞘翅盘与斜面的分界不明显；鞘翅盘上小于基半部的部分呈明亮发光状，鞘翅盘其他分布和斜面粗糙黯淡；鞘翅盘上具有细长的鬃毛，鞘翅斜面具有短而直立状的扁平鳞片鬃；鞘翅盘和斜面上均具有颗粒状的小瘤，每个鞘翅沟间部上具有2列或更多列颗粒瘤，颗瘤排列密且混乱；鞘翅盘和斜面的交界处无明显较大的颗瘤，鞘翅上所有颗瘤大小相同。

寄主 娑罗双属（*Shorea* spp.）。

分布 印度尼西亚。

图8 冈田脊间小蠹背面观

⑫ 皱纹脊间小蠹 *Arixyleborus rugosipes* Hopkins

鉴定特征 体型小，体长1.6～1.8mm；身体粗壮，长椭圆形，深棕色，前胸背板的颜色稍深；前胸背板的长是宽的1.5倍，与鞘翅几乎等长。鞘翅基半部和前胸背板光洁无毛，鞘翅的斜面陡峭，平截明显，斜面被细长的倒伏状黄色毛，无扁平的（即鳞片状）鬃，斜面隆起的脊上仅有小的颗瘤。

寄主 橄榄属（*Canarium* spp.）、柿属（*Diospyros* spp.）、龙脑香属（*Dipterocarpus* spp.）、坡垒属（*Hopea* spp.）、娑罗双属（*Shorea* spp.）、苹婆属

图9 皱纹脊间小蠹背面观

（*Sterculia* spp.）、诃子属（*Terminalia* spp.）、樟属（*Cinnamomum* spp.）。

分布 中国台湾、菲律宾、马来西亚、印度、斯里兰卡、越南、印度尼西亚、澳大利亚、新西兰、韩国、日本。

（四）缘胸小蠹属 *Cnestus* Sampson，1911

属征 体长1.9～3.7mm；眼浅内凹，上部与下部同样大小；触角索节2、3或4节，第1索节短于梗节，柄节细长；触角棒近圆形，宽明显大于高；触角棒端部平截，第1棒节完全覆盖后缘面；前胸背板大于或等长于鞘翅；前胸背板的前缘有1对明显的扁平齿，大于其余部分的锯齿；前胸背板侧缘有明显的脊；前胸背板的背盘光亮或光滑的皮革状，具小的刻点；前足基节相连；前胸背板的基部有一个小的和中胸携菌器相关的浓密刚毛；小盾片可见，扁平，和鞘翅齐平。

2009年世界名录记载22种，目前该属世界上已知28种。中国大陆已知1种。我国口岸主要截获该属1种。

⑬ 削尾缘胸小蠹 *Cnestus mutilatus*（Blandford）

鉴定特征 体型粗阔；体黑色，无光泽；鞘翅背盘极短，仅为翅长的1/5；鞘翅截面隆起，各沟间部高低平均，沟间部中遍布颗粒，不分行列，并遍布微毛，贴伏在翅面上。

寄主 槭属（*Acer* spp.）、合欢属（*Albizia* spp.）、山茶属（*Camellia* spp.）、*Carpinus laxiflora*、栗属（*Castanea* spp.）、樟（*Cinnamomum camphora*）、大花照四花（*Cornus florida*）、日本柳杉（*Cryptomeria japonica*）、日本山毛榉（*Fagus crenata*）、美国水青冈（*Fagus grandifolia*）、红果山胡椒（*Lindera erythrocarpa*）、红楠（*Machilus thunbergii*）、红豆树（*Ormosia hosiei*）、木犀（*Osmanthus fragrans*）、*Parabenzoin praecox*、山核桃属（*Carya* spp.）、大叶桃花心木（*Swietenia macrophylla*）、火炬松（*Pinus taeda*）。

分布 中国、缅甸、印度、日本、韩国、马来西亚、斯里兰卡、泰国、印度尼西亚、巴布亚新几内亚、美国。

图10 削尾缘胸小蠹背面观、侧面观

（五）唐氏小蠹属 *Debus* Hulcr and Cognato，2010

属征 触角棒斜平截，后面观可见2节触角棒；触角索节4节；前胸背板的前缘圆弧状，无明显的锯状齿；前胸背板的背盘长和扁平；小盾片可见，扁平同鞘翅齐平；胫节细长，端部具有较少但大而长的齿；鞘翅斜面大多凹陷，具有凹缘，凹缘上具有瘤或齿。

唐氏小蠹属是Hulcr和Cognato于2010年建立，属名拉丁词源来自世界著名小蠹分类研究专家Dohald E. Bright。目前该属世界上已知15种，主要分布于东洋区、澳洲区（群岛），中国大陆已知有2种分布。2010—2016年，我国口岸（主要包括张家港、扬州等）在来自东南亚地区的原木上发现该属的3个种。

⑭ 凹缘唐氏小蠹 *Debus emarginatus*（Eichhoff）

鉴定特征 体长3.2～3.7mm；鞘翅斜面深凹，基部凹陷区浅而窄，凹陷区在斜面1/3处突然变宽；斜面凹陷区长度几乎等长于鞘翅背盘，且凹陷区域长度几乎等长于鞘翅宽度；斜面凹缘隆脊上具有多对齿，其中中间两对齿较大，端齿较小；鞘翅端部呈半圆形内凹，内凹的宽度约是深度的2倍；鞘翅斜面和背盘的表面光滑。

凹缘唐氏小蠹（*D. emarginatus*）与侧角唐氏小蠹（*D. latecornis*）外部形态近似，但前者鞘翅端凹内凹深度浅，斜面凹缘隆脊上齿小，鞘翅斜面和背盘表面光滑；而后者鞘翅端凹内凹深度相对深，斜面凹缘隆脊上齿较大，斜面表面与斜面相近的鞘翅背盘近翅缝区域表面暗淡粗糙。

寄主 冷杉（*Abies fabri*）、南洋楹（*Albizia falcata*）、棒果香（*Balanocarpus heimii*）、银白栗木（*Castanea argentea*）、锥属（*Castanopsis* spp.）、金鸡纳属（*Cinchona* spp.）、东南亚假龙脑香（*Dipterocarpus baudii*）、榴莲（*Durio zibethinus*）、灰莉属（*Fagraea gigantea*）、榕属（*Ficus* spp.）、油松（*Pinus tabulaeformis*）、云南松（*P. yunnanensis*）、栎属（*Quercus* spp.）、*Sarcocephalus cordatus*、娑罗双属（*Shorea* spp.）、山矾属（*Symplocos* spp.）。

分布 中国、缅甸、印度、老挝、马来西亚、斯里兰卡、越南、印度尼西亚、菲律宾、巴布亚新几内亚、澳大利亚。

图11 凹缘唐氏小蠹背面观

⑮ 虚假唐氏小蠹 *Debus fallax*（Eichhoff）

鉴定特征 体长2.5～3.5mm；鞘翅斜面深凹，凹陷区自基部向端部逐渐增宽；斜面凹陷区长度明显短于鞘翅背盘，且凹陷区长度与鞘翅宽度相同；斜面凹缘隆脊上具有3对明显的齿，其中中间齿较大，端齿较小；鞘翅斜面末端呈“U”形端凹，端凹宽度与深度几乎相同（有时宽度稍长于深度）；斜面表面光滑。

虚假唐氏小蠹（*D. fallax*）和凹缘唐氏小蠹（*D. emarginatus*）外部形态近似，但前者鞘翅端凹深度明显大于后者，体型相对更加细长。

寄主 人参果（*Manilkara zapota*）、马来波罗蜜（*Artocarpus elasticus*）、紫矿（*Butea monosperma*）、*Castanea argentea*、蒺藜锥（*Castanopsis tribuloides*）、摘亚木属（*Dialium* spp.）、龙脑香属（*Dipterocarpus* spp.）、灰莉属（*Fagraea gigantea*）、帕利印茄（*Intsia palembanica*）、大甘巴豆（*Koompassia excelsa*）、马拉斯加豆（*Koompassia malaccensis*）、翅果麻（*Kydia calycina*）、铁力木（*Mesua ferrea*）、娑罗双属（*Shorea* spp.）、桃花芯（*Swintonia floribunda*）、柚木（*Tectona grandis*）、大果山香圆（*Turpinia pomifera*）、黄叶树属（*Xanthophyllum* spp.）、金车木（*Xylia xylocarpa*）。

分布 缅甸、印度、尼泊尔、越南、印度尼西亚、菲律宾、巴布亚新几内亚、马来西亚、泰国、所罗门群岛、澳大利亚。

图12 虚假唐氏小蠹背面观

⑯ 侏儒唐氏小蠹 *Debus pumilus*（Eggers）

鉴定特征 体长1.8～2.0mm；鞘翅斜面扁平或稍微凹陷，无明显的凹缘隆脊；斜面上的齿瘤小于该属其他种类的斜面齿瘤；在第1沟间部具有几对小齿瘤，第2沟间部具有1对稍大的齿瘤；鞘翅端部通常扁平状，无明显的端凹或端部稍微内凹。

图13 侏儒唐氏小蠹背面观

侏儒唐氏小蠹（*D. pumilus*）和欺诈唐氏小蠹（*D. dolosus*）外部形态近似，但前者体色一般双色，前胸背板橘色至浅棕色，鞘翅深棕色至黑色，而后者一般体色为同一色，整体棕色。

寄主 恰普拉希面包果（*Artocarpus chaplasha*）、拉口沙面包果（*A. lakoocha*）、绿黄葛树（*Ficus virens*）、猪肚树（*Hymenodictyon excelsum*）、马氏娑罗双木（*Shorea maxwelliana*）、钟形苹婆（*Sterculia campanulata*）、绒毛苹婆（*S. villosa*）、诃子属（*Terminalia* spp.）。

分布 中国、缅甸、印度、马来西亚、斯里兰卡、越南、印度尼西亚、巴布亚新几内亚、菲律宾、所罗门群岛。

（六）双沟小蠹属 *Diuncus* Hulcr and Cognato，2009

属征 体长1.4～3.0mm；体型粗壮，体色浅色；触角棒扁平，末端平截，触角柄节细长，索节4节；前胸背板粗壮，前缘具有两个齿；前足基节相连；小盾片扁平，与鞘翅齐平；鞘翅背盘明显短于斜面或与斜面同样长；斜面扁平且阔，端缘增阔，具有明显的脊；大多数种类斜面的峰区具有1对或2对齿瘤。

目前该属世界上已知17种，主要分布于东洋区、澳洲区（群岛）和非洲区，中国大陆无分布。我国口岸曾截获该属昆虫1种。

⑰ 哈珀肯双沟小蠹 *Diuncus haberkorni*（Eggers）

鉴定特征 体长1.5～2.5mm；前胸背板和鞘翅背盘棕黄色，鞘翅斜面部分棕黑色；前胸背板前半部具颗瘤，后半部具刻点；鞘翅斜面第2沟间部和第3沟间部具有两对同等大小的齿瘤，基部较阔，第3沟间部的齿瘤尖，端部指向斜面中部；第4、5、6沟间部的斜面上部有时具有成列的小齿瘤。

寄主 合欢（*Albizzia moluccana*）、木菠萝（*Artocarpus dadah*）、利比亚咖啡（*Coffea liberica*）、宽叶黄檀（*Dalbergia latifolia*）、乌墨蒲桃（*Eugenia jambolana*）、杧果（*Mangifera indica*）、无翼胶漆树木（*Melanorrhoea curtisii*）、美丽球花豆（*Parkia speciosa*）、*Piper* spp.、四子柳（*Salix tetrasperma*）、马氏娑罗双木（*Shorea maxwelliana*）、卵圆娑罗双木（*S. ovata*）、*S. robusta*、缎木（*Swietenia mahogoni*）、柚木（*Tectona grandis*）、千果榄仁（*Terminalia myriocarpa*）、可可（*Theobroma cacao*）、*Toonia sinensis*、红胶木（*Tristania whiteana*）、山麻风树

图14 哈珀肯双沟小蠹背面观、侧面观

（*Turpinda pomifera*）、短毛牡荆（*Vitex pubescens*）。

分布 中国、坦桑尼亚、孟加拉国、缅甸、印度、马来西亚、斯里兰卡、巴布亚新几内亚、越南、印度尼西亚（爪哇）。

（七）浆材小蠹属 *Eccoptopterus* Motschulsky，1863

属征 体长1.9～4.7mm；眼浅内凹，上部小于下部；触角棒近圆形，触角棒端部平截，触角棒第1节覆盖后缘面；触角索节4节，第1索节短于梗节，柄节明显细长；前胸背板粗壮，大于或等长于鞘翅；前胸背板的前缘有1对明显的扁平齿，大于其余部分的锯齿；前胸背板侧缘有倾斜的缘；前胸背板的背盘光亮或光滑的皮革状，具小的刻点和浓密的鬃；前足基节相连；前胸背板的基部有一个小的和中胸携菌器相关的浓密刚毛；鞘翅基部无鬃；小盾片非常小，但可见；鞘翅凹陷，缘边具有齿；后足腿节明显增大和扁平。

2009年世界名录记载8种，目前该属世界上已知7种，我国口岸主要截获该属1种。

⑱ 六齿胫浆材小蠹 *Eccoptopterus spinosus*（Olivier）

鉴定特征 体型粗壮；体长2.6～2.7mm，体长为宽的2.2倍；头部、胸和鞘翅为栗棕色或黑色，触角和足棕色，前足腿节棕黄色；鞘翅斜面表面内凹，每侧具有3个非常明显的大齿。

寄主 阔荚合欢（*Albizia lebbeck*）、腰果（*Anacardium occidentale*）、*Artocarpus nobilis*、印度赤铁树（*Bassia latifolia*）、大叶土蜜树（*Bridelia retusa*）、羯布罗香（*Dipterocarpus turbinatus*）、革叶红心漆（*Gluta travancorica*）、杧果（*Mangifera indica*）、娑罗树（*Shorea robusta*）、大叶桃花心木（*Swietenia macrophylla*）、柚木（*Tectona grandis*）、毛诃子（*Terminalia billerica*）、美叶橄榄（*Canarium euphyllum*）。

分布 中国台湾、安哥拉、赤道几内亚、刚果共和国、刚果民主共和国、几内亚、加纳、加蓬、喀麦隆、科特迪瓦、肯尼亚、毛里塔尼亚、南非、尼日利亚、塞舌尔群岛、坦桑尼亚、乌干达、加那利群岛、赞比亚、澳大利亚、巴布亚新几内亚、菲律宾、留尼汪岛、马达加斯加、马来西亚、缅甸、斯里兰卡、泰国、汤加、印度尼西亚、印度、日本、越南。

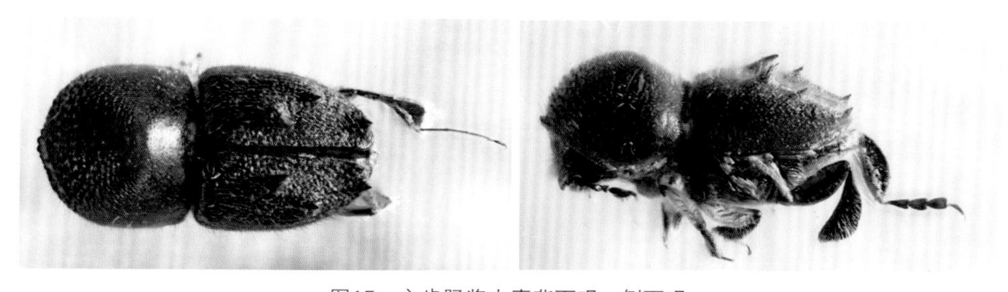

图15 六齿胫浆小蠹背面观、侧面观

（八）方胸小蠹属 *Euwallacea* Hopkins，1915

属征 体长2.8～5.7mm；体型粗壮；体色深色；触角棒节倾斜平截，触角第2节后面观通常很显著，索节4节；前胸背板侧面观高，前侧角通常加宽，背面观近方形（或近四方形）；小盾片可见，其表面与鞘翅表面齐平；前足基节相连；鞘翅斜面坡面逐渐下降，鞘翅宽阔；鞘翅背盘和斜面分界不明显；鞘翅斜面后侧缘脊延伸止于第7沟间部；刻点沟和沟间部的刻点通常成列；斜面沟间部大多具有排列规则的鬃和颗瘤。

2009年世界名录记载该属世界上已知54种，2010年Hulcr和Cognato发表文章，把*E. similis*、*E. validus*和*E. striatulus*重组放入新建立的华莱士属*Wallacellus*中，把*E. bicolor*修订重组为*Planiculus bicolor*、*E. filiformis E. laevis*和*E. tumidus*作为其异名，*E. subparallelus*和*E. subemarginatus*作为*Planiculus limatus*的异名，把*Ambrosiophilus funereus*重组移入方胸小蠹属；2010年Hulcr把*E. artelaevis*修订为*Planiculus bicolor* 的异名；2010年Beaver和Liu发表文章，把*E. metanepotulus*修订重组为*Ambrosiophilus metanepotulus*；2015年Storer等发表文章，重新把华莱士属的3个种移入方胸小蠹属中，华莱士小蠹属作为方胸小蠹属的异名，同时把*Xyleborus declivispinatus*和*Xyleborus posticus*重组移入方胸小蠹属中，目前该属世界已知50余种，主要分布于东洋区，澳洲区（群岛）以及非洲区和新北区。

口岸截获方胸小蠹种类及其近似种的检索表

1. 鞘翅斜面第1沟间部端部变宽，斜面后侧缘具弱的隆脊…………………… ***E. similis***
   鞘翅斜面两侧的第1刻点沟近乎平行，斜面后侧缘具明显隆脊………………………… 2
2. 前胸背板前缘阔圆，前胸背板呈圆形………………………………………… ***E. fornicatus***
   前胸背板前缘近平截状，前胸背板呈四边形……………………………………………… 3
3. 体型较小，体长小于3.2mm……………………………………………………………… 4
   体型较大，体长大于3.2mm……………………………………………………………… 6
4. 体长至少2.5mm，体长为宽的2.5倍…………………………………… ***E. andamanensis***
   体长最长2.5mm，体长为宽的3.0倍………………………………………………………… 5
5. 前胸背板长等于宽，前胸背板近四方形 ………………………………… ***E. solomonicus***
   前胸背板长大于宽，前胸背板呈长方形 ……………………………………… ***E. piceus***
6. 前足胫节最多具有6个齿瘤，齿瘤宽大…………………………………………………… 7
   前足胫节最少具有7个齿瘤，齿瘤窄而尖锐……………………………………………… 8

7. 复眼上半部大于下半部；体长至少5mm …… *E. wallacei*
   复眼上半部小于下半部；体长最多4.5mm …… *E. destruens*
8. 体型粗壮，体长最多为宽的2.0倍；前胸背板的前缘具有明显的齿列 …… *E. velatus*
   体型细长，体长至少为宽的2.2倍；前胸背板的前缘齿列退化，无明显齿列 …… 9
9. 鞘翅斜面第2、3沟间部的齿瘤明显大于其他沟间部齿瘤，第1沟间部齿瘤缺失 …… *E. funereus*
   鞘翅斜面各沟间部齿瘤大小相同 …… 10
10. 斜面刻点沟刻点浅，表面呈光滑状；斜面第2沟间部齿瘤自基部延伸至端部 …… *E. interjectus*
   斜面刻点沟刻点深，表面呈崎岖状；第2沟间部端半部颗瘤大多缺失 …… *E. validus*

⑲ 安达曼方胸小蠹 *Euwallacea andamanensis*（Blandford）

鉴定特征 体长2.7～3.2mm，体长为体宽的2.5倍；体色棕黄色至棕黑色；前胸背板近四方形，前胸背板的前缘阔圆形，无齿列；前足胫节细长具有5～6个大的齿瘤；鞘翅表面通常具有明显的彩虹色；鞘翅端部稍微凸，沟间部具有成列的齿瘤，鞘翅斜面通常具有明显的蓝色乳光。

寄主 榅桲木波罗蜜、木棉树、安达曼紫檀、四数木、银莲花等。

分布 孟加拉国、缅甸、印度、泰国、越南、印度尼西亚、密克罗尼西亚、马来西亚、巴布亚新几内亚。

图16 安达曼方胸小蠹背面观

⑳ 坏恶方胸小蠹 *Euwallacea destruens*（Blandford）

鉴定特征 体长3.8～4.5mm，体宽1.4～1.6mm；体长为体宽的2.7倍；体色深棕色；眼部上半部较小；前胸背板近四方形，前缘无齿列；前足胫节细长，具有4个齿瘤；鞘翅斜面非常陡，在下半部扁平，侧缘自第7沟间部至端部非常强烈隆起，具不规则脊，斜面刻点沟刻点为背盘上的2倍，第1直第3刻点沟强烈向翅缝弯曲，近端部第1沟间部非常窄。

寄主 马来波罗蜜（*Artocarpus elasticus*）、帕利印茄（*Intsia palembanica*）、

柚木（*Tectona grandis*）、可可（*Theobroma cacao*）、*Turpinia latifolia*。

分布 中国、印度、澳大利亚、斐济、印度尼西亚、密克罗尼西亚、巴布亚新几内亚、瓦努阿图、菲律宾、萨摩亚群岛、马来西亚、越南。

图17 坏恶方胸小蠹背面观

㉑ 小圆方胸小蠹 *Euwallacea fornicatus*（Eichhoff）

鉴定特征 体长2.2～2.6mm，体长为体宽的2.3倍；体色深棕色至黑色；前胸背板近四方形，前缘圆形，具有1列明显锯齿（8个或更多齿）；前足胫节具有9个齿瘤；鞘翅背盘刻点密而浅，无微毛，沟间部扁平光亮，具单列的稀疏颗瘤；鞘翅斜面刻点沟刻点微凹，刻点非常明显，沟间部具稀疏的颗瘤和直立的长毛。

寄主 鳄梨（*Persea americana*）、柑橘（*Citrus reticulata*）、可可（*Theobroma cacao*）、寄生蕨、石榴（*Punica granatum*）、红毛丹树、茶（*Camellia sinensis*）、黄兰等。

分布 中国、孟加拉国、日本、缅甸、印度、斯里兰卡、泰国、越南、澳大利亚、斐济群岛、科摩罗、夏威夷群岛、印度尼西亚、密克罗尼西亚、巴布亚新几内亚、纽埃岛、菲律宾、留尼汪岛、萨摩亚群岛。

图18 小圆方胸小蠹背面观

㉒ 黑褐方胸小蠹 *Euwallacea funereus*（Lea）

鉴定特征 体长3.2～3.6mm，前胸背板近方形，前足胫节具9个及以上齿瘤；鞘翅斜面第2沟间部齿瘤变大，第3沟间部齿瘤大小和形状多变，第1沟间部齿瘤缺失。

寄主 翅苹婆（*Pterygota alata*）。

分布 澳大利亚、印度尼西亚、巴布亚新几内亚。

㉓ 坡面方胸小蠹 *Euwallacea interjectus*（Blandford）

鉴定特征 体长3.6～4.0mm，体长为体宽的2.2倍；体色为棕黄色至漆黑色；前胸背板近四方形，前缘阔圆形，具有弱的不明显齿列；前足胫节具有9个齿瘤；鞘翅斜面自基部至端部逐渐倾斜；斜面刻点沟刻点浅，表面呈光滑状；斜面第2沟间部齿瘤自基部延伸至端部。

寄主 团花（*Neolamarckia cadamba*）、波罗蜜（*Artocarpus heterophyllus*）、木棉（*Bombax malabaricum*）、印度锥（*Castanopsis indica*）、*Cudrania javanensis*、刺桐属（*Erythrina* spp.）、霸王鞭（*Euphorbia royleana*）、榕属（*Ficus* spp.）、羽叶白头树（*Garuga pinnata*）、云南石梓（*Gmelina arborea*）、橡胶树（*Hevea brasiliensis*）、猪肚树（*Hymenodictyon excelsum*）、翅果麻（*Kydia calycina*）、中平树（*Macaranga denticulata*）、润楠属（*Machilus* spp.）、杧果（*Mangifera indica*）、*Odina wodier*、马尾松（*Pinus massoniana*）、*Poinciana elata*、杨属（*Populus* spp.）、马拉巴紫檀（*Pterocarpus marsupium*）、*Salmalia insignis*、*S. malabarica*、*Sarcocephalus cordatus*、云南娑罗双（*Shorea assamica*）、娑罗树（*Shorea robusta*）、*Spondias mangifera*、海南苹婆（*Sterculia alata*）、钟形苹婆（*S. campanulata*）、*S. ornata*、绒毛苹婆（*S. villosa*）、柚木（*Tectona grandis*）、*Terminalia bellerica*、千果榄仁（*T. myriocarpa*）、四数木（*Tetrameles nudiflora*）、可可（*Theobroma cacao*）、金车木（*Xylia xylocarpa*）。

分布 中国、孟加拉国、缅甸、印度、日本、尼泊尔、斯里兰卡、越南、夏威夷群岛、印度尼西亚、菲律宾、马来西亚、巴布亚新几内亚、所罗门群岛、美国。

图19 坡面方胸小蠹头部

㉔ 所罗门方胸小蠹 *Euwallacea solomonicus*（Schedl）

鉴定特征 体长2.3mm，体长为体宽的3倍；体色黑色；前胸背板近方形；鞘翅背盘光亮；鞘翅斜面刻点明显凹陷，沟间部刻点消失，具微小的颗瘤；鞘翅的端缘尖锐状但无脊缘。

寄主 无。

分布 所罗门群岛。

㉕ 阔面方胸小蠹 *Euwallacea validus*（Eichhoff）

鉴定特征 体长3.4～3.8mm，体长为体宽的2.4倍；体色为深棕色至黑色；前胸背板近方形，前缘齿列缺失或退化；前足胫节具有12个齿瘤；斜面自基部至端部强烈倾斜；斜面刻点沟刻点深，表面呈崎岖状；第2沟间部端半部颗瘤大多缺失。

寄主 昌化鹅耳枥（*Carpinus tschonoskii*）、糙叶树（*Aphananthe aspera*）、日本扁柏（*Chamaecyparis obtusa*）、日本柳杉（*Cryptomeria japonica*）、杉木（*Cunninghamia lanceolata*）、野梧桐（*Mallotus japonicus*）、日本栗（*Castanea crenata*）、*Fagus multinervis*、粗齿蒙古栎（*Quercus grosseserrata*）、黑栗（*Quercus velutina*）、胡桃属（*Juglans* spp.）、润

楠属（*Machilus* spp.）、日本厚朴（*Magnolia obovata*）、无花果（*Ficus carica*）、黄檀（*Dalbergia hupeana*）、日本冷杉（*Abies firma*）、马尾松（*Pinus massoniana*）、赤松（*P. densiflora*）、欧洲赤松（*P. sylvestris*）、黄山松（*P. taiwanensis*）、黑松（*P. thunbergiana*）、日本五针松（*P. parviflora*）、日本铁杉（*Tsuga sieboldii*）、青肤樱（*Prunus serrulata*）、黄柏（*Phellodendron amurense*）、美洲黑杨（*Populus deltoides*）、*P. glandulosa*、臭椿（*Ailanthus altissima*）、红淡比（*Cleyera japonica*）、紫椴（*Tilia amurensis*）。

分布 中国、缅甸、日本、韩国、马来西亚、琉球群岛、越南、菲律宾、美国、加拿大。

图20 阔面方胸小蠹背面观

㉖ 盖方胸小蠹 *Euwallacea velatus*（Sampson）

鉴定特征 体长3.25～3.4mm，体长为体宽的1.9倍；前胸背板呈近方形，前缘阔圆呈弓形，具6～7个明显的缘齿；前足腿节具有11个齿瘤；鞘翅斜面沟间部具较大颗瘤，每个颗瘤基部具1根长的直立的鬃毛。

寄主 藏南槭、脚骨脆属、柃木、石楠（*Photinia serratifolia*）、米团花（*Leucosceptrum canum*）、中平树（*Macaranga denticulata*）、香润楠（*Machilus zuihensis*）、青冈栎（*Cyclobalanopsis glauca*）、柚木（*Tectona grandis*）、千果榄仁（*Terminalia myriocarpa*）、山千牛、金车花梨。

分布 中国、缅甸、安达曼群岛、孟加拉国、印度。

㉗ 华莱士方胸小蠹 *Euwallacea wallacei*（Blandford）

鉴定特征 体长5.2～5.7mm，体长为体宽的2.8倍；体色棕黄色至棕红色；前胸背板近四方形，前缘圆形，无齿列；眼上半部大于下半部；前足胫节5个齿瘤。

寄主 瓦氏崖摩楝（*Amoora wallichii*）、滇波罗蜜（*Artocarpus lakoocha*）、*Beilschmiedia sikkimensis*、球花脚骨脆（*Casearia glomerata*）、米团花（*Leucosceptrum canum*）、中平树（*Macaranga denticulata*）、翅子树（*Pterocymbium beccarii*）、山乌桕（*Triadica cochinchinensis*）、*Sterculia colorata*、*Symplocos thcaefolia*。

分布 印度、马来西亚、越南、澳大利亚、印度尼西亚、巴布亚新几内亚、所罗门群岛。

㉘ 相似方胸小蠹 *Euwallacea similis*（Ferrari）

鉴定特征 体色较浅，红棕色。鞘翅斜面第1沟间部端部变宽，每侧具有1个大的瘤，前足胫节具有8个以上的齿。

寄主 麦珠子属（*Alphitonia*）、娑罗树（*Shorea robusta*）、杜英属（*Elaeocarpus* spp.）、橡胶树（*Hevea brasiliensis*）。

分布 中国、喀麦隆、肯尼亚、毛里塔尼亚、毛里求斯、塞舌尔、坦桑尼亚、日本、缅甸、印度、约旦、马来西亚、尼泊尔、斯里兰卡、泰国、越南、澳大利亚、斐济、夏威夷群岛、印度尼西亚、马达加斯加、密克罗尼西亚、关岛、马绍尔群岛、帕劳、新喀里多尼亚、巴布亚新几内亚、菲律宾、萨摩亚群岛、所罗门群岛、大溪地群岛、巴西。

图21 相似方胸小蠹背面观

㉙ 黑色方胸小蠹 *Euwallacea piceus*（Motschulsky）

鉴定特征 体色深黑色或深棕色；前胸背板的前缘无锯齿；前胸背板的前侧缘角稍微膨大，前胸背板近似四边形；鞘翅阔圆，后侧缘具缘线，鞘翅端部呈角状；鞘翅背盘明显延长。

寄主 波罗蜜（*Artocarpus heterophyllus*）、柿属（*Diospyros* L.）、黄桐属（*Endospermum* B.）、马拉斯加豆木（*Koompassia malaccensis*）、海南苹婆（*Sterculia alata*）。

分布 中国台湾、安哥拉、喀麦隆、加纳、几内亚、科特迪瓦、肯尼亚、尼日利亚、南非、赤道几内亚、坦桑尼亚、乌干达、刚果民主共和国、印度、马来西亚、斯里兰卡、澳大利亚、斐济、印度尼西亚、马达加斯加、密克罗尼西亚、巴布亚新几内亚、菲律宾、萨摩亚群岛。

图22 黑色方胸小蠹背面观

（九）壮体小蠹属 *Fortiborus* Hulcr and Cognato，2010

属征 体型较大，体长5.2～7.0mm；眼浅内凹，上部明显大于下部；触角索节4节，第1索节大于梗节，柄节粗厚；触角棒多变；前胸背板的前缘前伸，具有成列的锯齿；前足胫节圆形，具有7个或更多齿，前足胫节刺缺失；鞘翅斜面渐降，不平截。

目前该属世界上已知5种，主要分布东洋区和澳洲区，我国口岸主要截获1种。

㉚ 沟额壮体小蠹 *Fortiborus sulcinoides*（Schedl）

鉴定特征 体长6.0～7.0mm；鞘翅背盘具有横向的马鞍状凹痕；鞘翅斜面具有各种大小的瘤，一些明显膨大，另一些为微小颗瘤；前胸背板的前缘非常发达，具有明显的1列齿；与*F. pilifer* 相似，但鞘翅背盘凹陷。

寄主 异翅香属（*Anisoptera polyandra*）。

分布 巴布亚新几内亚。

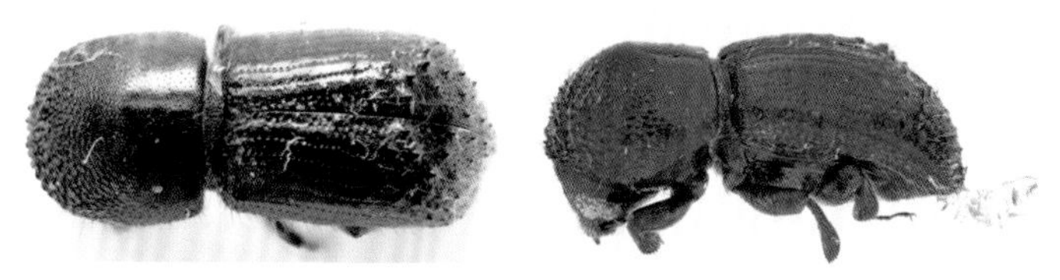

图23 沟额壮体小蠹背面观、侧面观

（十）壮实小蠹属 *Hadrodemius* Wood，1980

属征 体型粗壮，体长4.9mm；眼浅内凹，上部小于下部，触角棒近圆形，明显扁平，端部平截，第1节覆盖后缘面；触角索节4节，第1索节短于梗节，柄节多变；前胸背板的侧缘无脊；前胸背板的基部有一个小的和中胸携菌器相关的浓密刚毛；前胸背板的前缘有1对明显的扁平齿，大于其余部分的锯齿；前足基节相连；小盾片缺失。

目前该属世界已知3种，主要分布于东洋区。我国口岸截获该属1种。

㉛ 多毛壮实小蠹 *Hadrodemius comans*（Sampson）

鉴定特征 鞘翅表被深棕色或黑色；鞘翅斜面自缝直第3沟间部平凹，无光泽，第1刻点沟至少微微凹陷，刻点沟刻点更明显，沟间部刻点粗糙，排列不紧密，斜面表面无浓密的毛。

寄主 山楝（*Aphanamixis polystachya*）、干豆花属（*Fordia* spp.）、铁坡垒木（*Hopea ferrea*）、芳香坡垒木（*H. odorata*）、黑漆树属（*Melanorrhoea* spp.）、玫瑰木属（*Rhodamnia trinervia*）、水东哥属（*Saurauia pentapetala*）、娑罗双属（*Shorea* spp.）、长叶鹊肾树（*Streblus elongatus*）、大叶桃花心木（*Swietenia macrophylla*）。

分布 中国、马来西亚、印度尼西亚、缅甸、老挝、越南、泰国。

（十一）细材小蠹属 *Leptoxyleborus* Wood，1980

属征 体长2.8～3.0mm；体色浅色至深棕色；眼微凹，上部小于下部；触角棒近似圆形，端部平截，长大于宽；索节4节；前胸背板的前缘具有明显的齿列；前足基节相连；小盾片扁平，与鞘翅齐平；前足胫节细长，端缘具有很少的齿；鞘翅背盘明显短于斜面；鞘翅斜面凹凸交替，具有似星状的鬃或鳞片。

目前该属世界已知6种，主要分布于东洋区。我国口岸截获该属昆虫1种。

㉜ 粗尾细材小蠹 *Leptoxyleborus sordicauda*（Motschulsky）

鉴定特征 体长约2.5mm；前胸背板前半部和鞘翅棕黑色，前胸背板后半部红棕色；前胸背板前部2/3区具颗瘤，后面1/3区具刻点，刻点圆小而稀疏；鞘翅斜面为两段斜坡，第2段斜坡倾斜程度较第1段斜坡大。鞘翅斜面刻点沟刻点圆而小，沟间部微微凹陷，刻点圆大深陷，末端隆起。

寄主 顶果树（*Acrocarpus fraxinifolius*）、毛叶羽叶楸（*Stereospermum neuranthum*）、柚木（*Tectona grandis*）、木荚豆（*Xylia xylocarpa*）等。

分布 中国、缅甸、孟加拉国、印度、巴布亚新几内亚、菲律宾群岛。

图24 粗尾细材小蠹背面观、侧面观

（十二）微材小蠹属 *Microperus* Wood，1980

属征 体型较小，体长1.1～2.0mm；眼浅凹，上半部分小于下半部分；触角棒近半球状，第1节较大，完全角质化，端部平截状，第2节细长，位于截面上；索节，4节；前胸背板的前缘无明显的齿列；前足基节相连；小盾片缺失；鞘翅背盘长于斜面，平坦至凸起；刻点沟具成列的刻点。

目前该属世界已知16种，主要分布于东洋区、澳洲区和古北区。我国口岸截获该属昆虫1种。

㉝ 小微材小蠹 *Microperus perparvus*（Sampson）

鉴定特征 体长1.8～2.7mm；体色颜色浅；鞘翅斜面具有较多颗瘤，颗瘤间的间距不同；鞘翅刻点沟不明显凹陷；鞘翅后侧缘无缘脊，仅具有颗瘤。

寄主 橄榄树（*Canarium euphyllum*）、金叶树（*Chrysophyllum roxburghii*）、青冈栎（*Cyclobalanopsis glauca*）、柿子树（*Diospiros kaki*）、龙脑香（*Dipterocarpus baudii*）、杜英（*Elaeocarpus* spp.）、*Elateriospermum taposi*、坡垒（*Hopea ferrea*）、石摩罗（*Pentacme suavis*）、龙脑香（*Shorea curtisii*）、*S. macroptera*、*S. maxwelliana*、*S. ovata*、*S. robusta*、桃花芯（*Swintonia floribunda*）、青梅属（*Vatica* spp.）。

分布 中国、孟加拉国、缅甸、安达曼群岛、印度、马来西亚、印度尼西亚（婆罗洲）。

图25 小微材小蠹背面观、侧面观

（十三）扁材小蠹属 *Planiculus* Hulcr and Cognato，2010

属征 体型小，体长1.4～2.5mm；眼浅凹，上半部分小于下半部分；触角棒近半球状，第1节较大，完全角质化，端部平截状，第2节细长，位于截面上；索节4节；前胸背板双色，通常前半部深棕色，后半部浅棕色或黄色；前胸背板的背盘通常较长鞘翅斜面上第1沟间部加宽。

该属世界已知7种，主要分布在东洋区和澳洲区。我国口岸曾截获该属昆虫1种。

㉞ 双色扁材小蠹 *Planiculus bicolor*（Blandford）

鉴定特征 体长1.7～2.6mm；体型细长；前胸背板双色，前半部棕色，后半部黄色；鞘翅斜面第1沟间部的端部隆起具有颗瘤；鞘翅的端部圆形无凹陷；斜面上的颗瘤形式多变，在第1沟间部和第3沟间部大多具有几个大的颗瘤，第2沟间部无或仅有非常小的颗瘤。

寄主 合欢（*Albizzia moluccana*）、栲树（*Castanopsis tribuloides*）、八宝树（*Duabanga sonneratioides*）、樱桃（*Eugenia jamholana*）、银叶树（*Heritiera fomes*）、*Isonandia polyantha*、团香果（*Lindera latifolia*）、香檀（*Mallotus philippinensis*）、肉豆蔻（*Myristica andamanica*）、蓝果树（*Nyssa sessilifolia*）、娑罗双树（*Shorea robusta*）、铁榄树（*Sideroxylon maranthum*）、榄仁树属（*Terminalia* spp）。

分布 中国、孟加拉国、缅甸、安达曼群岛、尼科巴群岛、印度、日本、马

图26 双色扁材小蠹背面观、侧面观

来西亚、巴布亚新几内亚、斯里兰卡、斐济群岛、印度尼西亚（婆罗洲、爪哇）、菲律宾（吕宋岛）、萨摩亚群岛、所罗门群岛。

（十四）截材小蠹属 *Truncaudum* Hulcr and Cognato，2010

属征　触角棒端部平截状，后面观可见触角棒第2节；触角索节4节；前胸背板细长，长明显大于宽；前胸背板的前缘圆弧状，无明显的锯状齿；小盾片可见，扁平同鞘翅齐平；鞘翅斜面明显平截状（或截面呈凸凹状），一般鞘翅截面周缘具有齿瘤。

截材小蠹属（*Truncaudum* Hulcr and Cognato）属于鞘翅目（Coleoptera）象虫科（Curculionidae）小蠹科（Scolytinae）的材小蠹族（Xyleborini）。2010年Hulcr和 Cognato 依据形态和分子特征建立截材小蠹属，目前该属世界上已知6种，均由材小蠹属的种类重组而来，该属种类主要分布于东洋区，中国无种类分布。2010—2016年，我国口岸（主要包括张家港、泰州等）在来自东南亚地区的原木上发现该属的多个种类。

口岸截获截材小蠹及近似种检索表

1	鞘翅斜面陡然平截，截面具有明显缘脊，缘脊上具有齿瘤或颗瘤	2
	鞘翅斜面的截面不平整，呈凸凹状，截面无明显的缘脊	5
2	眼上半部大，明显大于触角棒	3
	眼上半部正常大，不大于触角棒	4
3	鞘翅斜面背半部的缘脊上无大的齿状瘤	***T. truncatiformis***
	鞘翅斜面背半部的缘脊上具有大而尖的齿状瘤	***T. tuberculifer***
4	鞘翅斜面缘脊周缘上均具有明显大而钝圆的齿状瘤，齿状瘤排列紧密	***T. impexum***
	鞘翅斜面缘脊仅腹半部具有小的齿状瘤，齿状瘤排列稀疏	***T. longior***
5	鞘翅斜面呈扁平的截面状；鞘翅斜面各沟间部具有密的颗瘤	***T. truncaticauda***
	鞘翅斜面呈凸形的截面状；鞘翅斜面第1和第3沟间部上具有稀疏的颗瘤	***T. agnatum***

㉟ 合生截材小蠹 *Truncaudum agnatum*（Eggers）

鉴定特征　体长1.9～3.0mm；体型细长；前胸背板棕色，鞘翅自基部向端部颜色逐渐加深，鞘翅斜面呈棕黑色；前胸背板和鞘翅背盘光亮，具稀疏的鬃毛；

鞘翅斜面光亮，具密的鬃毛，尤其斜面周缘具有更加密的鬃毛；鞘翅斜面不明显的平截状，呈凸形的截面状；鞘翅斜面的平截面无缘脊，截面周缘具有小的齿状瘤；鞘翅斜面第1沟间部和第3沟间部上具有明显的齿状瘤；鞘翅斜面表面不平坦，斜面自翅缝至第2刻点沟之间凹陷；鞘翅斜面上刻点大而清晰，刻点沟排列成行。

寄主 棒果香（*Balanocarpus heimii*）、锥属（*Castanops*is spp.）、龙脑香属（*Dipterocarpus kunstleri*）、椭圆叶冰片香（*Dryobalanops oblongifolia*）、番樱桃属（*Eugenia* spp.）、胖大海属（*Scaphium* spp.）、娑罗双属（*Shorea* spp.）。

分布 缅甸、印度、马来西亚、澳大利亚、印度尼西亚、密克罗尼西亚、巴布亚新几内亚、所罗门群岛、菲律宾。

图27 合生截材小蠹背面观、侧面观、鞘翅斜面

㊱ 齿缘截材小蠹 *Truncaudum impexum*（Schedl）

鉴定特征 体长1.9～2.6mm；体型粗壮；虫体棕色，仅鞘翅后半部颜色逐渐加深，鞘翅斜面呈棕黑色；前胸背板和鞘翅背盘光亮，具稀疏的鬃毛；鞘翅斜面暗淡，呈蓝色乳光的鲨革状；鞘翅斜面多鬃毛；鞘翅斜面陡然平截，呈明显的平截状；鞘翅斜面截面具缘脊，缘脊周缘上均具有明显大而钝圆的齿状瘤，齿状瘤排列紧密；鞘翅斜面具有成行的刻点，刻点浅而不清晰，各刻点沟呈平行状；第1沟间部的端部具有2～3个齿状瘤，端部的齿状瘤明显大于其他瘤。

寄主 无。

分布 巴布亚新几内亚。

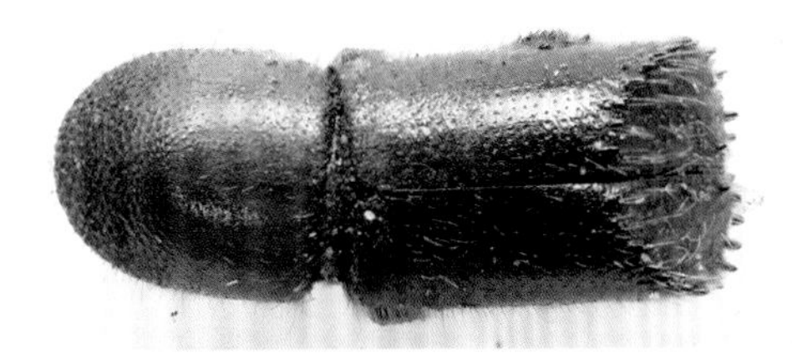

图28 齿缘截材小蠹背面观、侧面观

㊲ 细长截材小蠹 *Truncaudum longior*（Eggers）

鉴定特征 体长2.0～2.2mm；体型细长；虫体棕色，仅鞘翅后半部颜色逐渐加深，鞘翅斜面呈棕黑色；前胸背板光亮，具稀疏的鬃毛；鞘翅背盘和斜面均光亮，具有稍密的鬃毛，但斜面上的鬃毛稍长；鞘翅斜面陡然平截，呈明显的平截状；鞘翅斜面截面具缘脊，缘脊仅腹半缘具有小的齿状瘤，齿状瘤排列稀疏；鞘翅斜面的截面内部具有多个齿瘤，第1沟间部具有1个明显大的齿状瘤，第3沟间部具有2个明显大的齿状瘤；鞘翅斜面表面光滑，刻点清晰。

寄主 橄榄属（*Canarium* L.）、盐肤木（*Rhus chinensis*）。

分布 巴布亚新几内亚。

图29 细长截材小蠹背面观、侧面观

㊳ 齿瘤截材小蠹 *Truncaudum tuberculifer*（Eggers）

鉴定特征 体长3.2～3.5mm；体型粗壮；虫体棕色，仅鞘翅后半部（包括斜面）颜色加深，呈红棕色；前胸背板和鞘翅背盘光亮，具稀疏的鬃毛；鞘翅斜面光亮，沟间部每个颗瘤基部具有细长的鬃毛；鞘翅斜面陡然平截，呈明显的平截状；鞘翅斜面截面具缘脊，背半部缘脊具有大而尖的齿状瘤，腹半部缘脊无明显的齿瘤；鞘翅斜面奇数沟间部具有小的颗瘤；第1～3沟间部在鞘翅端部隆起，隆起的表面不光滑，具颗瘤。

寄主 无记录。

分布 巴布亚新几内亚。

图30 齿瘤截材小蠹背面观、侧面观

（十五）盾材小蠹属 *Xyleborinus* Reitter，1913

属征 雌性体长1.4～3.5mm，体长是体宽的2.6～3.0倍；雄性体形很小，短粗黑褐色。与材小蠹属很相似，区别在于鞘翅基缘陡峭的部分在中部；小盾片小，圆锥形；在翅缝和小盾片间有软毛；斜面后侧缘无隆起。

2009年世界名录记载79种，目前该属世界上已知80种，主要分布北美洲、中美洲、南美洲、东南亚和非洲。所有种类都蛀食阔叶树的木质髓心，如栎属、丁香属、可可属、轻木属、榄仁属。

㊴ 小粒盾材小蠹 *Xyleborinus saxeseni*（Ratzeburg）

鉴定特征 体长2.0～2.3mm，体色为深褐色。额上有纵中线，刻点浅大、疏散，分布不均。前胸背板长大于宽，比为1.1；侧面观前胸背板前部为瘤区弯曲上升，后部刻点区平直下倾；顶点位于前胸背板中部靠前；刻点区平坦，底面有微弱的印纹，暗淡无光，刻点小，均匀散布，具有光滑无刻点的背中线；前胸背板前坡瘤区有毛鬃，金黄色；刻点区无。鞘翅长为前胸背板长的1.7倍，为翅宽的1.8倍；鞘翅背盘占鞘翅长3/4，斜面为翅长的1/4；鞘翅背盘刻点沟未凹陷，刻点正常大小，颜色深；沟间部刻点颜色浅，排列略疏，大小与刻点沟刻点相一致。斜面从前缘开始，沟间部的刻点变为颗粒，由前往后逐渐变大；第2沟间部凹陷，其上无颗瘤，且光秃平滑；鞘翅沟间部上有短直平齐的毛，沟间部2无毛鬃。

寄主 冷杉属（*Abies* spp.）、朝鲜冷杉（*A. koreana*）、槭属（*Acer* spp.）、日本桤木（*Alnus japonica*）、白桦（*Betula platyphylla*）、桦木属（*Betula*）、日本栗（*Castanea crenata*）、大花照四花（*Cornus florida*）、日本柳杉（*Cryptomeria japonica*）、桉属（*Eucalyptus* spp.）、水青冈属（*Fagus* spp.）、落叶松属（*Larix* spp.）、北美翠柏（*Calocedrus decurrens*）、红楠（*Machilus thunbergii*）、野牡丹属（*Melastoma* spp.）、铁心木属（*Metrosideros* spp.）、*Myrica faya*、云杉属（*Picea* spp.）、日本鱼鳞云杉（*Picea jezoensis*）、松属（*Pinus* spp.）、刚松（*P. rigida*）、北美乔松（*P. strobus*）、杨属（*Populus* spp.）、窄叶杨（*P. angustifolia*）、杏（*Prunus armeniaca*）、野樱桃（*P. serotina*）、花旗松（*Pseudotsuga menziesii*）、铁杉属（*Tsuga* spp.）、榆属（*Ulmus* spp.）、美洲椴木（*Tilia americana*）。

分布 中国、阿尔及利亚、亚速尔群岛、喀麦隆、加那利群岛、埃及、利比亚、马德拉岛、摩洛哥、突尼斯、南非、印度、伊朗、以色列、日本、韩国、叙利亚、土耳其、越南、澳大利亚、巴布亚新几内亚、新西兰、菲律宾、萨摩亚群岛、乌克兰、关岛、阿尔巴尼亚、奥地利、比利时、保加利亚、捷克、斯洛伐克、丹麦、英国、法国、德国、希腊、匈牙利、意大利、卢森堡、荷兰、挪威、波兰、葡

图31 小粒盾材小蠹背面观

萄牙、罗马尼亚、撒丁岛、西班牙、瑞典、瑞士、俄罗斯、前南斯拉夫、马耳他、加拿大、美国、墨西哥、阿根廷、巴西、智利、巴拉圭、厄瓜多尔、乌拉圭。

㊵ 小盾材小蠹 *Xyleborinus exiguus*（Walker）

鉴定特征 体长1.45～2.01mm；体长为体宽的2.6倍；前胸背板的背盘呈皮革状；鞘翅端部稍微尖，不是完全圆润；鞘翅第1刻点沟凹陷，距离第2刻点沟更近；刻点沟刻点浅，具有微毛；所有斜面的沟间部具有稀疏的单列颗瘤，鞘翅端缘具有3对较大的瘤，瘤通常扁平、半透明状。

寄主 波罗蜜属（*Artocarpus* spp.）、木棉（*Bombax malabaricum*）、美叶橄榄（*Canarium euphyllum*）、大叶桂（*Cinnamomum iners*）、锡兰龙脑香（*Dipterocarpus zeylanicus*）、剥桉（*Eucalyptus deglupta*）、橡胶树（*Hevea brasiliensis*）、美丽球花豆（*Parkia speciosa*）、安达曼紫檀（*Pterocarpus dalbergioides*）、栎属（*Quercus* spp.）、雨树（*Samanea saman*）、榄仁树（*Terminalia bialata*）。

分布 缅甸、印度、马来西亚、尼泊尔、斯里兰卡、泰国、越南、斐济、印度尼西亚、密克罗尼西亚、关岛、巴布亚新几内亚、菲律宾、帕劳群岛、法属波利尼西亚、所罗门群岛、加蓬、巴拿马、哥斯达黎加。

图32 小盾材小蠹背面观

㊶ 尖尾盾材小蠹 *Xyleborinus andrewesi*（Blandford）

鉴定特征 体长1.7～2.2mm；体色通常为黑色，或前胸背板颜色浅于鞘翅颜色；鞘翅侧缘近直，端部变尖，斜面至少部分呈沙皮状。

寄主 合欢属（*Albizia* spp.）、腰果属（*Anacardium* spp.）、团花属（*Neolamarckia* spp.）、*Artocarpus dadah*、山樣子属（*Buchanania* spp.）、橄榄属（*Canarium* spp.）、樟属（*Cinnamomum* spp.）、厚壳桂属（*Cryptocarya* spp.）、嘉榄属（*Garuga* spp.）、*Isonandra* spp.、杧果（*Mangifera indica*）、肉豆蔻属（*Myristica indica*）、*Odina wodier*、胶木属（*Palaquium eliptica*）、翅子树属（*Pterospermum* spp.）、山黄皮属（*Randia* spp.）、雨树（*Samanea saman*）、娑罗树（*Shorea robusta*）、柚木（*Tectona grandis*）。

分布 中国、肯尼亚、塞舌尔群岛、赞比亚、牙买加、古巴、美国、孟加拉国、缅甸、印度、日本、马来西亚、尼泊尔、琉球群岛、斯里兰卡、泰国、越南、印度尼西亚、密克罗尼西亚、马里亚纳群岛、巴布亚新几内亚、新西兰、菲律宾。

（十六）材小蠹属 *Xyleborus* Eichhoff，1864

属征 体长为2.0～3.0mm，体色为橙色或浅棕色、浅红色，无深棕色或黑色种；眼浅或深凹，上部小于下部；触角棒近圆形，斜截，带微鬃毛的第2节后侧只有部分可见；第1节明显覆盖住前侧大部分，后侧整个部分，其缘凹陷，有脊，第2节在前后两侧都可见，柔软，前面部分角质化，第3节不可见或仅后侧部分可见；索节共4节，柄节通常较粗。前胸背板前边缘无明显的齿列。前足基节相连，前胸腹板后基节膨大，圆状，无尖。小盾片平坦，与鞘翅相平，鞘翅基部直无斜边；鞘翅背盘长于斜面长，平坦，其上有明显的刻点沟，鞘翅斜面侧面大多平坦或轻微凸起，部分种比较陡，特别是在朝向端点处。斜面后外侧脊很短甚至不可见；前足胫节斜三角形，长2/3处最宽，或明显的三角形，上部狭长，下部分宽且有齿；前足胫节后面平坦，无颗粒，只有刚毛，齿大，长明显大于宽，齿基部轻微或明显变大，圆锥形，齿数目少于6。

材小蠹属种类约为已知材小蠹族种类的一半。材小蠹属最初于1864年由Eichhoff提出，其后具多个异名*Anaeretus* Duges，1887；*Phloeotrogus* Motsehulsky，1863；*Anisandrus* Ferrari，1867；*Progenius Blandford*，1896；*Msoscolytus* Broun，1904；*HeteroboriPs* Reirter，1913；*Xyleborips* Reitter，1913；*Boroxylon* HoPkins，1915；*Noloxyjeborus* Schedl，1934等。该属为世界性分布，1992年的世界名录中记录了材小蠹属566种，《中国经济昆虫志—第二十九册：鞘翅目·小蠹科》记录了中国大陆分布有31种，2002年出版的《中国昆虫目录》中记录中国大陆已知34种。随着材小蠹族Xyleborin分类系统的变化，材小蠹属*Xyleborus*的一些种类也出现了新组合或异名修订。2013年《检疫性小蠹科昆虫系统分类现状》一文对中国大陆已知种类及曾记录有分布的一些种类的变化情况整理后认为中国大陆已知分布材小蠹属20种。

2009年世界名录记载523+3种，目前该属世界上已知420种。

㊷ 橡胶材小蠹 *Xyleborus affinis* Eichhoff

鉴定特征 体长2.0～2.7mm，体长为体宽的2.6～2.9倍；体色为黄色到红棕色。

图33 橡胶材小蠹背面观、侧面观及鞘翅斜面

额、前胸背板与*X. ferrugineus*相似，刻纹更加明显。鞘翅长为宽的1.7倍，为前胸背板长的1.5倍；轮廓似*X. ferrugineus*；鞘翅背盘长度稍小于鞘翅长的2/3；刻点沟未凹陷，刻点小；沟间部宽为刻点沟宽的2～3倍，平滑，有光泽，刻点单列排布，刻点间隔从适度至疏松，刻点从浅小至适度粗糙。斜面适度陡峭，在缝处轻微的隆起；表面暗淡，无光泽；斜面上的刻点沟同背盘上的相似；第1、3沟间部轻微的隆起，第2沟间部稍有凹陷，第2沟间部宽与第1、3沟间部宽度相等，第1、3沟间部上都长有2～4个非常小的颗粒，第2沟间部上通常在基部和近端部各有一个非常小的颗粒，侧面每一沟间部上都有1～3个小的尖颗粒；后外侧缘窄而圆钝，棱上有4个颗粒。刻点沟上有非常短的毛，沟间部上有1列直立的粗毛；斜面沟间部上的刚毛明显粗大，长与两列之间的距离相等；同一沟间部内刚毛之间的间距相等，斜面上的刚毛通常短于其间距。

寄主　寄主较广。

分布　中国、安哥拉、亚速尔群岛、布隆迪、喀麦隆、刚果共和国、赤道几内亚、埃塞俄比亚、赤道几内亚、加蓬、加纳、几内亚、科特迪瓦、肯尼亚、利比里亚、马拉维、毛里塔尼亚、毛里求斯岛、莫桑比克、尼日利亚、塞内加尔、塞舌尔群岛、塞拉利昂、南非、坦桑尼亚、多哥、乌干达、刚果民主共和国、赞比亚、印度、以色列、马来西亚、斯里兰卡、澳大利亚、库克群岛、斐济、加拉帕戈斯群岛、印度尼西亚、马达加斯加、密克罗尼西亚、菲律宾群岛、留尼汪岛、萨摩亚群岛、大溪地群岛、伯利兹、科斯塔、哥斯达黎加、萨尔瓦多、危地马拉、洪都拉斯、墨西哥、美国、安的列斯群岛、牙买加、波多黎各、特立尼达和多巴哥、阿根廷、玻利维亚、巴西、法属圭亚那、智利、哥伦比亚、厄瓜多尔、巴拉圭、秘鲁、苏里南、乌拉圭、委内瑞拉。

㊸ 双齿材小蠹 *Xyleborus bispinatus* Eichhoff

鉴定特征　体长2.1～2.8mm，体色为红棕色。前额宽凸，表面有刻纹；刻点稀疏，轻微的凹陷；中线光滑、轻微的隆起。前胸背板长为宽的1.2倍；前缘宽圆，光滑；前坡有许多微刺，轻微隆起；后平面光滑，有光泽，刻点小、稀疏、浅凹，前背顶点明显；鞘翅长为宽的1.8倍，在基部3/4处平行，后侧宽圆；背盘占鞘翅长的

图34　双齿材小蠹背面观、侧面观及鞘翅斜面

2/3；刻点沟上的刻点凹陷，单列排列，一般中等大小；沟间部光滑，有光泽，宽至少为刻点沟的2倍；沟间部刻点单列排布，大小不一，稀疏分布至退化，每个刻点的基部着生一根黄色较长的鬃。鞘翅斜面陡、平坦、表面有光泽；斜面刻点沟上的刻点清晰；斜面第1沟间部上仅在基部附近有瘤，端部无瘤；斜面第2沟间部上无瘤；第3沟间部有数个瘤，其上有一个明显大的瘤，瘤距斜面端的距离较近。

寄主 橡胶树（*Hevea brasiliensis*）、栎属（*Quercus* spp.）、鳄梨（*Persea americana*）、*P. palustris*、大叶桃花心木（*Swietenia macrophylla*）、大叶龙胆（*Lonchocarpus macrophyllus*）。

分布 伯利兹、哥斯达黎加、危地马拉、洪都拉斯、巴拿马、墨西哥、美国、多米尼加、阿根廷、哥伦比亚、玻利维亚、巴西、厄瓜多尔、巴拉圭、秘鲁、苏里南、特立尼达和多巴哥、委内瑞拉、巴布亚新几内亚。

44 高贵材小蠹 *Xyleborus celsus* Eichhoff

鉴定特征 体长3.6～4.5mm，体长为体宽的3.0倍，体色为红棕色。前额及前胸背板类与*X. ferrugineus*（Fabricus）相似，但其前缘更为宽圆，前背板后背盘上的刻点非常的小，间隔近。鞘翅长为宽的1.9倍，为前胸背板长的1.5倍；两边近乎直线，在基部4/5处平行，后侧宽圆；鞘翅背盘为鞘翅长的3/4；刻点沟轻微的凹陷，刻点浅凹且非常小；沟间部为刻点沟宽的3倍，光滑，有光泽，小刻点单列排布，但在沟间部2轻微的混乱。斜面陡峭，近乎平坦；鞘翅斜面基缘1～7沟间部有1～2个尖的齿；表面暗淡，刻点沟刻点非常小且浅，刻点沟在端部处明显弯向鞘翅缝；斜面第1沟间部非常的宽，光滑，其上有几个小的刻点，第1沟间部有两个非常粗糙的齿瘤，一个位于上部，另一个位于下部1/3处，齿瘤位于沟间部1的一侧，有时更像位于第1刻点沟上；第2沟间部和第1沟间部同样光滑、宽，有几个非常小的刻点；第3沟间部上有2～3个尖齿瘤；后外侧缘成钝角状。刻点沟上有短毛，鞘翅背盘沟间部上有长的毛鬃，但斜面上只有在齿瘤处有长的毛鬃。

寄主 山核桃属（*Carya* spp.）、光滑山核桃（*C. glabra*）。

分布 加拿大、美国。

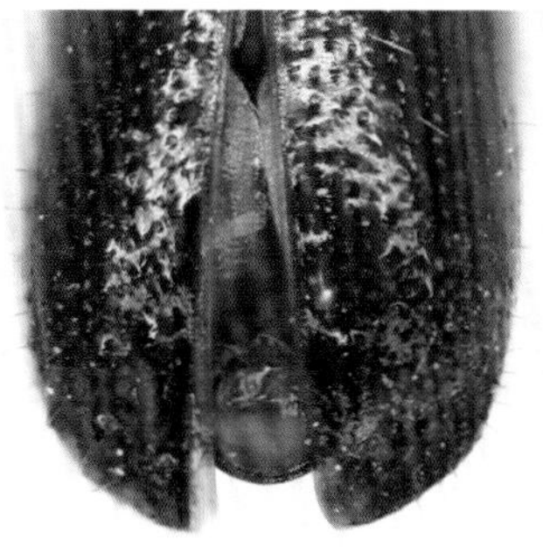

图35 高贵材小蠹背面观、侧面观及鞘翅斜面

㊺ 赤材小蠹 *Xyleborus ferrugineus*（Fabricius）

鉴定特征 体长2.0～3.3mm长，体长为体宽的2.8倍；体色为红棕色。前额宽凸，表面有刻纹；刻点稀疏，轻微的凹陷；中线光滑、轻微的隆起。前胸背板长为宽的1.2倍；前缘宽圆，光滑；前坡有许多微刺，轻微隆起；后平面光滑，有光泽，刻点小、稀疏、浅凹。鞘翅长为宽的1.8倍，在基部3/4处平行，后侧宽圆；背盘占鞘翅长的2/3；刻点沟上的刻点凹陷，单列排列，一般中等大小；沟间部光滑，有光泽，宽至少为刻点沟的2倍；沟间部刻点单列排布，大小不一，稀疏分布至退化，每个刻点的基部着生一根黄色较长的鬃。鞘翅斜面相对平坦，陡峭；斜面上刻点沟刻点明显；第1沟间部、第3沟间部有轻微的隆起，第2沟间部轻微的凹陷；第1沟间部基部附近有一个小齿，第3沟间部上有一个较大的齿，基部的齿比第1沟间部的齿稍小，位置与第1沟间部上齿的位置相同，另一个齿位于斜面中部偏基部位置；第4、5、6沟间部上也各自沿其纵向分散有几个小齿。

寄主 花槭（*Acer rubrum*）、香龙血树（*Dracaena fragrans*）、杧果（*Mangifera indica*）、番橄榄（*Spondias dulcis*）、黄槟榔青（*S. mombin*）、紫槟榔青（*S. purpurea*）、大果盾籽木（*Aspidosperma megalocarpon*）、大果牛奶木（*Couma macrocarpa*）、美洲树参（*Dendropanax arboreus*）、异叶黄钟木（*Tabebuia heterophylla*）、红花黄钟木（*T. rosea*）、羽叶白头树（*Dacryodes excelsa*）、凤凰木（*Delonix regia*）、顶果木（*Acrocarpus fraxinifolius*）、加勒比松（*Pinus caribaea*）、长叶松（*P. palustris*）、火炬松（*P. taeda*）、白橡（*Quercus alba*）、北美红栎（*Q. rubra*）、鳄梨（*Persea americana*）、滨玉蕊（*Barringtonia asiatica*）、可可（*Theobroma cacao*）、西班牙柏木（*Cedrela odorata*）、大叶桃花心木（*Swietenia macrophylla*）、面包树（*Artocarpus altilis*）、聚蚁树（*Cecropia obtusifolia*）、木豆（*Cajanus cajan*）、墨西哥丁香（*Gliricidia sepium*）、蜜果（*Melicoccus bijugatus*）、人心果（*Manilkara zapota*）。

分布 中国、哥拉、亚速尔群岛、博茨瓦纳、布基纳法索、布隆迪、喀麦隆、

图36 赤材小蠹背面观、侧面观及鞘翅斜面

佛得角共和国、埃塞俄比亚、赤道几内亚、加蓬、加纳、几内亚、科特迪瓦、肯尼亚、利比里亚、马拉维、毛里塔尼亚、南非、卢旺达、塞内加尔、塞舌尔群岛、塞拉利昂、索马里、苏丹、坦桑尼亚、多哥、乌干达、刚果民主共和国、赞比亚、津巴布韦、莫桑比克、纳米比亚、尼日利亚、萨摩亚群岛、澳大利亚、库克群岛、斐济、关岛、马达加斯加、新喀里多尼亚、巴布亚新几内亚、法属波利尼西亚、加拿大、美国、墨西哥、古巴、危地马拉、巴拿马、伯利兹、哥斯达黎加、萨尔瓦多、多米尼克国、瓜德罗普、牙买加、波多黎各、多米尼加、维尔京群岛、阿根廷、玻利维亚、巴西、智利、哥伦比亚、厄瓜多尔、法属圭亚那、巴拉圭、秘鲁、苏里南、乌拉圭、委内瑞拉、特立尼达和多巴哥。

㊻ 嵌入材小蠹 *Xyleborus intrusus* Blandford

鉴定特征 体长2.2～2.7mm，体长为体宽的2.9倍，体色为深红棕色。前额及前胸背板与*X. Ferrugineus*（Fabricius）相似，但其前背板后背盘上的刻点稍大，背盘表面上有网状活近网状的纹，光滑区域通常有细线或凹陷点。鞘翅长为宽的1.7倍，为前胸背板长的1.5倍；背盘为鞘翅长的2/3；刻点沟轻微的凹陷，刻点小而浅；沟间部光滑，有光泽，为刻点沟宽的2～3倍，刻点小、粗糙，单列排列。斜面非常的陡峭，明显的凸起；刻点沟刻点和背盘上的相同；第2沟间部轻微的凹陷，无颗粒或在基部附近有1～2个小颗粒，刻点少，许多退化；第1、3沟间部上各有3～6个非常粗大的齿，每一个齿的宽和高相同，侧面区域有几个相似的小齿；后外侧缘圆，其上无齿瘤。体表具毛。

寄主 松属（*Pinus* spp.）、扭叶松（*P. contorta*）、道格拉松（*P. durangensis*）、大果松（*P. coulteri*）、黑材松（*P. jeffreyi*）、光叶松（*P. leiophylla*）、山松（*P. montezumae*）、卵果松（*P. oocarpa*）、墨西哥展叶松（*P. patula*）、西黄松（*P. ponderosa*）、拟北美乔松（*P. pseudostrobus*）、黄杉属（*Pseudotsuga*）、花旗松（*P. menziesii*）、*P. coulteri*、*P. jeffreyi*、*P. leiophylla*、*P. mexicana*、*P. ponderosa*、*P. rudis*，铁杉属（*Tsuga menzeisii*）。

分布 加拿大、墨西哥、美国、危地马拉、洪都拉斯、多米尼加、萨尔瓦多。

图37 嵌入材小蠹背面观、侧面观及鞘翅斜面

㊼ 单刻材小蠹 *Xyleborus monographus*（Fabricius）

鉴定特征 体长2.5～3.6mm；体为浅红棕色，向鞘翅端部体色加深。触角棒斜截，基部角质化部分较大，缘向内弯曲。前胸背板前坡上有鳞片状瘤，瘤未连接成环；后背盘光滑、有光泽，其上有具短毛的小刻点。鞘翅背盘刻点沟上刻点小，沟间部光滑、有光泽。鞘翅斜面沟间部上有小的颗瘤，圆钝、稀疏排列。斜面第1沟间部上的小颗粒为延伸至斜面的端部，第2、3沟间部上的小颗粒延伸至斜面的端部；沟间部1上的颗粒大于沟间部2、3上的颗粒。

寄主 栎属（*Quercus* spp.）、东方山毛榉（*Fagus orientalis*）、欧洲板栗（*Castanea vesca*）。

分布 阿尔及利亚、摩洛哥、土耳其、阿尔巴尼亚、奥地利、比利时、保加利亚、捷克、斯洛伐克、丹麦、法国、德国、希腊、匈牙利、意大利、卢森堡 、荷兰、挪威、波兰、罗马尼亚、西班牙、瑞典、瑞士、俄罗斯、前南斯拉夫、俄罗斯、爱沙尼亚、拉脱维亚。

图38 单刻材小蠹背面观、侧面观及鞘翅斜面

㊽ 对粒材小蠹 *Xyleborus perforans*（Wollaston）

鉴定特征 体长2.2mm。前胸背板两边直线状，长大于宽，比为1.18倍；前胸背板前坡为鳞片状瘤区，弯曲上升，后半部为平面刻点区，刻点去光滑，其上有清晰、规则排列的小刻点，有光滑无刻点中线；刻点区有零稀的长毛鬃。鞘翅长为前胸背板长的1.5倍，长为宽的1.6倍；鞘翅背盘上刻点沟轻微凹陷，其上刻点凹陷深，间隔一直径，且非单列排列；平面沟间部上刻点小，着生长毛鬃；斜面第1沟间部隆起，第1、3沟间部上各有3～4个齿瘤，第2沟间部上除基部外无明显的齿瘤，靠近端部处有一小的颗粒；斜面刻点沟上的刻点与平面上大小的一致。

寄主 巴婆树（*Asimina triloba*）、石榴（*Punica granatum*）、马占相思（*Acacia mangium*）。

分布 中国、亚速尔群岛、喀麦隆、加那利群岛、佛得角共和国、加蓬、科特迪瓦、肯尼亚、马德拉群岛、马拉维共和国、毛里求斯、尼日利亚、塞舌尔群岛、塞拉利昂、索马里、坦桑尼亚、乌干达、刚果民主共和国、缅甸、马来西亚、印度、日本、斯里兰卡、泰国、越南、沙特阿拉伯、澳大利亚、库克群岛、斐济、关岛、夏威夷群岛、印度尼西亚、马达加斯加、密克罗尼西亚、帕劳群岛、新喀里多尼亚、巴布亚新几内亚、瓦努阿图、纽埃岛、菲律宾、留尼汪岛、萨摩亚群岛、所罗门群岛、法属波利尼西亚、哥斯达黎加、加拿大。

图39 对粒材小蠹背面观、侧面观及鞘翅斜面

㊾ 法伊尔材小蠹 *Xyleborus pfeili*（Ratzeburg）

鉴定特征 体长3.0～3.6mm，圆柱形、红棕色。前额小刻纹，轻微的光泽，并有粗糙的浅刻点；纵中线隐约可见或无。前胸背板长为宽的1.2倍，两边近乎平行，顶点在中部附近；前缘弓形，无齿；前坡及后外侧区域有微弱的刻纹及轻微的光泽，其上有适度长的毛鬃；中部向后无微颗瘤，有稀疏的毛鬃及刻点。鞘翅长为宽的1.8倍；背盘刻点沟上的刻点适大，每一个上都有非常短的半直立毛鬃，间隔接近一刻点直径；背盘沟间部刻点小，分布稀疏且间隔距离无规律，每一个刻点都着生一直立或半直立长毛鬃；沟间部上有瘤，有时鞘翅背盘后部分也有；鞘翅斜面陡峭，占鞘翅长的30%；成列的刻点沟上刻点排列不如背盘上有规律，在大齿附近会有所偏离；第1、3沟间部上通常有2～3个大的锥形大齿；某些或所有的沟间部上都有小的颗粒。沟间部1稍有隆起。

图40 法伊尔材小蠹背面观、侧面观及鞘翅斜面

寄主 冷杉（*Abies fabri*）、槭属（*Acer* spp.）、桤木属（*Alnus* spp.）、栗属（*Castanea* spp.）、日本扁柏（*Chamaecyparis obtusa*）、樟属（*Cinnamomum* spp.）、柿（*Diospyros kaki*）、欧洲山毛榉（*Fagus silvatica*）、润楠属（*Machilus* spp.）、欧洲山杨（*Populus tremula*）、杨属（*Populus* spp.）、安达曼紫檀（*Pterocarpus dalbergioides*）、栎属（*Quercus* spp.）、木荷属（*Schima* spp.）、钟形苹婆（*Sterculia campanulata*）、榆属（*Ulmus* spp.）。

分布 中国、阿尔及利亚、摩洛哥、日本、韩国、土耳其、新西兰、奥地利、比利时、保加利亚、捷克、斯洛伐克、法国、德国、希腊、匈牙利、意大利、波兰、罗马尼亚、西班牙、瑞士、俄罗斯、加拿大、美国。

㊿ 木刻材小蠹 *Xyleborus xylographus*（Say）

鉴定特征 体长2.3～2.7mm，体长为体宽的2.8倍，体色为红棕色；前额及前胸背板如*X. ferrugineus*，但其前背背盘上的刻点明显更大，背盘表面通常具不显著的网纹。鞘翅长为宽的1.6～1.7倍，为前胸背板长的1.4倍，背盘占鞘翅长的2/3；两边近乎直线状，在基部2/3处平行；刻点沟未凹陷，刻点小而浅；沟间部近乎光滑，有光泽，为刻点沟宽的3～4倍，刻点单列排列，刻点浅凹，其大小明显小于刻点沟上刻点的大小；斜面陡，非常的宽凸，表面暗淡，刻点沟刻点明显大于平面上的刻点，非常的浅，每一个刻点周围都有一光滑、有光泽的区域；第1、3沟间部各有4个远远间隔开的钝的小齿瘤，在侧面有几个更小的齿瘤；后外侧缘圆，隆边上没有小瘤。刻点沟毛几乎退化；沟间部上有成列的毛鬃，其长为列宽或同1列内毛间距的2倍。

寄主 主要为栎属（*Quercus* spp.）。

分布 古巴、瓜德罗普、加拿大、美国、土耳其。

图41 木刻材小蠹背面观、侧面观及鞘翅斜面

51 可可材小蠹 *Xyleborus volvulus*（Fabricius）

鉴定特征 雌虫体长2.1～2.8mm，体长为体宽的2.7～2.9倍，体色为红棕色。额及前胸背板类似*X. ferrugineus*。鞘翅长为宽的1.8倍，为前胸背板长的1.6倍；背

盘占鞘翅长2/3；刻点沟未凹陷，其上的刻点小而浅，刻点之间的距离大，沟间部宽为刻点沟宽的2～3倍，光滑，有光泽，刻点单列排列。斜面适度陡凸；表面几乎光滑，有光泽；刻点沟及刻点与背盘上的相似，在近端部明显弯向鞘翅缝；第2沟间部适度凹陷，无瘤，刻点近乎退化；第1沟间部和第3沟间部上各有2～4个远远分隔开的尖瘤，每个尖瘤的高度与宽度相同；侧面沟间部上有距离较近但排列无规则的瘤，瘤相似；后外侧缘棱边钝，棱边上具有微小的近齿状颗瘤。

寄主 寄主范围广。

分布 安哥拉、布隆迪、喀麦隆、科特迪瓦、厄瓜多尔、赤道几内亚、埃塞俄比亚、加蓬、加纳、几内亚、肯尼亚、马达加斯加、毛里求斯、莫桑比克、纳米比亚、尼日利亚、南非、卢旺达、塞舌尔群岛、塞拉利昂、索马里、苏丹、坦桑尼亚、乌干达、刚果民主共和国、津巴布韦、缅甸、中国、印度尼西亚、马来西亚、菲律宾、泰国、美属萨摩亚、澳大利亚、新喀里多尼亚、伯利兹、哥斯达黎加、萨尔瓦多、危地马拉、洪都拉斯、巴拿马、尼加拉瓜、安提瓜和巴布达、巴哈马、古巴、牙买加、波多黎各、多米尼加、格林纳达、维尔京群岛、墨西哥、美国、玻利维亚、巴西、哥伦比亚、厄瓜多尔、法属圭亚那、巴拉圭、秘鲁、苏里南、乌拉圭、委内瑞拉、特立尼达和多巴哥。

图42 可可材小蠹背面观、侧面观、鞘翅斜面

（十七）足距小蠹属 *Xylosandrus* Reitter，1913

属征 成虫褐色到黑色，体型粗壮；复眼有较深的凹陷，上半部小于下半部；触角梗节延长，触角棒约圆形，端部倾斜平截，索节4节，第1索节短于梗节；前胸背板宽，稍大于长，前缘有齿；中胸背板携菌区具有成簇的鬃；小盾片大而扁平，与鞘翅齐平；前足基节分离；斜面较宽，开始于中部或中部之前。雄性少，体形较小，不能飞行；头部大部分被前胸覆盖。

该属种类食性很广，可危害阔叶树和针叶树，寄主包括了60余科的200余种植物，所有种类都蛀食木质部。2009年世界名录记载该属世界上已知54种，世界各大洲区域均有分布。我国口岸主要截获到其中的8种。

足距小蠹属雌成虫检索表

1 鞘翅斜面边缘隆脊状或具有隆起的瘤状边缘……………………………………………………2
鞘翅斜面边缘圆钝状，瘤状，或锯齿状，但无连续的隆脊或边缘………………………32

2 鞘翅斜面边缘的隆脊延伸达第7沟间部……………………………………………………3
鞘翅斜面边缘的隆脊延伸超过第7沟间部，形成一圆形斜环……………………………38

3 鞘翅斜面的截面陡，与鞘翅背盘分界明显…………………………………………………4
鞘翅背盘向后逐渐弯曲状延伸，背盘与斜面界限不明显…………………………………16

4 鞘翅斜面上的刻点沟具刻点，鞘翅斜面上可见5或6个刻点沟……………………………5
鞘翅斜面上的刻点沟具颗瘤，鞘翅斜面上可见4或5个刻点沟……………………………9

5 斜面刻点沟…………………………………………………………………………………6
斜面刻点沟不凹陷……………………………………………………………………………7

6 鞘翅斜面的刻点沟凹陷深，呈现6个明显的隆脊；斜面上可见6条刻点沟；斜面刻点沟上据有明显贴伏、似毛状的鬃，短于斜面第2沟间部的宽度；沟间部具有非常微小的颗瘤，使斜面呈磨砂状，具有直立、似毛状的鬃，短于斜面第2沟间部的宽度；前胸背板具有侧缘，但没有脊；体长1.5～1.6mm；东洋区……………………………………………………***X. bornenensis***
鞘翅斜面上的刻点沟凹陷不明显；斜面上可见5条刻点沟；面刻点沟上据有直立或半直立、似毛状的鬃，长于斜面第2沟间部的宽度；沟间部具有较为粗糙的颗瘤，斜面光亮；前胸背板具有侧缘和脊；体长1.3～1.5mm；东洋区……………………………………………………***X. pygmaeus***

7 鞘翅斜面扁平；鞘翅斜面可见5条刻点沟…………………………………………………8
鞘翅斜面凸；鞘翅斜面可见6条刻点沟；斜面刻点具有鬃；沟间部具有单列刻点，具有直立似毛状的鬃，鬃长为第2沟间部宽度的2倍；体长1.2～1.8mm；非洲区、澳洲区、新热带区、大洋区、东洋区、古北区…………………***X. morigerus***

8 沟间部单列颗瘤，具有直立似毛状的鬃，鬃长短于第2沟间部宽度；体型较大，体长2.0～2.3mm；东洋区……………………………………………***X. derupteterminatus***
沟间部具有单列刻点，具有直立似毛状的鬃，鬃长长于第2沟间部宽度，体型较小，体长1.5～1.9倍；东洋区………………………………………………***X. terminatns***

9 斜面具密的贴伏状的扁平鳞片鬃；刻点沟和沟间部具颗瘤；前胸背板基部具颗瘤和微毛，前胸背板侧面具缘和脊；额褶皱状；体长2.6mm；东洋区…***X. subsimilis***

斜面具有毛状鬃，鬃不扁平……10

10 前胸背板的侧面具缘和脊……11

前胸背板的侧面具缘，但没有脊……14

11 前胸背板的背部整体凸；鞘翅斜面表面凸；体型较小，体长1.5～2.0mm；澳洲区、大洋区、东洋区……***X. discolor***

前胸背板在基部1/3处具有明显的峰；鞘翅斜面表面扁平、凸或凹陷；体型较大，体长2.8～3.0mm……12

12 鞘翅斜面可见4条刻点沟；斜面沟间部无1列较长而直立状的鬃，仅具有短的贴伏状的鬃……13

鞘翅斜面可见5条刻点沟，第4和第5刻点沟连成环状；斜面沟间部具1列长而直立似毛状的鬃，伴其具有密而短的贴伏状的鬃；体长2.8～2.9mm；东洋区……***X. beesoni***

13 斜面第1和第2沟间部向端部延伸时隆起，隆起的沟间部的两侧区域凹陷；额具褶皱，具有明显的中龙骨；体长3.0mm；东洋区、古北区……***X. jaintianus***

斜面表面扁平状，沟间部向端部延伸时无隆起，额具刻点，无明显的中龙骨；体长2.8mm；东洋区……***X. subsimiliformis***

14 斜面上刻点沟和沟间部的颗瘤具有贴伏似毛状鬃，一些种类的沟间部还具有1列长而直立似毛状的鬃……15

斜面刻点沟具粗糙的颗瘤，无鬃；沟间部的颗瘤具有直立似毛状鬃，鬃长长于第2沟间部宽度的2倍，体长1.8～2.3mm；东洋区……***X. diversepilosus***

15 沟间部的颗瘤排列密，斜面表面暗淡；体型较小，体长2.0～2.1mm；东洋区、古北区……***X. borealis***

沟间部的颗瘤排列疏松，斜面表面光亮；体型较大，体长2.5～2.8mm；东洋区、古北区……***X. brevis***

16 斜面刻点沟和沟间颗瘤有密、微小，排列混乱的颗瘤；前胸背板长等于宽……17

斜面刻点沟和沟间部的颗瘤不微小，排列不密、混乱；刻点沟具刻点；前胸背板宽大于长……18

17 前胸背板具有侧缘，但无侧脊；鞘翅背盘多列刻点；鞘翅斜面可见6条刻点沟；刻点沟具有直立似毛状鬃，短于第2沟间部宽度；沟间部具有半贴伏似毛状鬃，长于第2沟间部宽度；额褶皱；体长1.7～2.9mm；非洲区、澳洲区、新北区、

新热带区、古北区、大洋区、东洋区……*X. crassiusculus*

前胸背板具有侧缘和脊；鞘翅背盘具有单列刻点；鞘翅斜面可见5条刻点沟；刻点沟和沟间部具有半贴伏似毛状鬃，长于第2沟间部宽度；额具刻点；体长1.9～2.2mm；非洲区……*X. hirsutipennis*

18 前胸背板具有侧缘和脊……19

前胸背板具有侧缘，但无脊……27

19 鞘翅背盘至少第1沟间部具有多列刻点……20

鞘翅背盘所有沟间部具有单列刻点……21

20 鞘翅背盘沟间部具密的刻点；斜面沟间部具有多列颗瘤；斜面表面暗淡，体型粗壮，体长为宽的2.0倍；鞘翅长等于宽；1.6～2.3mm；东洋区……*X. assequens*

鞘翅背盘沟间部具稀疏的刻点，仅第1沟间部多列刻点；斜面沟间部具单列颗瘤；斜面表面光亮；体型较细长，体长为宽的2.2倍；鞘翅长为宽的1.4倍，体长1.8mm；东洋区……*X. deruptulus*

21 斜面刻点沟具半贴伏似毛状鬃，短于第2沟间部宽度……22

斜面刻点沟无鬃……24

22 前胸背盘无毛，仅基部具有一簇密而短的直立鬃；鞘翅自基部至斜面中部呈明显拱形……*X. curtulus*

前胸背盘具有较多微毛，基部具有一簇密而短的直立鬃；鞘翅自背盘的中部至端部呈明显拱形……23

23 体型粗壮，体长为宽的1.9倍；体长1.5～1.7mm；东洋区……*X. pusillus*

体型不粗壮，体长为宽的2.3倍；体长1.4～1.9mm；非洲区、新北区、新热带区、大洋区、东洋区……*X. compactus*

体型小，体长1.4mm；前胸背板长等于宽；斜面沟间部单列颗瘤具直立似毛状鬃，鬃长于第2沟间部宽度；东洋区……*X. mediocris*

体型大，体长1.8～2.5mm……25

24 前胸背板宽大于长或等于长；前胸背盘无毛，仅基部具有一簇密而短的直立鬃……26

前胸背板长为宽的1.1倍；前胸背盘具较多微毛，基部具有一簇密而短的直立鬃；体长1.9～2.5mm；新北区、大洋区、东洋区、古北区……*X. germanus*

25 前胸背板宽大于长，斜面沟间部单列颗瘤具有半贴伏似毛状鬃，鬃长长于第2沟

间部宽度；体长2.0mm；东洋区 ······ *X. adherescens*

26 前胸背板长等于宽；斜面沟间部单列颗瘤具有直立似毛状鬃，鬃长长于2倍的第2沟间部宽度；1.8～2.1mm；东洋区 ······ *X. eupatorii*

27 虫体双色，前胸背板明显浅于鞘翅颜色或鞘翅基部和侧缘具有红砖色的瑕斑 ······ 28

虫体整体统一颜色，浅至深棕色 ······ 31

28 前胸背板和鞘翅端部深棕色，鞘翅基部和侧缘具有红砖色的瑕斑；鞘翅背盘沟间部多列；斜面沟间部多列刻点，具直立似毛状鬃，鬃长长于2倍的第2沟间部宽度；体长2.4～2.7mm；澳洲区 ······ *X. hulcri*

前胸背板明显浅于前翅，恰吃无红砖色瑕斑 ······ 29

29 体型较小，体长1.1～1.3mm；斜面刻点沟具鬃；沟间部具有直立似毛状鬃，鬃长长于第2沟间部宽度；澳洲区，东洋区 ······ *X. mesuae*

体型较大，体长1.6～2.5mm；其他特征多种多样 ······ 30

30 鞘翅斜面可见6条刻点沟；斜面刻点沟具直立似毛状鬃，鬃长于第2沟间部宽度；沟间部具刻点，体长为宽的2.3倍；体型较大，体长2.3～2.5mm；东洋区 ······ *X. arquatus*

体型较小，体长1.6～1.8mm；东洋区 ······ *X. ferinus*

31 鞘翅斜面可见5条刻点沟，斜面刻点沟具有半贴伏似毛状鬃，沟间部多列；体型较大，体长2.6～2.7mm；澳洲区 ······ *X. mixtus*

鞘翅斜面可见6条刻点沟，斜面刻点沟无鬃，沟间部单列；体型较小，体长1.8mm，东洋区 ······ *X. metagermanus*

32 鞘翅斜面缘圆钝或具有1排不连续的瘤；鞘翅背盘具多列沟间部刻点 ······ 33

鞘翅斜面缘齿状；鞘翅背盘具有单利沟间部刻点 ······ 36

33 鞘翅斜面缘具有1排不连续的小瘤；斜面可见5条刻点沟，体型较小，体长2.3～2.4mm；澳洲区 ······ *X. woodi*

鞘翅斜面缘圆钝；斜面可见6条刻点沟；体型较大，体长2.5～4.1mm ······ 34

34 前胸背板的基部缺少密簇的鬃；斜面刻点沟具半贴伏似毛状的鬃，鬃长于第2沟间部宽度；沟间部具多列颗瘤，具半贴伏毛状鬃，鬃长于第2沟间部宽度；体长3.0～3.4mm；澳洲区 ······ *X. monteithi*

前胸背板的基部具密簇的鬃；斜面刻点沟具半贴伏似毛状的鬃，鬃短于第2沟间部宽度；体长2.5～4.2mm ······ 35

35 鞘翅表面光亮；前胸腹板的基间突较短；前足胫节向端部渐宽，具有6个齿；

体型较小，体长2.5～3.2mm；澳洲区……………………………………*X. rotundicollis*

鞘翅表面暗淡；前胸腹板的基间突较高，更尖；前足胫节窄，具有7个齿；体型较大，体长3.5～4.2mm；澳洲区……………………………………*X. russulus*

36 前胸背板的基部具密簇的鬃；体色单一色；鞘翅斜面可见6条刻点沟；刻点沟具颗粒；体型较小，体长1.6～2.1mm……………………………………37

前胸背板的基部缺少密簇的鬃；体色双色，前胸背板的颜色明显深于鞘翅；鞘翅斜面可见5条刻点沟；刻点沟具刻点，具直立似毛状鬃，鬃长于第2沟间部宽度；沟间部多列颗瘤，具直立似毛状鬃，鬃长于第2沟间部宽度；体型较大，体长2.7～3.0mm；东洋区……………………………………*X. corthyloides*

37 鞘翅背盘至斜面逐渐弯曲；斜面光亮；斜面刻点沟具贴伏似毛状鬃，鬃短于第2沟间部宽度；体长1.9～2.1mm；澳洲区……………………………………*X. abruptulus*

鞘翅斜面表面与背盘界限处陡然平截，界限明显；斜面暗淡；斜面刻点沟具直立锐尖似毛状鬃，鬃短于第2沟间部宽度；体长1.6～1.9mm；澳洲区……………………………………*X. queenslandi*

38 鞘翅斜面刻点沟具1列大而浅的刻点，排列稍微呈波浪状；斜面沟间部光亮，无密的颗瘤；体型粗壮，体长为宽的1.2～1.4倍；体长2.9～3.3mm；非洲区、东洋区……………………………………*X. mancus*

鞘翅斜面刻点沟具1列小刻点，排列近直线形；斜面沟间部具有密而小的颗瘤-刻点，斜面表面暗淡；体型细长，体长为宽的2.5倍；体长2.7～2.9mm；东洋区……………………………………*X. amputatus*

52 秃尾足距小蠹 *Xylosandrus amputatus*（Blandford）

鉴定特征 体型细长，体长2.7～2.9mm，体长为体宽的2.5倍；额具刻点；前胸背板的侧面具缘，但没有脊；鞘翅斜面边缘的隆脊延伸超过第7沟间部，形成一圆形斜环；鞘翅斜面上可见4条刻点沟；鞘翅斜面刻点沟具1列小刻点，排列近直线形，无鬃；斜面沟间部具有密而小的颗瘤和刻点，无鬃。

图43 秃尾足距小蠹背面观、侧面观

寄主 槭属（*Acer* spp.）、樟属（*Cinnamomum* spp.）、银叶桂（*C. mairei*）、润楠属（*Machilus* spp.）、天竺葵（*Pelargonium hortorum*）、枣（*Ziziphus jujuba*）。

分布 中国、日本。

53 北方足距小蠹 *Xylosandrus borealis* Nobuchi

鉴定特征 雌虫体长2.0～2.1mm；体色黄棕色至浅棕色；前胸背板的侧缘有缘线，无隆脊；鞘翅斜面刻点沟具有4或5列颗瘤；鞘翅沟间部颗瘤密排，斜面表面呈暗淡；沟间部和刻点沟上的颗瘤着生有倒伏状的毛状鬃；鞘翅斜面的缘脊延伸至第7沟间部。

寄主 茶梅（*Camellia sasangua*）、玉铃花（*Styrax obassia*）。

分布 日本、韩国。

图44 北方足距小蠹背面观、侧面观

54 短翅足距小蠹 *Xylosandrus brevis*（Eichhoff）

鉴定特征 体型较大，体长2.5～2.8mm，体长为体宽的2.1倍；额褶皱，具有明显的中龙骨脊；触角索节5节；前胸背板的侧面具缘，但没有脊；鞘翅斜面的截面陡，与鞘翅背盘分界明显；鞘翅斜面边缘的隆脊延伸达第7沟间部；鞘翅斜面上可见4条刻点沟；沟间部具有多列颗瘤；斜面上刻点沟和沟间部的颗瘤具有贴伏似毛状鬃，短于第2沟间部宽度。

寄主 小檗属（*Berberis* spp.）、山茶（*Camellia japonica*）、茶梅（*C. sasangua*）、天竺桂（*Cinnamomum japonicum*）、柿（*Diospyros kaki*）、银桦属（*Grevillia* spp.）、金缕梅属（*Hamamelis* spp.）、山胡椒属（*Lindera* spp.）、大果山胡椒（*L. praecox*）、红楠（*Machilus thunbergii*）、软弱杜茎山（*Maesa tenera*）、泡花树（*Meliosma cuneifolia*）、栎属（*Quercus* spp.）、菝葜（*Smilax china*）、玉铃花（*Styrax obassia*）、荚蒾属（*Viburnum* spp.）、锦带花（*Weigela hortensis*）。

分布 中国、日本、韩国、泰国、尼泊尔。

55 楝枝足距小蠹 *Xylosandrus compactus*（Eichhoff）

鉴定特征 雌虫体型较小，体长1.4～1.9mm，体长为体宽的2.3倍；前胸背板长等于宽；前胸背盘具有较多微毛，基部具有一簇密而短的直立鬃；前胸背板具有侧缘和脊；鞘翅背盘向后逐渐弯曲状延伸，背盘与斜面界限不明显，鞘翅自背盘的中部至端部呈明显拱形；鞘翅斜面边缘的隆脊延伸达第7沟间部；鞘翅背盘刻点沟具刻点，背盘上所有沟间部具有单列刻点；斜面上可见第6刻点沟；斜面刻点沟具半贴伏似毛状鬃，短于第2沟间部宽度；斜面沟间部的刻点和颗瘤单列排列，具直立似毛状的鬃，长于2倍的第2沟间部宽度。

寄主 铁苋菜属（*Acalypha* spp.）、槭属（*Acer* spp.）、茶（*Camellia sinensis*）、樟（*Cinnamomum camphora*）、小粒咖啡（*Coffea arabica*）、棉属（*Gossypium* spp.）、*Jacobinia* spp.、木犀榄（*Olea europaea*）、鳄梨属（*Persea* spp.）、小叶青冈（*Cyclobalanopsis myrsinifolia*）、红树属（*Rhizophora* spp.）。

分布 中国、喀麦隆、科摩罗群岛、赤道几内亚、加蓬、加纳、科特迪瓦、利比里亚、毛里塔尼亚、尼日利亚、塞内加尔、塞舌尔群岛、塞拉利昂、南非、坦桑尼亚、乌干达、印度、日本、马来西亚、琉球群岛、斯里兰卡、泰国、越南、斐济、印度尼西亚、马达加斯加、菲律宾、留尼汪岛、萨摩亚群岛、新西兰、关岛、美国、巴西、古巴、波多黎各、秘鲁、法属圭亚那、多米尼克国、特立尼达和多巴哥。

56 暗翅足距小蠹 *Xylosandrus crassiusculus*（Motschulsky）

鉴定特征 雌虫体长1.7～2.9mm，体长为体宽的2.2倍；前胸背板长等于宽，前胸背板具有侧缘，但无侧脊；鞘翅背盘刻点沟具刻点；沟间部具多列刻点；鞘翅背盘向后逐渐弯曲状延伸，背盘与斜面界限不明显；鞘翅斜面边缘的隆脊延伸达第7沟间部；鞘翅斜面可见6条刻点沟；斜面刻点沟上的颗瘤具有直立似毛状鬃，短于2倍的第2沟间部宽度；沟间部具有多列颗瘤，具有半贴伏似毛状鬃，长于第2沟间部宽度。

寄主 阔荚合欢（*Albizia lebbeck*）、桤木属（*Alnus* spp.）、鸡骨常山属（*Alstonia* spp.）、崖摩属（*Amoora* spp.）、波罗蜜属（*Artocarpus* spp.）、红胡桃树（*Aucoumea klaineana*）、秋枫（*Bischofia javanica*）、红厚壳属（*Calophyllum* spp.）、橄榄属（*Canarium* spp.）、火麻（*Cannabis sativa*）、爪哇栗木（*Castanea javanica*）、锥属（*Castanopsis* spp.）、桃花心木属（*Swietenia* spp.）、樟属（*Cinnamomum* spp.）、印度黄檀（*Dalbergia sissoo*）、小花五桠果（*Dillenia pentagyna*）、龙脑香属（*Dipterocarpus* spp.）、紫檀属（*Pterocarpus* spp.）、杨属（*Populus* spp.）、桃（*Prunus persica*）、诃子属（*Terminalia* spp.）、花槭（*Acer rubrum*）、糖枫（*Acer saccharum*）、盐肤木（*Rhus chinensis*）、火炬树（*R. typhina*）、毒漆藤（*Toxicodendron radicans*）、河桦（*Betula nigra*）、美洲鹅耳枥（*Carpinus caroliniana*）、雷公鹅耳枥（*C. laxiflora*）、铁刀木（*Cassia siamea*）、日本扁柏（*Chamaecyparis obtusa*）、大花照四花（*Cornus florida*）、北美圆柏（*Juniperus virginiana*）、柿（*Diospyros kaki*）、日本栗（*Castanea crenata*）、美国水青冈（*Fagus grandifolia*）、多脉青冈（*F. multinervis*）、欧洲山毛

图45 暗翅足距小蠹背面观

榉（*F. sylvatica*）、美红栎（*Quercus rubra*）、光花七叶树（*Aesculus glabra*）、美国山核桃（*Carya illinoensis*）、美洲黑核桃（*Juglans nigra*）、灰胡桃（*J. cinerea*）、水紫树（*Nyssa aquatica*）、美国白蜡（*Fraxinus americana*）、冷杉（*Abies fabri*）、欧洲赤松（*Pinus sylvestris*）、加拿大铁杉（*Tsuga canadensis*）、一球悬铃木（*Platanus occidentalis*）、枣（*Ziziphus jujuba*）、野茉莉（*Styrax japonicus*）、落羽杉（*Taxodium distichum*）、红淡比（*Cleyera japonica*）、木荷（*Schima superba*）、美洲椴木（*Tilia americana*）、坡垒属（*Hopea* spp.）、黑漆树属（*Melanorrhoea* spp.）、肉豆蔻属（*Myristica* spp.）、杨属（*Populus* spp.）、娑罗双属（*Shorea* spp.）、苹婆属（*Sterculia* spp.）、柚木（*Tectona grandis*）。

分布 中国、喀麦隆、赤道几内亚、费尔南多普、加纳、科特迪瓦、肯尼亚、毛里塔尼亚、尼日利亚、塞拉利昂、塞舌尔群岛、坦桑尼亚、刚果民主共和国、加蓬、毛里求斯、不丹、日本、缅甸、印度、韩国、马来西亚、尼泊尔、斯里兰卡、越南、印度尼西亚、马达加斯加、毛里求斯、密克罗尼西亚、新喀里多尼亚、巴布亚新几内亚、菲律宾、萨摩亚群岛、关岛、帕劳、美国、加拿大、波多黎各、哥斯达黎加、巴拿马、阿根廷、乌拉圭、意大利、德国、西班牙。

57 双色足距小蠹 *Xylosandrus discolor*（Blandford）

鉴定特征 体长1.5～2.0mm；体型较小；前胸背板背面观一致凸起，鞘翅斜面表面凸；前胸背板的侧缘具有缘线和隆脊；鞘翅斜面具有毛状鬃；鞘翅斜面刻点沟具有4或5列颗瘤；鞘翅斜面与背盘具明显交界；斜面的缘脊延伸至第7沟间部。

寄主 臭椿（*Ailanthus altissima*）、合欢属（*Albizzia* spp.）、山茶花（*Camellia sinensis*）、决明子（*Cassia multijuga*）、丝栗栲（*Castanopsis fangesii*）、椿树（*Cedrela toona*）、绿木树（*Chloroxylon swietenia*）、咖啡属（*Coffea* spp.）、香樟树（*Cinnamomum camphora*）、娑罗树（*Grevillia robusta*）、橡胶树（*Hevea brasiliensis*）、美国黑核桃树（*Juglans nigra*）、润楠（*Machilus odoratissimus*）、红楠（*M. thunburgii*）、杧果（*Mangifera indica*）、槭叶翅子树（*Pterospermum acerifolium*）、盐肤木（*Rhus chinensis*）、龙爪槐（*Sophora japonica*）、桃花心木（*Swietenia mahagoni*）、山毛豆（*Tephrosia Candida*）、千果榄仁（*Terminalia myriocarpa*）、大榄仁木（*T. procera*）、可可（*Theobroma cacao*）、葡萄（*Vitis vinifera*）。

分布 中国、缅甸、安达曼群岛、阿萨姆邦、泰米尔纳德邦、印度、斯里兰卡、印度尼西亚（爪哇）。

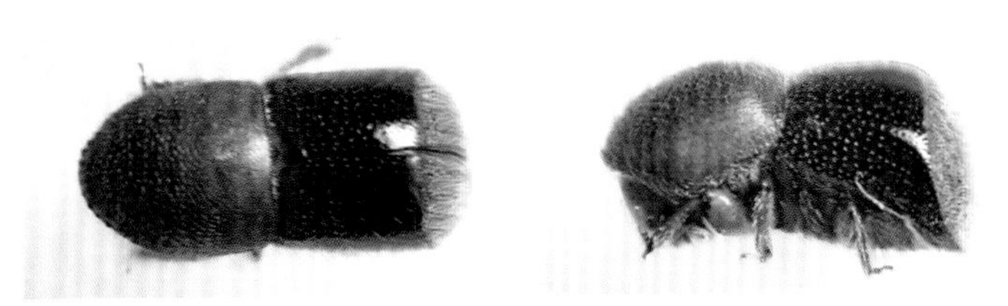

图46 双色足距小蠹背面观、侧面观

58 光滑足距小蠹 *Xylosandrus germanus*（Blandford）

鉴定特征 雌虫体长1.9～2.5mm，体长为体宽的2.3倍；前胸背板长为宽的0.9倍；前胸背盘具较多微毛，基部具有一簇密而短的直立鬃；前胸背板具有侧缘和脊；鞘翅背盘刻点沟具刻点，所有沟间部具有单列刻点；鞘翅背盘向后逐渐弯曲状延伸，背盘与斜面界限不明显；鞘翅斜面边缘的隆脊延伸达第7沟间部；鞘翅斜面可见第6克刻点沟；斜面刻点沟无鬃；沟间部颗瘤单列，具直的似毛状鬃，鬃长长于第2沟间部宽度。

寄主 冷杉（*Abies fabri*）、槭属（*Acer* spp.）、桤木属（*Alnus* spp.）、欧洲鹅耳枥（*Carpinus laxiflora*）、山核桃属（*Carya* spp.）、铁刀木（*Cassia siamea*）、日本栗（*Castanea crenata*）、锥属（*Castanopsis* spp.）、日本扁柏（*Chamaecyparis obtusa*）、红淡比（*Cleyera japonica*）、大花照四花（*Cornus florida*）、柿（*Diospyros kaki*）、多脉青冈（*Fagus multinervis*）、欧洲山毛榉（*F. sylvatica*）、梣属（*Fraxinus* spp.）、美洲黑核桃（*Juglans nigra*）、灰胡桃（*J. cinerea*）、杨梅属（*Myrica* spp.）、红果山胡椒（*Lindera erythrocarpa*）、北美鹅掌楸（*Liriodendron tulipifera*）、润楠属（*Machilus* spp.）、桑属（*Morus* spp.）、水紫树（*Nyssa aquatica*）、松属（*Pinus* spp.）、欧洲赤松（*P. sylvestris*）、李属（*Prunus* spp.）、梨属（*Pyrus* spp.）、盐肤木（*Rhus chinensis*）、栎属（*Quercus* spp.）、木荷（*Schima superba*）、野茉莉（*Styrax japonicus*）、落羽杉（*Taxodium distichum*）、榆属（*Ulmus* spp.）、葡萄属（*Vitis* spp.）、枣（*Ziziphus jujuba*）。

分布 中国、日本、韩国、琉球群岛、越南、奥地利、法国、德国、前南斯拉夫、俄罗斯、捷克、加拿大、美国。

图47 光滑足距小蠹背面观

59 米素足距小蠹 *Xylosandrus mesuae*（Eggers）

鉴定特征 雌虫体长1.1～1.3mm；体色双色，前胸背板的颜色明显浅于鞘翅，前胸背板浅棕色，鞘翅深棕色；鞘翅背盘与斜面之间逐渐过渡，无明显交界；鞘

图48 米素足距小蠹背面观、侧面观

翅斜面缘脊延伸至第7沟间部；斜面具有6条刻点沟，刻点沟仅具有刻点，无鬃；沟间部颗瘤单列，具有直立的似毛状鬃，长于斜面低2沟间部的宽度。

寄主 铁力木（*Mesue ferrea*）、金锦香（*Osbeckia aspera*）、娑罗双树（*Shorea robusta*）。

分布 孟加拉国、印度、斯里兰卡。

二、林小蠹族 Hylurgini Gistel，1848

族征 林小蠹族的昆虫额微弱至中度雌雄二型，通常雄虫额凹陷，雌虫额凸起；眼卵圆形，全缘；触角柄节延长，索节4～7节，触角棒匀称，微弱至中度扁平，通常显示为3条缝；前胸背板无毛无刺，除了有时在*Xylechinosomus*和一些*Xylechinus*中具有一些很小的颗瘤；前足基节相连至中度分离，基节侧前缘脊缺失；小盾片后面区域与前胸背板之间被一个明显的缝所分离；鞘翅中线表面的沟槽上无连续的小瘤和小洞；胫节镶嵌有齿。

2009年Alonso-Zarazaga等在文章中系统地介绍了学名Tomicini的历史，认为该学名是无效的，该族的有效学名为Hylurgini，仍然包括原来的14个属（*Chaetoptelius*、*Dendroctonus*、*Dendrotrupes*、*Hylurdrectonus*、*Hylurgonotus*、*Hylurgopinus*、*Hylurgus*、*Pachycotes*、*Pseudohylesinus*、*Pseudoxylechinus*、*Sinophloeus*、*Tomicus*、*Xylechinosomus*、*Xylechinus*）。我国口岸截获该族昆虫7属33种。

林小蠹族分属检索表

1　后胸前侧片刚毛鳞状或羽状；触角索节7节 ………… 2
　后胸前侧片刚毛通常毛状；触角索节4～7节 ………… 8
2　前胸背板前侧边区域明显很粗糙；触角棒明显具2或4条横缝；雄虫额明显凹陷 ………… 3
　前胸背板前侧边区域光滑；触角棒具3条明显的缝；雄虫额凹陷有或无 ………… 4
3　触角棒较为扁平，较为细长，长至少大于等于宽的2倍，具2条明显的缝；额面矩形至少宽等于长（0.8～1.0倍） ………… ***Chaetoptelius***
　触角棒不明显扁平，更加粗壮，长小于宽的1.5倍，具4条明显的缝；额面矩形长大于宽（约1.2倍） ………… ***Xylechinosomus***
4　雄虫额强烈凹陷；额存在中隆线；前胸背板侧面无明显缢缩（*Sinophloeus*）或前1/3处有适度缢缩（*Dendrotrupes*） ………… 5

雄虫额凹陷至适中扁平，中隆线存在或缺失；前胸背板在前1/3处具有明显的横截缢缩……6

5 触角棒较长，长是宽的2倍，具明显的4或5条缝；鞘翅斜面第2沟间部凹陷，第3沟间部（有时1～7条）着生有圆瘤；前胸背板明显宽大于长（长是宽的0.7倍）；个体较大……***Sinophloeus***

触角棒非常粗壮，长小于宽的1.5倍，具3条缝；鞘翅斜面多变；前胸背板长几乎等于宽（0.9倍）；分布于新西兰；寄主为非针叶树；1.5～2.0mm……***Dendrotrupes***

6 鞘翅表被毛状，平面表被适当矮胖；额隆线缺失；触角棒轻微扁平，第1节为触角棒长度的1/4；分布于北美洲；其寄主为榆属；2.0～2.5mm……***Hylurgopinus***

表被浓密，明显为鳞状（一种没有表面刚毛的除外）；额中隆线通常存在；触角棒近圆锥形……7

7 鞘翅刻点小而密；沟间部大于等于刻点沟宽度的2倍，无颗瘤（在*Rugatus*中除外，其具有粗齿，无表被），直立刚毛更加紧密和粗糙；鞘翅表面刚毛更加细长而且端部尖锐，杂色模式缺失；触角棒更加扁平且顶部不十分尖锐；分布于中国；寄主为阔叶树；体长1.8～3.0mm……***Pseudoxylechinus***

鞘翅刻点粗糙；沟间部小于刻点沟宽的1.5倍，通常着生有中等大小的齿；鞘翅平面刚毛通常粗壮，端部圆形，形成连续的杂色模式；触角棒更加接近圆锥形，第1节通常显著伸长；分布于北美；寄主为针叶树；体长2.5～5.8mm……***Pseudohylesinus***

8 鞘翅表面被鳞状，后胸前侧刚毛鳞状；触角棒索节5节；额中隆线存在（除了在一些南美种中缺失）；前基节十分宽阔的分离；分布于北美、南美、欧洲、亚洲、非洲、澳大利亚；寄主为针叶树和阔叶树；体长1.5～3.5mm……***Xylechinus***

鞘翅表面表被毛状，后胸前侧刚毛毛状（除了在一些*Hylurgonotus*和*Hylurdrectonus*雌虫除外）……9

9 前足胫节在末端和侧缘着生有5个或更多的镶嵌齿；雄虫额凸起，*Hylurdrectonus*除外；取食树皮……10

前足胫节末端边缘具3个镶嵌齿（在2种*Hylurgonotus*中有4个）；雄虫额微弱至强烈、广泛凹陷；在南洋杉上为取食木质部……13

10 触角索节6节，触角棒圆锥状……11

触角索节5节；触角棒基本扁平……12

11 前基节连续；前胸背板更加细长，长是宽的0.95～1.1倍，在前1/3处只有轻微的缢缩；沟间部直立刚毛分布广泛、混杂；一个小中隆线从口上片边缘延伸到

触角着生处；分布于欧洲、西亚；寄主为松属；体长3.1～5.3mm……**Hylurgus**

前基节适度分离；前胸背板较为粗壮，长小于宽的0.85倍，在前1/3处强烈缢缩；直立的沟间部刚毛排成单列（在*Puellus*中为混杂的）；一个明显的中隆线从口上片延伸至额中部（在*Puellus*中缺失）；分布于欧洲、亚洲、北非；体长2.5～4.5mm……**Tomicus**

12 触角棒缝向前弯曲；前基节连续；雄虫额凸起至微弱的凹陷；表被在两性中从不呈鳞状；分布于北美、欧洲、亚洲；寄主为松属、云杉属、落叶松属、黄杉属；体长2.5～9.0mm……**Dendroctonus**

触角棒缝平直，横向；前基节适度分离；雄虫额强烈凹陷；雌虫鞘翅具有一些鳞片（南洋杉属*Araucariae*除外）；分布于澳大利亚、巴布亚新几内亚；寄主为南洋杉；体长1.3～1.8mm……**Hylurdrectonus**

13 鞘翅斜面表被毛状（在*Tuberculatus*中除外，为鳞状）；前足胫节着生有3或4个镶嵌齿；雄虫额十分浅显的凹陷（在*Antipodius*中较为深凹）；分布于南美；寄主为南洋杉；体长2.7～4.6mm……**Hylurgonotus**

鞘翅斜面表被通常包含鳞片（在*Peregrinus*雄虫中较为稀少）；前足胫节具有3个镶嵌齿；雄虫额强烈、较为广泛的凹陷（在*Peregrinus*中为微弱凹陷）；分布于澳大利亚、新西兰及其附属岛屿；寄主为南洋杉；食木害虫；体长2.3～4.5mm……**Pachycotes**

（十八）大小蠹属 *Dendroctonus* Erichson，1836

属征 大小蠹体长2.5～9.0mm，体长是体宽的2.3～2.6倍；体色深褐色至黑色，一些种类具有红棕色的鞘翅。前额凸起，常具沟、隆起或瘤；雌雄二形性在一些种类中十分显著。有发达而形状独特的口上突。复眼卵圆形，全缘无缺刻。触角柄节很长，索节5节，棒节扁平，轮廓近圆形，上有3条中部向棒节凸起的横缝，缝缘生小毛。前胸背板宽大于长，亚前缘横溢收缩急剧，背板前缘中部显有缺刻，前缘两侧向体下延伸时不形成凸起的前足基节脊。无瘤，有刻点。小盾片很小。鞘翅长大于前胸背板的2倍，基缘凸成弧形，基缘上的一排锯齿规整，分布在翅缝至肩角之间，肩角以外锯齿变得细小或完全消失。刻点沟宽阔而平浅，沟中刻点圆形浅大；沟间部的宽度约为沟宽的2倍，沟间部表面粗糙不平，靠近翅基缘处有亚基缘齿，一般发生在第2～5沟间部中，以后沟间部遍生细碎的小横堤和不规则的凹沟和刻点；鞘翅斜面陡峭，多样，斜面第1沟间部多凸起，斜面刻点沟变细窄，沟中的刻点一般变得极细小或消失，沟间部当中常有排成纵列的颗粒，在一些种类中具有雌雄二形现象。表被毛状，从无鳞片。两前足基节相互连接；第3跗节宽阔呈双叶状，将微小的第4跗节夹于双叶之间。

目前世界已知大小蠹属共19种，其原始分布区及物种数量如下：古北区2种，新北区18种。现大多发生在北美洲和中美洲，少数物种发生在欧亚地区，大小蠹属包含了小蠹科中具有重要经济意义的一些种类，大小蠹属种类在北美是对针叶树林最具灾难性的一个类群，许多种类可以杀死大量的生活树木。大小蠹取食韧皮部，其坑道形状可以作为特定种类的鉴别特征。

大小蠹属分种检索表

1　额面具一深窄纵中沟，从口上突起向上延伸至眼上缘连线，若雄虫纵中沟不明显，则纵中两侧有粗壮的颗粒，且在颗粒之间有1或2颗明显的瘤（*D. adjunctus* 除外）；若雌虫额面颗粒不明显，则其前胸背板亚前缘缢缩，并在背方和侧方凸起；口上突宽阔，其侧臂凸起；体长2.5～7.4mm；寄主为松属……………………2

额面在眼上缘连线下方无纵中沟；两性的额面两侧以及前胸背板后方和侧方均无凸起；口上突较窄，侧臂凸起或不凸起，体长5.0～9.0mm（极少种类很小，如*D. simplex*仅为3.4mm）；寄主为松属及其他针叶树木……………………7

2　鞘翅斜面第2沟间部上刻点和或颗粒多而杂乱；第2沟间部与第1、3沟间部等宽，向翅端无缢缩；体型较小，体长2.5～5.0mm……………………3

鞘翅斜面第2沟间部颗粒略稀疏，或仅1纵列；第2沟间部比第1、3沟间部狭窄，或向翅端强烈缢缩；体型较大，体长3.8～7.4mm……………………6

3　鞘翅斜面上的软毛数量丰富，短而齐整，长度不超过沟间部宽度的一半；翅盘后半部的沟间部横向褶皱从不超过沟间部宽度的一半；斜面刻点沟通常不凹陷，晦暗无光泽；斜面沟间部刻点数量更加多，若变为颗粒则较为不明显；寄主为西黄松、大果松；体长2.5～5.0mm……………………***D. brevicomis***

鞘翅斜面上的软毛数量少，有一些毛长度至少为沟间部的两倍；翅盘后半部至少有一些褶皱与沟间部等宽；斜面刻点沟通常凹陷，刻点较大与沟间刻点明显不同；斜面沟间部刻点数量较少，并且粗糙成粒状……………………4

4　前胸背板侧前1/3区域刻点较为细密，刻点直径极少有超过小眼面直径2倍的，通常具有一些小瘤，后侧区域至少有1/3区域为颗粒区，刻点逐渐变为颗粒；雄虫口上突较宽阔，其侧臂强烈凸起；雄虫额颗瘤较少较小；鞘翅尤其在斜面上的小圆齿较小；老熟成虫几乎为黑色；寄主为松属植物；体长2.6～4.6mm ………………………………………………………………………………………… ***D. vitei***

前胸背板侧前1/3处刻点大而稀疏，有些刻点的直径至少为小眼面的3倍，颗粒不明显或缺失；雄虫口上突较为狭窄；雄虫额颗瘤较大而多；鞘翅的小圆齿平均较大；老熟成虫为深褐色；体型较小 ……………………………………… 5

5 雌虫额面具有较为细小的刻点，口上突正上方区域扁平，雄虫口上突侧臂凸起较弱；鞘翅背上方刻点沟通常较宽，沟中刻点较大并且刻点之间无颗粒；沟间部颗粒平均较小较少；老熟成虫浅棕至中棕；寄主为松属植物；体长2.2～3.2mm……………………………………………………………… ***D. frontalis***

雌虫额面刻点刻点较为粗糙，口上突正上方区域凹陷（这是由于口上突侧臂隆起所致），雄虫口上突侧臂强烈隆起；鞘翅背上方刻点沟通常较狭窄，刻点通常较小或缺失，刻点前缘具微小圆齿；沟间部颗粒通常平均较大；老熟成虫中棕至黑色；寄主为松属植物；体长2.4～3.7mm…………………………… ***D. mexicanus***

6 鞘翅第1（也常包括）、第3沟间部上的颗粒通常更加丰富、散乱；雌虫前胸背板上的横向凸起在侧边非常突出；体型粗壮，长是宽的2.5倍；寄主为松属植物；4.5～7.4mm ……………………………………………………… ***D. approximatus***

鞘翅第1、第3沟间部颗粒稀疏、单列；雌虫前胸背板亚前缘的横向凸带在体侧小时；雄虫额两侧无颗粒；体型较为细长；长是宽的2.65倍；寄主为松属植物；体长3.8～6.0mm……………………………………………………… ***D. adjunctus***

7 斜面沟间部晦暗（有小褶皱）或光亮，若光亮则实际上两性中刻点全为颗粒，沟中刻点清晰且较大；口上突十分宽阔，眼间距不超过口上突基部宽度的2.2倍；前胸背板前侧区生有较粗糙的颗粒，刻点不明显或缺失 ………………… 8

斜面沟间部光滑且光亮，大多数刻点凹陷，在雌虫中一部分刻点变为颗粒；口上突十分狭窄，眼间距大于等于口上突基部宽度的3倍；前胸背板前侧区生有刻点，颗粒很小或完全没有……………………………………………………… 13

8 斜面表面晦暗（通常有褶皱）；斜面第2沟间部凹陷，通常平坦，第1和第3沟间部隆起；斜面沟间部通常具单列颗粒并着生有分散的细小刻点………………… 9

斜面表面通常有光泽，第2沟间部不凹陷，缝状沟间部若隆起也很微弱；在沟间部大量的刻点变为颗粒，紧密而杂乱 …………………………………………… 10

9 前胸背板上刻点十分粗糙而紧密，刻点间距平均小于刻点直径，刻点底心通常平坦或生有一颗粒；寄主为松属植物；体长3.7～7.5mm…………… ***D. ponderosae***

前胸背板上的颗粒通常较小，刻点间距平均为刻点直径的2倍，刻点底心通常凹陷并且无瘤；寄主为约弗松；体长5.0～7.5mm ········ *D. jeffreyi*

10 口上突宽阔，扁平，边缘不隆起；沟中刻点十分小且不清晰，鞘翅背上方的褶皱十分粗糙，很多褶皱与沟间部等宽，一些穿越刻点沟；额均匀强烈凸起；前胸背板向前方逐渐变窄，无突然的缢缩；寄主为松属植物；体长5.2～6.9mm ········ *D. parallelocollis*

口上突宽阔，横向凹陷，口上突边缘强烈隆起；沟中刻点较大，从无横穿的小褶皱；额不规则地不如前种强烈凹陷；前胸背板前部如果变窄也很微弱，在前缘之后有突然的缢缩 ········ 11

11 老熟成虫体黑色；前胸背板盘面刻点十分粗糙，靠近侧缘的刻点变大很多；斜面颗瘤较大，通常较多；寄主为松属植物，体长5.0～8.0mm ········ *D. terebrans*

老熟成虫体长红棕色；前胸背板上刻点不那么粗糙，靠近侧缘的刻点与盘面刻点大小相差不多；斜面颗瘤较小，较稀疏 ········ 12

12 额面具圆齿状颗粒，较大；鞘翅上刻点较小；触角棒较圆，体长5.4～9.0mm ········ *D. valens*

额面一般无圆齿状颗粒，若有则小而粗糙；鞘翅上尤其是鞘翅斜面上刻点较大，沟间部圆齿较少；触角棒形成不规则的角；体长5.0～6.3mm ········ *D. rhizophagus*

13 斜面刻点沟如若凹陷也不明显，第2刻点沟端头向翅缝弯曲；鞘翅斜面第1沟间部微弱隆起，第2沟间部宽度大于等于第1、3沟间部（近翅端除外）；鞘翅背上方的刻点沟宽度小于等于沟间部的一半；口上突通常横向凹陷（*D. micans*除外），十分宽阔，侧缘中度倾斜（与水平线所成夹角小于55°）········ 14

斜面刻点沟强烈凹陷，第2刻点沟平直；斜面第1沟间部强烈隆起，第2沟间部凹陷且较1、3沟间部狭窄；鞘翅背上方刻点沟与沟间部等宽；口上突扁平或者凸起，狭窄，其侧缘强烈倾斜（约与水平线成80°）········ 18

14 斜面沟中刻点十分大，为沟间部刻点的2倍或以上 ········ 15

斜面沟中刻点小，很少大于沟间部刻点的2倍 ········ 17

15 额部平滑有光泽，刻点深，间距小，刻点间几乎无小颗粒 ········ 16

额部刻点粗大，浅显，刻点间空隙突起成粒，体长4.4～4.5mm ········ *D. armandi*

16 口上突扁平；身体粗壮，长是宽的2.3倍；沟中刻点更加强烈的凹陷；分布于北欧和亚洲：体长6.0～8.0mm ········ *D. micans*

口上突横向浅弱凹陷；体型较为狭长，长是宽的2.4倍；沟中刻点浅弱凹陷；分布于美国；寄主为云杉属植物；体长5.4～6.5mm ························ ***D. punctatus***

17 额面具有粗糙清晰的刻点，刻点间的颗粒常常各自分离并且十分稀疏；雄外生殖器很有特色；寄主为扭叶松；体长5.0～7.3mm ························ ***D. murrayanae***

额面具有稠密而粗糙的颗粒，刻点通常在中部区域不清晰；胸外生殖器很有特色；寄主为云杉属植物；体长4.4～7.0mm ························ ***D. rufipennis***

18 额部适度隆起，光滑，具有十分粗糙的深刻点；前胸背板上的刻点十分大；鞘翅背上方的沟间部具有细小的刻点，小刻点之间夹杂有小褶皱；寄主为落叶松属植物；个体较小，体长3.4～5.0mm ························ ***D. simples***

额部强烈隆起，不规则，具颗粒和小而深的刻点；前胸背板上的刻点十分小；鞘翅背上方沟间部在褶皱之间无细小刻点；寄主为黄杉属、落叶松属植物；体长4.7～7.0mm ························ ***D. Pseudotsugae***

60 间大小蠹 *Dendroctonus adjunctus* Blandford

鉴定特征 体长3.0～5.5mm，体长为体宽的2.4倍；体色黑褐色，体表光泽明亮；额面有一深窄下陷的纵中缝，纵中线两侧中部轻微凸起，凸起处刻点皱褶交错，十分粗糙，刻点间具有颗瘤，但无小尖瘤；口上片边缘凸起，光泽明亮；鞘翅第1、第3沟间部颗瘤大小较为均匀，相互之间距离较大；鞘翅斜面第2沟间部颗粒略稀疏，或仅1纵列；第2沟间部比第1、3沟间部狭窄，或向翅端强烈缢缩。

寄主 松属（*Pinus* spp.）、大叶松（*P. engelmannii*）、灰叶山松（*P. hartwegii*）、光叶松（*P. leiophylla*）、山松（*P. montezumae*）、墨西哥白松（*P. ayacahuite*）、西黄松（*P. ponderosa*）、卷叶松（*P. teocote*）。

分布 美国。

61 近墨大小蠹 *Dendroctonus approximatus* Dietz

鉴定特征 体长4.5～7.0mm，体长为体宽的2.3倍。老熟成虫体色为深棕至黑色。雄虫额凸起，眼下方中部侧缘凸起；口上片边缘隆起，表面光滑而光亮；口上突基部宽度与两眼间距离之比约为0.57，侧臂与水平线夹角约为40°；眼上方为刻点和褶皱，十分粗糙，眼下方为深陷刻点；表被十分长而稀疏。前胸背板长为宽的0.8倍；侧边微弱弓形，前缘微弱波状；表面光滑而光亮，刻点十分小，中度深陷，紧密；前面具有微弱的背中线；表被稀疏，长度适中。鞘翅长为宽的1.3倍；侧边在基部2/3处平行，后部阔圆；基缘呈弓形，具有约9个小圆齿；刻点沟微凹，刻点通常浅弱；沟间部约为刻点沟的2倍，并且着生有大量杂乱的横向褶皱，每个褶皱约为沟间部宽度的一半。鞘翅斜面中度陡峭，凸起，斜面第2沟间部微凹；刻点沟窄凹，刻点较翅盘上小，明显凹陷，第1、2刻点沟几乎平直，第3刻点沟在下半部向翅缝弯曲；斜面沟间部几乎不凸起，等宽，每个沟间部着生有圆颗粒，第2沟间部单列，第3沟间部混杂。鞘翅表被不丰富，在侧边和斜面上较长。

寄主 松属（*Pinus* spp.）、大叶松（*P. engelmannii*）、灰叶山松（*P. hartwegii*）、光叶松（*P. leiophylla*）、山松（*P. montezumae*）、墨西哥白松（*P. ayacahuite*）、西黄松（*P. ponderosa*）、卷叶松（*P. teocote*）。

分布 危地马拉、洪都拉斯、墨西哥、美国。

62 华山松大小蠹 *Dendroctonus armandi* Tsai and Li

鉴定特征 雄虫体长4.5～5.5mm，体长为体宽的2.35倍。额面凸起呈后饼状，无低平而狭窄的纵中线；口上突侧臂不凸起，口上突中部表面点粒粗糙，与额的表面相同；前胸背板前缘中部缺刻显著；背板表面的刻点极细小，有如针刺；鞘翅斜面第1沟间部凸起甚高，其余各沟间部低平；刻点沟中的刻点较翅前部变得极为细小。

寄主 华山松（*Pinus armandii*）、油松（*P. tabulaeformis*）。

分布 中国。

63 西部松大小蠹 *Dendroctonus brevicomis* LeConte

鉴定特征 体长2.0～4.7mm，平均体长3.5mm，体长为体宽的2.2倍，褐黄色，被短毛，眼纵椭圆形。触角鞭节5节，锤状部4节，其3条节缝相互平行，缝当中向锤端弓曲，第4节极短。额面在2眼以下额的中部凸起，该凸起又被起自颅顶中缝的中沟所纵穿，分成左右对称的两半，两半凸起各有顶峰，好像对峙的乳房。口上突的基部较宽阔，口上突的侧缘分别向额外方倾斜并略抬起，有如1对光滑的小瘤。额表面遍布刻点和颗粒，同时遍布稠密短小的鬃毛。前胸背板长小于宽，长度为宽度的0.66倍，背面观背板前缘略狭于基缘，背板前缘中部向后有弧形缺刻，为本属的共同特征。背板表面光平，有稠密的细小刻点和稠密短小的刚毛，两者的分布均不甚均匀。鞘翅长度为两翅合宽的1.5倍，并为前胸背板长度的2.25倍。以小盾片为中心两翅基缘分别向前方凸出，形成双凸弧线形，基缘本身向背上方凸起，并有1列规则的锯齿。鞘翅两侧平行向后延伸，尾端收成弧线形。刻点沟不下陷，整个翅面平坦，连成一片，沟间部由多列凸起的小颗粒和凹陷的小刻点所组成，翅前部多颗粒，翅后部多刻点，刻点沟的刻点浅大，不易分辨。鞘翅斜面的翅缝和第1沟间部凸起，其余部分低平正常。整个翅面分布着短小鬃毛，平齐而均匀。

雌成虫：与雄成虫相似，但雌虫额面凸起较弱，但形式与雄虫相似。雌虫背板前端的横缢部分凸起，构成横缢凸带。

寄主 白冷杉（*Abies concolor*）、西黄松（*P. ponderosa*）、亚利桑那黄松（*P. arizonica*）、墨西哥白松（*P. ayacahuite*）、卷叶松（*P. teocote*）、道格拉松（*P. durangensis*）、大叶松（*P. engelmannii*）、光叶松（*P. leiophylla*）、大果松（*P. coulteri*）。

分布 加拿大、墨西哥、美国。

64 南部松大小蠹 *Dendroctonus frontalis* Zimmermann

鉴定特征 体长2.0～3.2mm，平均体长2.8mm，体长为体宽的2.3倍，褐黄色，被鬃毛。额面凸起，在眼水平面下方中央1/2处具1对侧凸起，凸起中间被一条深陷的中沟所分离，分成左右两半，形如1对乳房；额凸的表面为点（凹陷）、粒（凸起）所密覆，粒多点少，略显粗糙；口上突的基部较宽阔，无光平的基缘缘边，口上突的侧缘光平凸起，呈长条状，两侧斜向对峙。前胸背板长小于宽，长为宽度的0.7倍，基部1/3最宽，侧缘基部3/4呈弓形，在宽阔而浅凹的前缘后方稍横缢，表面的刻点平滑，具较粗糙、中等深陷而稠密的刻点，中线隆起不明显，表被细长而稀疏；鞘翅长度为两翅合宽的1.6倍，并为前胸背板长度的2.29倍。鞘翅斜面中等陡峭，隆起，刻点较凹陷而小；第1沟间部略凸起，其余部分低平；斜面上着生长短两型鬃毛，以短毛为主，长毛散布在短毛之间。雌成虫与雄成虫相似，但额面的侧凸起不如雄虫强烈，因此中沟不明显；口上片突起的侧叶扁平，额面点多粒少，略显光平；背板有横缢凸带，中央的刻点略大而较陷。鞘翅中央横向的小钝锯齿稍大，斜面的颗粒略小，沿沟间部边缘有少量刻点。

寄主 松属（*Pinus* spp.）、加勒比松（*P. caribaea*）、沙松（*P. clausa*）、短叶松（*P. echinata*）、大叶松（*P. engelmannii*）、光松（*P. glabra*）、格雷哥松（*P. greggii*）、卵果松（*P. oocarpa*）、长叶松（*P. palustris*）、西黄松（*P. ponderosa*）、假球松（*P. pseudostrobus*）、刚松（*P. rigida*）、北美乔松（*P. strobus*）、火炬松（*P. taeda*）、矮松（*P. virginiana*）。

分布 洪都拉斯、危地马拉、墨西哥、美国、伯利兹、尼加拉瓜。

65 约弗大小蠹 *Dendroctonus jeffreyi* Hopkins

鉴定特征 体长4.6～6.8mm，老熟幼虫黑褐色。雄虫额从口上突至两眼之间

图49 约弗大小蠹头部、鞘翅斜面、背面观、侧面观

广阔凸起，额面无纵中线；口上突侧臂与水平线夹角约为30°，口上突基部宽度与两眼间连线长度之比为0.5。前胸背板亚前缘有横缢，刻点很小，刻点间距至少为刻点直径的2倍；向背板两侧刻点逐渐变为颗粒。鞘翅刻点沟微凹，沟间部遍生褶皱和颗粒，翅缝微凸；鞘翅斜面刻点沟变狭窄深陷，沟中刻点极小，末端第1沟直向，第2、第3沟均向翅缝弯曲；鞘翅两侧有短刚毛。

寄主　黑材松（*P. jeffreyi*）、西黄松（*P. ponderosa*）。

分布　墨西哥、美国。

66 墨西哥大小蠹 *Dendroctonus mexicanus* Hopkins

鉴定特征　体长2.3～3.7mm，体长是体宽的2.3倍，老熟成虫为中棕色至黑色。雌虫额面沿口上突之上横向微凹；鞘翅沟中刻点较小，相互分离清晰，刻点间常着生有小颗粒。

寄主　松属（*Pinus* spp.）、墨西哥白松（*P. ayacahuite*）、墨西哥石松（*P. cembroides*）、劳森松（*P. lawsoni*）、光叶松（*P. leiophylla*）、山松（*P. montezumae*）、卵果松（*P. oocarpa*）、墨西哥展叶松（*P. patula*）、西黄松（*P. ponderosa*）、假球松（*P. pseudostrobus*）、灰叶山松（*P. hartwegii*）、细叶云南松（*P. tenuifolia*）、卷叶松（*P. teocote*）。

分布　危地马拉、洪都拉斯、墨西哥、美国。

图50　墨西哥大小蠹头部、鞘翅斜面、背面观、侧面观

67 云杉大小蠹 *Dendroctonus micans*（Kugelann）

鉴定特征　体长4.5mm，体色黑褐色。雄虫额部遍布浅密刻点，点心着生1毛，额下部扁平，上部凸起。前胸背板刻点稠密，常相互连接，或刻点间着生颗瘤无间隔，点心着生1毛。鞘翅长为两翅合宽的1.9倍；沟中刻点排列整齐，点心

无毛；沟间部在翅基着生小刚毛，翅中部以后逐渐变为大刚毛。

寄主 主要为云杉属（*Picea* spp.）、如挪威云杉（*P. excelsa*），次要寄主为冷杉属（*Abies* spp.）、落叶松属（*Larix* spp.）和松属（*Pinus* spp.）等种类。

分布 中国、土耳其、奥地利、比利时、保加利亚、捷克、斯洛伐克、丹麦、英国、芬兰、法国、德国、希腊、匈牙利、意大利、卢森堡、荷兰、挪威、波兰、西班牙、瑞典、瑞士、俄罗斯、前南斯拉夫、爱沙尼亚、拉脱维亚。

图51 云杉大小蠹头部、鞘翅斜面、侧面观、背面观

㊳ 穆氏大小蠹 *Dendroctonus murrayanae* Hopkins

鉴定特征 体长5.0～7.3mm，体长为体宽的2.3倍，体暗褐色，鞘翅红褐色。额面凸起，下半部略凸，口上片边缘隆起，平滑具光泽，侧叶深度倾斜，并中度隆起，水平部分约为口上片总宽的2/3，浅凹，重叠，末端正好位于口上片边缘的上方，其端缘下面具稠密的黄色毛刷型毛；从头顶至口上片具光泽，刻点十分稠密、深陷、粗糙、在中央或下缘大约1/2处通常有小圆形颗粒。表被细长鬃毛，不明显且较稀疏。前胸背板长为宽的0.74倍，基部最宽，侧缘略呈弓形，向宽阔而浅凹的前缘横缢收缩；表面平滑有光泽，刻点较细小，深陷、但不规则稠密，中央后半部无刻点。表被鬃毛中度稠密、细小，中央的较短，侧面的较长且粗糙。鞘翅长为前胸背板的2.4倍，两侧缘自基缘向后2/3略平行延伸，后端圆形；基缘弓形，具1列突起而重叠的中等大钝锯齿（约12个），在第2、3沟间部还有几个较小的亚缘齿。翅面刻点沟浅凹，刻点较大而深陷，通常靠近基部的较小；沟间稍大于刻点沟，约为其宽度的1.5倍，且有较多小钝锯齿，每个小钝锯齿约为沟间部宽度的1/4。斜面深度陡峭，凸起，靠近翅缝处的沟间稍隆起，刻点沟凹，刻点为中央的一半，通常为沟间刻点的3倍（少数标本沟间刻点较大）；沟间部几乎平滑，略具光泽，刻点较大、融洽、呈不规则的三列；中列上缘的颗粒十分细小。表被鬃毛长而多，斜面的鬃毛稍长，最长的约等到沟间部宽度的1.5倍。雌成虫 与雄虫相似，但口上片突起的侧叶不强烈突起；斜面沟间颗粒明显略大。

寄主 北美短叶松（*Pinus banksiana*）、扭叶松（*P. contorta*）、北美乔松（*P. strobus*）。

分布 加拿大、美国。

⑥⑨ 山松大小蠹 *Dendroctonus ponderosae* Hopkins

鉴定特征 体长3.5～6.8mm，老熟幼虫黑色或黑褐色。雄虫额从口上突至两眼之间广阔凸起，表面遍生褶皱颗瘤，无纵中线；口上突侧臂与水平线夹角约为30°，口上突基部宽度与两眼之间连线长度之比约为0.5。前胸背板横缢凹陷明显，背板表面平坦光亮，其上刻点较小，均匀分布，向背板两侧刻点逐渐变为颗粒。鞘翅长比宽约为1.5，刻点沟浅弱，沟中刻点小而深；沟间部宽度约为刻点沟的2倍，微弱凸起，遍布小褶皱，十分粗糙；鞘翅斜面沟中刻点变小而密，沟间部正中各有1列小颗粒。与约弗大小蠹比较，本种平均体长较小，前胸背板刻点较为深密。

寄主 白冷杉（*Abies concolor*）、欧洲云杉（*Picea abies*）、松属（*Pinus* spp.）、美国白皮松（*P. albicaulis*）、扭叶松（*P. contorta*）、柔枝松（*P. flexilis*）、黑材松（*P. jeffreyi*）、糖松（*P. lambertiana*）、加州山松（*P. monticola*）、西黄松（*P. ponderosa*）、欧洲赤松（*P. sylvestris*）、灰叶山松（*P. hartwegii*）、可食松（*P. edulis*）、类球松（*P. strobiformis*）、花旗松（*Pseudotsuga menziesii*）。

分布 加拿大、美国、墨西哥。

图52 山松大小蠹头部、鞘翅斜面、侧面观、背面观

⑦⓪ 黄杉大小蠹 *Dendroctonus pseudotsugae* Hopkins

鉴定特征 体长4.4～7.0mm，体长为体宽的2.3倍，头与胸黑褐色，鞘翅红褐色。雄虫额部在口上片上方强烈凸起，额面遍布稠密刻点，点间生有褶皱或颗瘤，越靠近额心约粗糙；口上突基部宽度与两眼间连线长度之比为2.4；口上突侧臂与水平线夹角约为80°。前胸背板具有明显的亚前缘横缢，背板表面平坦光滑，刻点小而稠密，形状不规则，具有光滑无点的背中线。鞘翅刻点圆大，深浅适中；沟间部宽度约为刻点沟的1.5倍，上有很多褶皱和凹陷，十分粗糙；鞘翅斜面陡峭，第1沟间部强烈凸起，第2沟间部较为狭窄凹陷，斜面沟间部各有1纵列小颗粒；斜面刻点沟深陷，刻点较小约为鞘翅盘面沟中刻点大小的一半。

寄主 美国西部落叶松（*Larix occidentalis*）、西黄松（*Pinus ponderosa*）、花旗松（*Pseudotsuga menziesii*）、大果黄杉（*P. macrocarpa*）、异叶铁杉（*Tsuga heterophylla*）。

分布 加拿大、美国。

图53 黄杉大小蠹头部、鞘翅斜面、侧面观、背面观

71 点云杉大小蠹 *Dendroctonus punctatus* LeConte

鉴定特征 雄虫体长5.4～6.8mm（平均6mm），体长为体宽的2.4倍；红褐色至暗褐色，表被有一致的褐色毛；额面在中央下方稍凸，口上片边缘隆起，平滑有光泽；口上片突起约为复眼之间距的1/3，侧叶深度倾斜（约与水平面呈55°）且稍隆起，水平部分约为口上片全宽的2/3，末端正好在口上片边缘的上方，其端缘下面具稠密的黄色刚毛毛刷；从头顶至口上片平滑具光泽，刻点较稠密、深陷而粗糙，其间分散着少量微小刻点；无颗粒或瘤突。表被细长鬃毛、较稀疏。前胸背板长为宽的0.71倍，基部最宽，向前缘深度收缩，边缘略为弓形；表面平滑具光泽，刻点较细，不规则、稠密而深陷，其间分散着少量小点，中线后方无刻点；表被鬃毛中度稠密，中央的鬃毛较短，侧面的鬃毛较长且粗糙。鞘翅为前胸背板长的2.5倍，侧缘平直，基部2/3略平行，其后宽圆形，基缘弓形，有1列约12个中等大小、突起而重叠的小钝锯齿，还有几个较小的亚缘齿，在第2、3沟间部较明显。翅面刻点沟浅凹，刻点较深陷；沟间部为刻点沟宽度的1.5倍，并具大量小而横向小钝锯齿。斜面深度陡峭，凸起，靠翅缝处的沟间部稍隆起；沟间部平滑，有许多融合的刻点，这些刻点不及刻点沟的1/3，小颗粒位于沟间部的上缘；表被鬃毛较长且量多，斜面鬃毛较长，最长的毛约为一条沟间部宽的1.5倍。雌成虫与雄虫相似，但刻纹略粗糙，尤其是斜面颗粒略大些。

寄主 恩氏云杉（*Picea engelmannii*）、白云杉（*P. glauca*）、西加云杉（*P. sitchensis*）、红云杉（*P. rubens*）。

分布 加拿大、美国。

72 红翅大小蠹 *Dendroctonus rufipennis*（Kirby）

鉴定特征 体长4.4～7.0mm，体长为体宽的2.3倍，头与前胸黑色，鞘翅红褐色。额面平，只在额心微凸，无纵中线；额面具不规则刻点，密集深陷，刻点间常具褶皱和颗粒。口上片边缘凸起有光泽，口上突基部宽度与眼连线距离之比为0.35；口上突侧臂与水平线夹角45°。前胸背板两侧前2/5急剧收缩，后3/5平行，表面光滑，刻点细而深，大小相间，具较多毛。鞘翅长为宽的1.5倍，基缘具齿，刻点沟在鞘翅基部1/4较细窄，而后逐渐达到正常宽度，沟中刻点圆大清晰；沟间部宽度为刻点沟的1.5倍，其中着生褶皱和凹陷，较为粗糙。鞘翅斜面陡峭，第1沟间部微凸；斜面刻点沟窄深，沟中刻点极小；沟间部具混乱的刻点和凹坑，并各有一纵列小颗粒。

寄主 云杉属（*Picea* spp.）、恩氏云杉（*P. engelmannii*）、白云杉（*P. glauca*）。

分布 加拿大、美国。

图54 红翅大小蠹头部、鞘翅斜面、背面观、侧面观

73 红杉大小蠹 *Dendroctonus simplex* LeConte

鉴定特征 体长3.4～5.0mm，体长为体宽的2.4倍。老熟成虫体色深棕色，鞘翅通常为红褐色。雄虫额广阔凸起，在下半部较为突出，口上片边缘隆起，上方变光滑平整；口上突基部宽度与两眼间距长度之比小于0.3，其侧臂强烈倾斜，与水平线夹角约为80°，不凸起；额面光滑而有光泽，具有十分粗糙的深陷刻点和少量小颗瘤；额表被稀疏，十分短而细弱。前胸背板长是宽的0.71倍，两侧微弱弓形并且在强烈缢缩之后有聚合趋势；表面光滑而有光泽，刻点大小不一，十分粗糙而深陷；中线后方几乎没有刻点；表被中等丰富，盘面上细弱且短，侧边上较长。鞘翅长为前胸背板2.5倍；基缘2/3平行，着生约10个小圆齿；刻点沟微凹，沟中刻点十分大而深，朝向基部微弱减小；沟间部不足刻点沟的1.5倍，着生有不规则的横褶皱，每个约为沟间部宽度的1/3。鞘翅斜面十分陡峭，凸起；翅缝沟间部强烈隆起，第2沟间部微弱凹陷；刻点沟十分窄而深地凹陷，刻点逐渐消失；斜面沟间刻点十分粗糙，并且在第1沟间部量大而混乱，在第2、3沟间部成单列；刻点从不变为颗粒。

寄主 落叶松属（*Larix* spp.）、美洲落叶松（*L. laricina*）。

分布 加拿大、美国。

74 黑脂大小蠹 *Dendroctonus terebrans*（Olivier）

鉴定特征 体长5.0～8.0mm，体长为体宽的2.3倍；体色棕黑色或黑色；口上突较窄，横向凹陷，口上突边缘强烈隆起；额面在眼上缘连线下方无纵中沟；前胸背板盘面刻点十分粗糙，靠近侧缘的刻点变大很多；斜面表面通常有光泽，第2沟间部不凹陷，缝状沟间部若隆起也很微弱；斜面沟间部晦暗（有小褶皱）或光亮，若光亮则实际上两性中刻点全为颗粒，沟中刻点清晰且较大；在沟间部大量的刻点变为颗粒，紧密而杂乱。

寄主 短叶松（*P. echinata*），湿地松（*P. elliottii*）、长叶松（*P. palustris*）、硬叶松（*P. rigida*）、晚松（*P. serotina*）、北美乔松（*P. strobus*）、火炬松（*P. taeda*）。

分布 美国。

75 红脂大小蠹 *Dendroctonus valens* LeConte

鉴定特征 体长5.3～8.3mm，红褐色。雄虫额面凸起，具有3个凸起高点，排成品字 第2高点紧靠头盖缝下端之下，其余2高点分别位于额中两侧；口上突宽阔，口上突基部宽度与眼连线长度之比大于0.55，口上突侧臂凸起，口上突表面中部纵向下限；口上突侧臂与水平夹角约为20°。前胸背板长宽比为0.73，前缘呈微弱弓形，外缘后部2/3近平行，在靠近前缘部位中度缢缩，表面有光泽，前胸侧区刻点细小，不十分稠密。鞘翅长为宽的1.5倍，侧缘前2/3近平行，尾部圆钝；基缘弓形具12小齿；鞘翅斜面第1沟间部不凸起，第2沟间部不变窄也不凹陷；各沟间部均有光泽；沟间刻点较多，纵中部刻点凸起成颗粒状，有时前后排成纵列，有时散乱不成行列。

寄主 白冷杉（*Abies concolor*）、美洲落叶松（*Larix laricina*）、挪威云杉（*Picea excelsa*）、白云杉（*P. glauca*）、红云杉（*P. rubens*）、墨西哥白松（*Pinus*

图55 红脂大小蠹头部、鞘翅斜面、背面观、侧面观

ayacahuite）、亚利桑那黄松（*P. arizonica*）、扭叶松（*P. contorta*）、西黄松（*P. ponderosa*）、格雷哥松（*P. greggii*）、辐射松（*P. radiata*）、矮松（*P. virginiana*）、欧洲赤松（*P. sylvestris*）、短叶松（*P. echinata*）、大叶松（*P. engelmannii*）、加州山松（*P. monticola*）。

分布 中国、加拿大、美国、墨西哥。

（十九）瘤干小蠹属 *Hylurgopinus* Swaine, 1918

属征 体长2.2～2.5mm，体长为体宽的2.3倍；体色深棕色；额凸，口上突宽阔，超过口上缘；眼长椭圆形，完整；触角索节7节，锤状部4节，微扁；鞘翅基缘具有1列正常的齿列；鞘翅被有粗壮的鳞片状鬃和直立的毛状鬃；前足基节相当宽的分离，足第3跗节宽阔。

该属世界已知1种为美洲榆小蠹，是传染榆枯萎病的重要媒介。在蛀食病树时，体内外就带有病原孢子，再蛀食健树时把孢子传给健树，使其致病。榆枯萎病原菌（Ceratocystis ulmi）是毁灭性病害，可侵染所有榆树，感病后几周或几年内整株死亡。美国每年因该病而死亡的榆树近万株。无此病原时，美洲榆小蠹的为害性不大，因为它主要蛀食衰弱或已死亡的榆树。

⑯ 美洲榆小蠹 *Hylurgopinus rufipes*（Eichhoff）

鉴定特征 体长2.2～2.5mm，体长为体宽的2.3倍，褐色，被粗壮短毛；触角索节7节，锤状部4节，微扁，第1、2两节节间缝明显，第3节节间缝不明显；额面遍生浅而圆的刻点，点心呈细网状，额面在两眼间下方有浅弱纵长的中龙骨；前胸背板表面刻点粗糙，点间杂生着颗粒，背板后半部有光平凸起的背中线，背板上的鬃毛起自刻点中心，一点一毛，毛稍倒向背中线。鞘翅刻点沟宽阔而深陷，有大圆刻点排列其中；沟间较狭窄，其宽度与刻点沟相似，翅前部的沟间有褶皱，翅后部的沟间有颗粒，并着生有粗壮的刚毛，翅前部毛较短小，翅后部的略加长，一根根竖立在颗粒的后面；鞘翅斜面均匀弓曲，斜面上刻点沟与翅前部同样宽阔而深陷，斜面沟间中的颗粒与翅前部同样圆大而明显，规则排列。前足胫节前方有长跗节槽，中后足胫节后方有一槽。胫节顶端有1特殊的隆起，前足胫节上的较

图56 美洲榆小蠹背面观、侧面观

长，在顶端延伸形成1距。胫节末端和侧缘有若干缘齿。

寄主 榆属（*Ulmus* spp.）、梣属（*Fraxinus* spp.）、李属（*Prumus* spp.）、椴属（*Tilia* spp.）。

分布 加拿大、美国。

（二十）林小蠹属 *Hylurgus* Latreille，1806

属征 体长3.1～5.3mm；雄性前额不深陷，中隆线短，从唇基边缘直到触角着生处。触角索节6节，棒节圆锥形；前胸背板较细长，在前部1/3处稍收缩；前胸腹板基节小而短，腹板侧缘无突起；鞘翅基缘的锯齿明显伸高，组成一个明显的齿列；前足基节窝连接；沟间部有大量直立刚毛，排列杂乱；鞘翅有浓密褶皱。

目前该属世界上已知3种，主要分布欧洲、亚洲和非洲。所有种类危害针叶树，如松属、云杉属等，蛀食树皮。长林小蠹于1974年侵入新西兰的奥克兰市南部，之后迅速扩展到了从奥克兰市北部到怀卡托市北部的大部分地区，该种也成功入侵日本、南非、南美、斯里兰卡和澳大利亚；2000年美国纽约首次发现长林小蠹，成为北美的入侵种。我国口岸曾多次截获该属的长林小蠹。长林小蠹是世界各口岸中截获频率较高的有害生物种类之一，我国自2005—2011年间，共截获带有该虫的货物1400多批次，其潜在入侵风险较大。

77 长林小蠹 *Hylurgus ligniperda*（Fabricius）

鉴定特征 体长4.0～5.7mm，体长为体宽的2.5倍。红褐色，多短小簇生鬃毛。眼卵形，上阔下狭。触角索节5节，棒节4节。额面当中有一横沟，将额面分割成上下两部分，横沟以上部分的额面微凸，横沟下部分的额面低平，具一条极短的中龙骨，起自口上片止于下半额面的中心，在终止处形成一道狭窄、纵向凸起的尖瘤。前胸背板长为宽的0.88倍，表面遍生刻点和颗粒，有贯穿全背板的低平纵中隆线；背板上遍生贴伏一表面的鬃毛，毛稍指向中隆线。鞘翅长度为两翅合宽的1.58倍，并为前胸背板长的1.8倍；刻点沟狭窄不明显，沟间宽阔，表面细碎不平，有密集簇生的细弱短毛，各沟间横向约2～3枚。鞘翅斜面收尾陡峭直下，第1、3沟间略凸起，上面的颗粒和毛丛较密，第2沟间部宽阔低平下陷，下陷部位

图57 长林小蠹背面观、侧面观

颗粒消失，表面却依旧细碎不平，该部位的鬃毛也大为减少。

寄主 首要寄主为赤松（*Pinus sylvestris*），次要寄主为卡拉布里亚松（*P. brutia*）、加那利松（*P. canariensis*）、湿地松（*P. elliottii*）、地中海松（*P. halepensis*）、山松（*P. montezumae*）、欧洲黑松（*P. nigra*）、墨西哥展叶松（*P. patula*）、意大利石松（*P. pinea*）、辐射松（*P. radiata*）、北美乔松（*P. strobus*），也可寄生于冷杉属（*Abies* spp.）、落叶松属（*Larix* spp.）、云杉属（*Picea* spp.）、黄杉属（*Pseudotsuga* spp.）等。

分布 亚速尔群岛、加那利群岛、马德拉岛、摩洛哥、南非、突尼斯、中国、日本、土耳其、澳大利亚、新西兰、奥地利、保加利亚、白俄罗斯、波黑、克罗地亚、塞浦路斯、捷克、斯洛伐克、丹麦、英国、芬兰、法国、德国、希腊、匈牙利、意大利、立陶宛、马其顿、荷兰、挪威、波兰、葡萄牙、西班牙、瑞典、瑞士、斯洛文尼亚、斯里兰卡、爱沙尼亚、俄罗斯、拉脱维亚、乌克兰、美国、阿根廷、巴西、智利、乌拉圭。

（二十一）粗小蠹属 *Pachycotes* Sharp，1877

属征 雄虫额强烈、较为广泛的凹陷；鞘翅表面表被毛状，通常包含鳞片（在*Peregrinus*雄虫中较为稀少）；后胸前侧刚毛毛状；前足胫节末端边缘具3个镶嵌齿。

目前该属世界上已知9种，主要分布于大洋洲区。该属昆虫为蚀木穿孔性，单配型（一雌一雄），主要危害南洋杉树。我国口岸主要截获该属的1种类。

粗小蠹属分种检索表

1	后胸前侧片鬃分叉；触角索节6节；体长2.6～3.0mm	***P. villosus***
	后胸前侧片鬃似毛状，触角索节7节	2
2	体长2.3～3.0mm	3
	体长3.4～5.5mm	4
3	鞘翅刻点沟深深凹陷，沟间部非常凸，基半部的沟间部整个宽度具有横向的褶皱；体长2.7～3.0mm	***P. araucariae***
	鞘翅刻点沟浅的凹陷，沟间部微微凸起；基半部的沟间部近一半宽的区域具横向褶皱；体长2.3～2.6mm	***P. minor***
4	鞘翅光亮，斜面沟间部具非常小的似毛状鳞片鬃，也具有明显长的鬃；体长3.7～4.8mm	***P. peregrinus***
	斜面沟间部具明显似毛状鳞片鬃和长鬃	5
5	体长4.8～5.5mm；前胸背板无或仅具有非常浅的刻点	***P. grandis***

体长3.4～3.9mm；前胸背板具明显刻点 ························ 6

6 鞘翅背盘上刻点沟刻点清晰光亮，刻点间的距离约为刻点直径的1～2倍 ········ 7

鞘翅背盘上刻点沟刻点小，刻点间的距离约为刻点直径的2～4倍 ··············· 8

7 刻点沟不凹陷，沟间部扁平；体长3.5mm ························ ***P. engelsi***

刻点沟凹陷，沟间部凸起；体长3.7～3.8mm ······················ ***P. australis***

8 鞘翅斜面上在似毛的鳞片鬃之间具有成列的长鬃，鬃长明显长于沟间部宽，斜面上具有明显的刺齿；体长3.4～3.7mm ························ ***P. clavatus***

鞘翅斜面似毛状鬃的鳞片鬃之间鬃长约等长于沟间部宽，斜面上的齿瘤不明显；体长3.5～3.9mm ························ ***P. kuscheli***

78 突背粗小蠹 *Pachycotes peregrines*（Chapuis）

鉴定特征 体长3.7～4.8mm，体型粗壮；触角索节7节；前胸背板暗淡，无光泽；后胸前侧片鬃似毛状；鞘翅光亮，斜面沟间部具非常小的似毛状鳞片鬃，也具有明显长的鬃。

寄主 南洋杉属（*Araucaria* spp.）花旗松（*Pseudotsuga menziesii*）。

分布 新西兰。

图58 突背粗小蠹背面观

（二十二）平海小蠹属 *Pseudohylesinus* Swaine，1917

属征 体长2.2～5.8mm，体长为体宽的2.1～2.5倍；具大量浅色和深色的毛状和鳞片状鬃；额凸，在中部或中下位置具横向凹陷，下半部具中脊；触角柄节较长，短于索节，索节7节，触角棒圆锥状至微微扁平；前胸背板长为宽的0.7～1.3倍；前缘之后两侧明显缢缩；鞘翅两侧在基部2/3区域直，两侧近平行，后面非常窄圆形；鞘翅前缘具有10～15个明显的锯齿；刻点沟和沟间部具瘤；斜面凸，非常陡，交替的沟间部通常微微隆起；具有大量鳞片和成列的长且直立状的沟间部鬃。

目前该属世界上已知11种，主要分布于北美。我国口岸曾多次截获该属种类。

平海小蠹属分种检索表

1 额长约等于宽；触角棒第1节等于或略长于第2节；体细长，长为宽的2.1～2.4倍……2

额长大于宽；触角棒第1节明显长于第2节，有时是2和3节之和；体粗，体长为宽的2.0～2.2倍（*P. granulatus*例外）……6

2 鞘翅基部锯齿状，且高而尖，突起尤在侧面较为明显；鞘翅斜面第9沟间部明显隆起且锯齿明显；沟间部似毛状鬃弱、短小；卵坑道为纵状……***P. nebulosus***

鞘翅基部齿状物低而钝；鞘翅斜面第9沟间部不强隆起或具锯齿；沟间部似毛状鬃非常短而粗糙；母坑道横轴状……3

3 鞘翅斜面第2沟间部无颗瘤和毛状鬃；沟间部的鬃长约为两列之间宽度的一半……***P. dispar***

鞘翅斜面第2沟间部具一些小的颗瘤和1列似毛状的鬃；沟间部鬃长约等于两列之间的宽度……4

4 体型较大，体长4.4～5.8mm；前胸具浓密的刻点；鞘翅刻点沟刻点大，内表面网纹状；沟间部鳞片非常小；体色主要为深色……***P. magnus***

体型较小；前胸背板的刻点紧密，深；鞘翅刻点沟刻点小，内表面光滑；沟间部鳞片正常大小；体色主要为浅色或浅棕色……5

5 体长2.7～3.8mm；在第5和第6沟间部基部近缘侧锯齿几乎呈单列，很少拥挤状；额下部更粗糙、更深的刻点；鞘翅斜面沟间部颗瘤较高、更尖锐……***P. maculosus***

体长3.4～4.5mm；在第5和第6沟间部基部近缘侧锯齿排列拥挤，呈混乱状；额下部刻点小而浅；鞘翅斜面沟间部颗瘤不高，更阔圆……***P. variegatus***

6 雌虫前胸背板鬃似毛状，雄虫具较细长鳞片鬃；沟间部鬃非常弱、短小，沟间部近缘的锯齿更多，非常混乱……7

雌虫前胸背板具毛状鬃和鳞片鬃；雄虫鳞片鬃为阔圆形至圆形；沟间部鬃较长、粗壮；沟间部锯齿状颗瘤单列，雌虫的基部有时呈混乱状……8

7 体型较大，体长4.0～5.4mm，体长为体宽的2.2～2.4倍；前胸背板刻点稍大而深，侧面区域的刻点变为颗瘤；刻点沟刻点大而深；刻点沟与沟间部等宽；沟间部鬃非常粗糙……***P. granulatus***

体型较小，体长2.6～4.0mm；体型粗壮，体长为体宽的2.0～2.1倍；前胸背板刻点小而浅，侧面区域的几乎无颗瘤；刻点沟刻点小而深；刻点沟比沟间部窄；沟间部鬃较细长 ………………………………………… ***P. tsugae***

8 沟间部锯齿瘤较多和基部排列混乱；雌虫鞘翅背盘上沟间部鳞片鬃长为宽的1～2倍；拱形的额凹陷不明显 ………………………………………… 9

沟间部锯齿瘤少，或向基部排列混乱；雌虫鞘翅背盘上沟间部鳞片鬃长为宽的2倍以上；拱形的额凹陷明显 ………………………………………… 10

9 雌虫的前胸鳞片细长，一些近毛发状，鬃长为宽的8倍；雄虫鞘翅鳞片窄，于翅盘上的呈毛发状，鬃长为宽的2～6倍 ………………………… ***P. nobilis***

雌虫前胸鳞片宽，不呈毛发状，鬃长为宽的2～6倍；雄虫的前胸鳞片鬃长为宽的1～4倍 ………………………………………… ***P. sericeus***

10 雌虫前胸背板上的鳞片更细长，鬃长是宽的4～8倍，雄虫的为2～3倍；沟间部颗瘤平均较大 ………………………………………… ***P. sitchensis***

雌虫前胸背板上的鳞片较粗壮，鬃长是宽的2～5倍，雄虫的鳞片鬃近圆形；沟间部颗瘤平均较小 ………………………………………… ***P. pini***

79 暗色平海小蠹 *Pseudohylesinus dispar pullatus* Blackman

鉴定特征 体长3.0mm，体宽1.5mm；体色浅色；额长为宽的0.9倍；触角棒第1节明显长于第2节；前胸背板仅具有稍短的倒伏状毛状鬃；前胸背板刻点较小而浅；鞘翅沟间部明显宽于刻点沟；刻点沟刻点小；沟间部每个颗瘤基部着生较细长鬃；鞘翅表面的鳞片鬃较薄；沟间部颗瘤单列；斜面低2沟间部无毛、无瘤。鞘翅表面被黄色鳞片鬃，具棕色鳞片斑。

寄主 冷杉（*Abies amabilis*）、巨冷杉（*A. grandis*）、壮丽冷杉（*A. procera*）。

分布 加拿大、美国。

图59 暗色平海小蠹背面观、侧面观

⑧⓪ 颗瘤平海小蠹 *Pseudohylesinus granulatus*（LeConte）

鉴定特征　体长4.0mm，体宽2.0mm；额四边形区域；前胸背板具稀疏的长鬃；鞘翅具鳞片鬃，斜面鳞片鬃较浓密；鞘翅刻点沟刻点圆、浅，沟间部宽度是刻点沟的1～5倍；鞘翅表面具较多颗瘤，斜面颗瘤较大。

寄主　冷杉（*Abies amabilis*）、巨冷杉（*A. grandis*）、高山冷杉（*A. lasiocarpa*）、红冷杉（*A. magnifica*）、壮丽冷杉（*A. procera*）、威奇冷杉（*A.veitchii*）、异叶铁杉（*Tsuga heterophylla*）。

分布　加拿大、美国。

图60　颗瘤平海小蠹背面观、侧面观

⑧① 烟斑平海小蠹 *Pseudohylesinus maculosus* Blackman

鉴定特征　体长3.25mm，体宽1.4mm；体色棕红色；额长为宽的1.1倍；前胸背板具稀疏的贴伏毛状鬃；鞘翅具稀疏的毛状鬃和扁平细长的鳞片鬃；刻点沟刻点小，圆而深；沟间部宽度为刻点沟的2倍。

寄主　白冷杉（*Abies concolor*）、毛果冷杉（*A. lasiocarpa*）。

分布　美国。

图61　烟斑平海小蠹背面观、侧面观

⑧② 齿缘平海小蠹 *Pseudohylesinus nebulosus*（LeConte）

鉴定特征　体长2.3～2.9mm，体长为体宽的2.3～2.4倍；体色深褐色；额突，长宽近相等；口上片上方有中隆线；额表面光亮，密集深刻点，顶部无颗粒，有鬃毛；前胸背板长为宽的0.83倍，最宽处在中部；前端呈圆弧形，后端近乎平行；表面有光泽，生有粗糙、紧密、较深的刻点；有短而直立的分散的毛和许多细的两分的横卧磷片；鞘翅长为宽的1.7倍；沟间宽度为刻点沟宽度的2倍；沟间部生有1列直立、短细刚毛；鞘翅基部的细圆齿中央较两侧的大而尖；鞘翅上的圆形磷片形成一个斑驳型；斜面凸起，沟间部1和3略隆起呈弱锯齿状。

寄主 白冷杉（*Abies concolor*）、北美冷杉（*A. grandis*）、落叶松属（*Larix* spp.）、恩氏云杉（*Picea engelmanni*）、西黄松（*Pinus ponderosa*）、花旗松（*Pseudotsuga menziesii*）、北美乔柏（*Thuja plicata*）、异叶铁杉（*Tsuga heterophylla*）、大果铁杉（*T. mertensiana*）。

分布 加拿大、墨西哥、美国。

图62 齿缘平海小蠹背面观、侧面观

83 高雅平海小蠹 *Pseudohylesinus nobilis* Swaine

鉴定特征 体长3.75mm，体宽1.75mm；额长为宽的1倍；前胸背板具稀疏的长鬃，仅基部的两侧具鳞片鬃；鞘翅鳞片鬃长约为宽的2倍，主要为棕色鳞片，具浅色鳞片斑；刻点沟刻点圆、大而深；沟间部刻点沟宽的2倍。

寄主 冷杉（*Abies amabilis*）、高大冷杉（*A. procera*）、异叶铁杉（*Tsuga heterophylla*）。

分布 美国。

84 松齿平海小蠹 *Pseudohylesinus pini* Wood

鉴定特征 体长2.8mm，体宽1.4mm；体色棕黑色；触角棒节第1节明显长于第2节；前胸背板具浓密短小鳞片鬃和毛状鬃，鳞片鬃粗壮，长仅为宽的2～3倍；前胸背板鬃几乎为棕色；鞘翅沟间部具单列圆钝状的小齿瘤，每个齿瘤着生1根细长的鬃（直立状）；鞘翅大部分区域具棕黑色鳞片，具白色（或黄色）鳞片斑；鞘翅鳞片非常浓密；刻点沟刻点小而深，沟间部宽为刻点沟的3～4倍；鞘翅颗瘤不

图63 松齿平海小蠹背面观、侧面观

明显；第2沟间部无鬃无瘤。

寄主 美国黑松（*Pinus contorta*）、美国柔枝松（*P. muricata*）、辐射松（*P. radidta*）。

分布 加拿大、美国。

85 绢丝平海小蠹 *Pseudohylesinus sericeus*（Mannerhcim）

鉴定特征 体长2.75mm，体宽1.5mm；体色浅色；触角棒第1节明显长于第2节；额长为宽的1.25倍；前胸背板具粗而短小的鳞片鬃和长的毛状鬃；鞘翅被浓密的黄色和棕色贴伏状短鳞片鬃；鞘翅沟间部具稀疏的单列颗瘤，每个颗瘤基部着生粗壮的直立状细长鬃；鞘翅基部的锯齿状颗瘤稍多排列稍乱；鞘翅棕色鳞片鬃区域大，具有黄色鳞片斑；斜面第2沟间部与第1和第3沟间部等宽，但明显凹陷，且无颗瘤和长鬃。

寄主 冷杉（*Abies amabilis*）、巨冷杉（*A. grandis*）、壮丽冷杉（*A. procera*）、威奇冷杉（*A. veitchii*）、花旗松（*Pseudotsuga menziesii*）、异叶铁杉（*Tsuga heterophylla*）。

分布 日本、加拿大、美国。

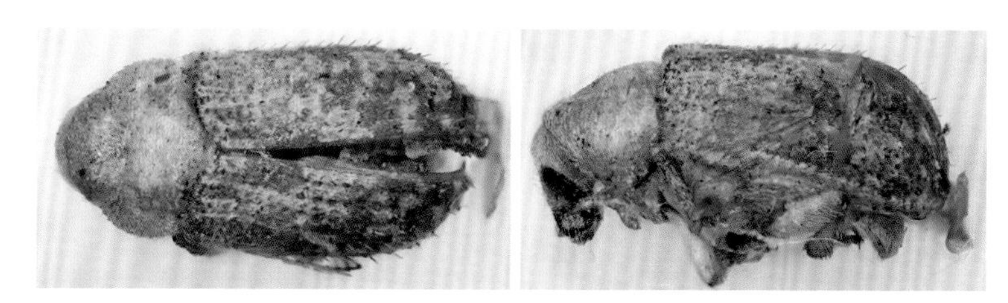

图64 绢丝平海小蠹背面观、侧面观

86 宽额平海小蠹 *Pseudohylesinus sitchensis* Swaine

鉴定特征 体长2.9～3.5mm；额长比宽明显长，被有粗糙刻点；前胸背板上生有短而直立的刚毛和许多圆的（雄虫）或细长的（雌虫）横卧的磷片；翅基细圆齿钝，分散；鞘翅上的细长横卧的鳞片排成各种类型；斜面凸，无饰物。

寄主 西加云杉（*Picea sitchensis*）。

分布 加拿大、美国。

图65 宽额平海小蠹背面观、侧面观

87 铁杉平海小蠹 *Pseudohylesinus tsugae* Swaine

鉴定特征 体长2.6～4.0mm，体长为体宽的2.0～2.1倍；体色深红褐色；表面生有颜色深浅不一的鳞片，形成一不规则的色型；额突，额面长为宽的1.1倍，表面密集刻点和细的颗粒；额中央有中隆线；触角锤节第1节长于2、3节；前胸背板长为宽的0.76倍，表面光亮，刻点紧密，小且深；最宽处在后端（基部），前端圆弧形；前胸面生有横卧的磷片；鞘翅长为宽的1.5倍，为前胸背板长度的2.2倍，刻点沟清晰，刻点小且深，沟间宽度为刻点沟宽度的2倍；翅基上的细圆齿低而钝；翅上的磷片多，斜面凸，无饰物。与雄虫相比，雌虫额突起更强烈，前胸背板仅在基部有少许鳞片。

寄主 壮丽冷杉（*Abies procera*）、异叶铁杉（*Tsuga heterophylla*）、大果铁杉（*T. mertensiana*）。

分布 加拿大、美国。

图66 铁杉平海小蠹背面观、侧面观

（二十三）切梢小蠹属 *Tomicus* Latreille，1802

属征 中型种类，头尾略尖，棒糙状。头、前胸背板黑色，鞘翅红褐色至黑褐色，有强光泽，眼长椭圆形。触角基部距眼前缘有一定距离；触角柄节粗长，索节6节，棒节棍棒状，共分4节，节间平直。两性额部相同，额面平坦，有刻点和短毛，下半部有中隆线。前胸背板长略小于宽，侧缘基半部外突，端半部紧缩，前缘平直背板表面平滑光亮，有刻点，无突起或颗粒有背中线鬃毛柔长。鞘翅基缘与背板基缘等宽，鞘翅侧缘自前向后略收缩，尾端圆钝。两翅基缘各自前突成为并列的双弧，基缘本身突起，有1列锯齿，小盾片处锯齿中断。刻点沟略凹陷；沟间部宽阔，斜面上有小颗粒状瘤，等距相隔，排成纵列；沟间部的刻点细小，均匀散布，不成行列。鞘翅斜面均匀弓曲，无特殊结构。

目前该属世界上已知8种，主要分布于古北区。所有种类危害松属，食树皮。我国口岸曾多次截获该属种类。

切梢小蠹属分种检索表

1 鞘翅斜面第2沟间部有成列的瘤状颗粒……………………………………………………2

鞘翅斜面第2沟间部无瘤状颗粒……………………………………………………………4

2 鞘翅沟间部瘤状颗粒上的刚毛较长、直立、呈单列；鞘翅斜面上刚毛较长、直立；鞘翅斜面沟间部瘤状小颗粒清晰，呈单列；体型较大，体长3.1～5.2mm……………3

鞘翅沟间部瘤状颗粒上的刚毛较短、倾斜或近倾斜、密集、呈不规则排列；鞘翅斜面上的刚毛较短、倾斜；鞘翅斜面沟间部瘤状小颗粒不清晰，呈不规则排列；体型最小，体长2.9～3.5mm ……………………………………………***T. puellus***

3 鞘翅背面和斜面沟间部上刻点尖细，肉眼难于观察，分布稀疏；前胸背板上刻点分布稀疏，中央有一条非点状的纵向中间分隔带；触角棒浅褐色至中褐色，比索节颜色稍深；体型较大，体长3.2～5.2mm……………………………………***T. minor***

鞘翅背面和斜面沟间部上刻点清晰，分布密集；前胸背板上刻点密集，无非点状的纵向中间分隔带；触角棒褐色至深褐色，明显比索节颜色更深；体型较小的种群，体长3.0～4.3mm ……………………………………………………***T. pilifer***

4 鞘翅斜面第2沟间部的刻点呈单列，极细，分布稀疏或无；鞘翅背面第2和第3沟间部上的瘤状颗粒紧密排列；触角棒棕色，与索节颜色相近或稍暗…………5

鞘翅斜面第2沟间部的刻点呈规则排列或呈二列；鞘翅背面第2和第3沟间部上的瘤状颗粒排列紧密或分散；触角一致、有色，棒节黄色、黄褐色或深褐色…………6

5 鞘翅背板直立刚毛较长，长约与沟间距等长；鞘翅斜面的直立刚毛明显长于背板上的直立刚毛；鞘翅斜面第2沟间部较深，呈凹形，其上具细小刻点，规则排列或呈单列；触角颜色一致，触角棒褐色；体型细长、较大，体长3.5～5.2 mm ……………………………………………………………………***T. piniperda***

鞘翅背板直立刚毛较短，长约是沟间的距离的1/2；鞘翅斜面的直立刚毛与鞘翅背板直立刚毛等长；鞘翅斜面第2沟间部较浅，其上尖细小刻点分布稀疏或没有；触角棒褐色至深褐色，通常比索节颜色更深；体型较小，体长3.2～4.4mm……………………………………………………***T. brevipilosus***

6 鞘翅背面直立刚毛较长，长约与沟间距等长，触角黄色至黄褐色 …………7

鞘翅背面直立刚毛较短，长约是沟间距的1/2；触角深褐色；体型较大，体长3.9～4.6mm…………………………………………………………***T. armandii***

7 鞘翅斜面第2沟间部较浅，刻点密集，无规则排列；鞘翅背面第2和第3沟间部的瘤状颗粒紧密分布；鞘翅斜面近基部第1和第3沟间部的瘤状颗粒分布较散；鞘翅仅在基部颜色较深，通常为红褐色；头部中央有一条纵隆起线；体长4.1～4.9 mm…………………………………………………………………… ***T. destruens***

鞘翅斜面第2沟间部较深，凸至扁平状，刻点均匀分布，呈二列分布或类似于Z字形排列；鞘翅背面上第2和第3沟间部的瘤状颗粒分布较分散；鞘翅斜面近基部第1和第3沟间部的瘤状颗粒分布紧密；鞘翅背面基部1/6～1/5处颜色较深，通常为黑色；体长4.3～5.3 mm…………………………………………………… ***T. yunnanensis***

88 欧洲纵坑切梢小蠹 *Tomicus destruens*（Wollaston）

鉴定特征 体长4.1～4.9mm；体色淡红褐色；具光泽，并密布刻点和灰黄色细毛。头部半球形，黑褐色，额具光泽，散布带刚毛的刻点，中央有一纵隆起线；复眼卵圆形，黑色，触角球状，棒节和柄节颜色一致，黄褐色。前胸背板近梯形，前狭后宽。鞘翅淡红色，基部颜色较深，基部与端部的宽度相似，长宽比例小于1.7，其上有许多带直立刚毛的刻点，呈明显的规则排列；鞘翅背面第2和第3沟间部瘤状颗粒紧密分布；鞘翅斜面第2沟间部较浅，刻点密集，无规则排列。前足胫节具5～6个齿，通常均匀分成一簇。雌成虫与雄成虫形态、大小相似。

寄主 地中海松（*Pinus halepensis*）、意大利石松（*P. pinea*）、海岸松（*P. pinaster*）、卡拉布里亚松（*P. brutia*）、加那利松（*P. canariensis*）、辐射松（*P. radiata*）、欧洲赤松（*P. sylvestris*）。

分布 目前主要分布环地中海周边国家和地区，主要为马德拉群岛、葡萄牙、西班牙、马略卡岛、法国、意大利、撒丁岛、托斯卡那群岛、科西嘉岛北部、希腊海岸、塞浦路斯、以色列、巴尔干半岛国家，斯洛文尼亚、非洲西北部的阿尔及利亚、摩洛哥、突尼斯和土耳其。

89 横坑切梢小蠹 *Tomicus minor*（Hartig）

鉴定特征 体长4.0～5.0mm；黑褐色；鞘翅基缘升起且有缺刻，近小盾片处缺刻中断，与纵坑切梢小蠹极其相似，主要区别是横坑切梢小蠹的鞘翅斜面第2沟

图67 横坑切梢小蠹背面观、侧面观

间部与其他沟间部一样不凹陷，上面的颗瘤和竖毛与其他沟间部相同。

寄主 主要寄主为松属（*Pinus* spp.），如红松（*P. koraiensis*）、油松（*P.tabulaeformis*）、赤松（*P. densiflora*），次要寄主为云杉属（*Picea* spp.）和冷杉属（*Abies* spp.）等。

分布 中国、日本、韩国、土耳其、奥地利、比利时、保加利亚、塞浦路斯、捷克斯洛伐克、丹麦、英国、芬兰、法国、德国、希腊、匈牙利、意大利、卢森堡、荷兰、挪威、波兰、罗马尼亚、西班牙、瑞典、瑞士、土耳其、俄罗斯、前南斯拉夫。

90 纵坑切梢小蠹 *Tomicus piniperda*（Linnaeus）

鉴定特征 体长3.4～5.0mm；头、前胸背板黑色，鞘翅红褐至黑褐色，有强光泽；前胸背板的长与背板基部的宽之比为0.8；鞘翅长为前胸背板长的2.6倍，为两翅合宽的1.8倍；刻点沟凹陷的刻点大于沟间部的刻点，且排列稠密，点心不生鬃毛；沟间部的刻点较稀疏；鞘翅基部的横向瘤起较多；翅中部以后各沟间部有1列小颗瘤，颗瘤后面各有1根竖立的鬃毛，斜面部分的沟间部上偶有倒伏的鬃毛；鞘翅斜面第2沟间部凹陷且平滑，只有细小刻点，没有颗粒和竖立的鬃毛。

寄主 松属（*Pinus* spp.）、华山松（*P. armandii*）、红松（*P. koraiensis*）、云南松（*P. yunnanensis*）、赤松（*P. densiflora*）、北美乔松（*P. strobus*）、云杉属（*Picea* spp.）。

分布 阿尔及利亚、马德拉群岛、中国、印度、以色列、日本、韩国、蒙古、土耳其、菲律宾、奥地利、比利时、保加利亚、捷克、斯洛伐克、丹麦、英国、法国、芬兰、德国、希腊、意大利、卢森堡、荷兰、挪威、波兰、罗马尼亚、苏格兰、西班牙、瑞典、瑞士、俄罗斯、前南斯拉夫。

图68 纵坑切梢小蠹背面观、侧面观

91 多毛切梢小蠹 *Tomicus pilifer*（Spessivtseff）

鉴定特征 体长3.0～4.3mm；触角棒棕色或深棕色，比触角索节颜色深；鞘翅斜面第2沟间部不凹陷，具有1列明显的小颗瘤；鞘翅沟间部具单列较长的、直立状毛和较短的倒伏状毛，长毛着生于颗瘤处；鞘翅背盘和斜面沟间部刻点明显，统一密生，斜面上沟间部刻点小于或等于刻点沟刻点。

寄主 华山松（*Pinus armandii*）、红松（*P. koraiensis*）、油松（*P. tabulaeformis*）。

分布 中国、俄罗斯。

（二十四）鳞小蠹属 *Xylechinus* Chapuis，1869

属征 体长1.5～3.5mm，体长是体宽的2.0～2.4倍；鳞片一色，无花样斑纹；眼长椭圆形，无凹刻。触角棒节棍棒状，共分3节；索节5节。雄虫额部狭窄凹陷；雌虫额部宽阔平隆，两性额下部均有中隆线；额面遍生刻点和短毛，下部的毛斜向中隆线，上部的毛簇聚集在额顶中心。前胸背板表面的刻点细小稠密，点心生鳞片，背板上没有颗粒。鞘翅基缘宽于前胸背板；两翅基缘各自前突成弧，基缘本身隆起，上有齿列，小盾片处锯齿中断。刻点沟凹陷，沟中刻点排列紧密，点心生小毛；沟间部微隆，刻点细小多列，点心生鳞片。鞘翅第1沟间部的鳞片特别稠密，颜色浅淡，在翅缝两侧形成一条白色条带纵贯翅面；鞘翅斜面弓曲。腹部腹面水平。

目前该属世界上已知42种，世界广布属，在古北区、东洋区、澳洲区、非洲区、新热带区和新北区均有分布。我国口岸曾多次截获该属种类。

92 高山鳞小蠹 *Xylechinus montanus* Blackman

鉴定特征 体长2.2～2.7mm；额刻点与颗粒混生，中有一弱的纵向隆脊，前胸背板密生窄而扁平的短鳞毛；鞘翅刻点大而深，沟间部具有颗瘤，被有扁平的鳞毛，沟间部中排鳞片较短、宽，端部加宽，横卧的鳞片较小。

寄主 美国西部落叶松（*Larix occidentalis*）、恩氏云杉（*Picea engelmannii*）、白云杉（*P. glauca*）。

分布 加拿大、美国。

三、齿小蠹族 Ipini Bedel，1888

族征 额具有明显的雌雄二型现象，雄虫额凸起，雌虫额不同程度的凹陷，或着生有刚毛；眼弯曲，下半部通常较上半部狭窄很多；触角柄节较为细长，索节5节，触角棒倾斜横截或在后面的缝强烈向顶端偏移；前胸背板前半部强烈倾斜，十分粗糙；前基节相连，节间片有缺口或缺失；前足胫节着生有3或4个齿；小盾片可见；鞘翅斜面具适中或明显的凹槽，侧缘通常着生有刺或小瘤；表被毛状。

目前齿小蠹族（Ipini）世界已知7个属（*Acanthotomicus*、*Dendrochilus*、*Ips*、*Orthotomicus*、*Pityogenes*、*Pityokteines*、*Pseudips*），197种。我国口岸主要截获该族4个属28种。

齿小蠹族分属检索表

1 眼短，椭圆形，眼前缘无内凹；触角棒很小，扁平，无缝；鞘翅斜坡凸起至轻微的阔扁，无颗瘤或齿状瘤；鞘翅沟间部刚毛似毛状或鳞片状；体长1.0～2.0mm······ ***Dendrochilus***

眼较细长，眼前缘内凹；触角棒通常较大，具缝（在*Acanthotomicus*属中许多种类触角棒无缝）；鞘翅斜面通常具有不同的齿瘤或刺······2

2 鞘翅斜面具窄的凹槽，侧缘相当阔圆的隆起，具有不多于3对齿；斜面下缘圆滑；通常小于3.0mm······3

鞘翅斜面具阔而深的凹槽，隆起的侧缘尖锐，具3对或以上的齿（*Acanthotomicus*的热带种具1～6对齿）；斜面下缘强烈的隆起，横脊从端缘其将渐斜的穴给分开；体长通常大于3.0mm······4

3 前胸背板后基节片短而钝；雌虫的额有时具深的、很窄的洞；雄虫鞘翅斜面具2或3对增大的齿；触角棒扁平，在后表面顶端1/3处具有2条可见缝隙；体长1.8～3.7mm······ ***Pityogenes***

前胸背板后基节片长且强烈的锥形；雌虫前额凸起，无洞；雄虫斜面有稍多的浅显刻痕；雌虫额和前胸背板具有密集的、长的表被（2个美国种除外）；体长1.6～3.0mm······ ***Pityokteines***

4 触角棒倾斜地平截，缝向后弯曲；第3（最下面的）主要小齿不在鞘翅斜面的侧缘上，从中向到边缘取代；眼大小正常；体长2.2～4.3mm······ ***Orthotomicus***

触角棒扁平，缝或者向前弯曲，或者适当至强烈双曲；鞘翅斜面侧缘具1～6对主要的齿，3对（若存在）在或嵌入侧缘脊突中；眼通常格外大或者非常小······5

5 眼大，表面粗糙，其宽度约等于柄节的长度，其长度大于柄节长度的2倍······ ***Acanthotomicus***

眼小，表面平整，其宽度等于至极小于柄节长度的2倍······6

6 触角棒的缝直或强烈双曲或尖角状······ ***Ips***

触角棒的缝强烈向前弯曲······ ***Pseudips***

（二十五）齿小蠹属 *Ips* DeGeer，1775

属征 齿小蠹属成虫属大型种类，圆柱形，粗壮；眼肾形；触角索节5节，棒节侧面扁平，正面圆形或椭圆形，棒节的外面共分3节，节间与毛缝向顶端弓曲，棒节的里面无节无毛，平滑光亮；额部微隆，满生颗粒和竖立的长毛，额心偏下常具有1颗瘤，两性额部相同；前胸背板长宽相近，背板前缘和后缘分别向前后弓突，侧缘直伸；背板表面前部为鳞状瘤区，后部为刻点区，没有隆起的中线，常有无点光平的背中线；背板前半部和侧缘附近生有长毛，后半部刻点区无毛；鞘翅表面刻点沟刻点圆大；沟间部无点，在翅缝两侧、翅盘前缘、鞘翅尾端和鞘翅边缘等部位，则有较密的刻点；鞘翅的鬃毛也分布在上述的刻点稠密区，背中部光秃无毛；鞘翅斜面呈盘状，盘底圆形深陷，疏散着刻点，不分行列，侧缘突起具齿3～6个，齿的数量形状等因种类不同而有差异；翅盘开始于鞘翅端部的1/2～1/3处，比较倾斜，鞘翅尾端略向后水平延伸；翅盘的形态两性相同。

1992年世界名录记载该属世界已知40种，目前该属世界上已知37种，中国已知9种。该属种类主要分布东洋区和澳洲区。我国口岸（张家港）曾多次截获该属种类。

93 六齿小蠹 *Ips acuminatus* Gyllenhal

鉴定特征 体长3.4～3.7mm，成虫黑褐色，有光泽；短圆柱形，额上被有粗的颗粒和细长的鬃毛；在额的中央有两个并列的小瘤突；前胸背板的前半部被有先端向后的鱼鳞状小齿；后半部有稀的刻点；两侧有细长的鬃毛，前胸背板背面中央的光滑纵线不很显著。鞘翅上的刻点沟由细小的刻点所组成；列间部甚宽，平滑，上有一些列很稀的小刻点；鞘翅背面无鬃毛。鞘翅的末端形成一完整的凹面，沿着凹面的两侧每侧有3个齿，其中以第3齿为最大。雌虫所有的齿都是尖的，雄虫第3齿较雌虫大，且扁化。凹面表面无鬃毛，只有刻点，在凹面的边缘和鞘翅的两侧有较密而细长的鬃毛。

寄主 主要为松属植物，如华山松（*Pinus armandii*）、红松（*P. koraiensis*）、油松（*P. tabulaeformis*）、赤松（*P. densiflora*）等。

分布 中国、日本、韩国、蒙古、叙利亚、泰国、土耳其、奥地利、比利时、保加利亚、捷克、斯洛伐克、丹麦、英国、芬兰、法国、德国、希腊、匈牙利、意大利、卢森堡、荷兰、挪威、波兰、罗马尼亚、苏格兰、西班牙、瑞典、瑞士、爱沙尼亚、拉脱维亚、俄罗斯、前南斯拉夫。

图69 六齿小蠹头部、鞘翅斜面、背面观、侧面观

94 北欧八齿小蠹 *Ips amitinus*（Eichhoff）

鉴定特征 体长3.5～4.5mm，圆柱形，深褐色，体亮，有毛；触角棒状；前胸背板前部圆形，具鳞片，后部具刻点；鞘翅斜面凹陷，两边具齿；鞘翅光滑生有成排的凹刻，凹刻间有间隔；鞘翅的斜面上每侧生有4个齿，第3个齿最大，头状；鞘翅斜面后端光滑发亮（当从后端观察虫体时）。

寄主 挪威云杉（*Picea excelsa*）、欧洲白冷杉（*Abies pectinata*）、松属（*Pinus* spp.）。

分布 奥地利、比利时、波黑、保加利亚、克罗地亚、捷克、斯洛伐克、爱沙尼亚、芬兰、法国、德国、希腊、匈牙利、爱尔兰、意大利、立陶宛、马其顿、荷兰、波兰、葡萄牙、罗马尼亚、俄罗斯、塞尔维亚、黑山、斯洛文尼亚、西班牙、瑞士、乌克兰、英国、爱沙尼亚、拉脱维亚、突尼斯。

95 美雕齿小蠹 *Ips calligraphus*（Germar）

鉴定特征 雄虫体长3.8～5.9mm，体长为体宽的2.7倍，体色深红褐色。额面宽隆，表面有光泽，粗糙；眼上缘以下的颗粒密集，复眼上部的颗粒较稀疏并夹杂暗刻点；口上片上缘与眼上缘之间中轴线的中央有一大瘤；口上片中央有一小瘤，另有一横行瘤；表被细长而稀疏的刚毛。触角棒节卵圆形，节间缝二曲状。前胸背板长为宽的1.2倍，侧缘基部起背板的1/3处微拱；前半部相当粗糙，密布鳞状突起；后部光滑，有光泽。鞘翅长为宽的1.6倍，基部2/3直，近平行；斜面的第3、5、6对齿突出于圆盘轮廓之外；斜面在亚端缘的横向宽度为整个斜面宽的1/3；鞘翅第1刻点沟比其余刻点沟深凹；刻点小而深，沟间部为刻点沟两倍宽，光滑具色泽，有细刻点，前半部比后半部稀疏。斜面如其他近似种一样深陷；第1对齿小而尖，几乎与第2刻点沟正对；第2对齿与第3刻点沟位于同一线，大小适中，较尖，基部隆起延伸至近尖端处并与第3对齿基部相连；第3对齿最大，头帽状，顶部向腹面弯曲如编织用的钩针；第4对齿小而尖；第5对齿圆锥状，位于亚端缘侧隆起的尽处；第6对齿的基部与亚端缘近接；亚端缘短，宽度约为第3对齿间距离的1/3；斜面端部有凹面与少点八齿小蠹（*Ips perturbatus*）同；体被长细毛，斜面及侧面毛更多。

图70 美雕齿小蠹背面观、侧面观

寄主 松属（*Pinus* spp.）、加勒比松（*P. caribaea*）、中美洲松（*P. attenuata*）、短叶松（*P. echinata*）、湿地松（*P. elliottii*）、长叶松（P. *palustris*）、脂松（*P.*

resinosa)、西黄松(*P. ponderosa*)、刚松(*P. rigida*)、假球松(*P. pseudostrobus*)、欧洲赤松(*P. sylvestris*)、火炬松(*P. taeda*)、山松(*P. montezumae*)、北美短叶松(*P. banksiana*)、柔枝松(*P. flexilis*)、思茅松(*P. kesiya*)、古巴松(*P. occidentalis*)、卵果松(*P. oocarpa*)、刺松(*P. pungens*)、热带松(*P. tropicalis*)。

分布 菲律宾、古巴、巴哈马、多米尼加、伯利兹、萨尔瓦多、瓜地马拉、洪都拉斯、牙买加、尼加拉瓜、加拿大、墨西哥、美国。

96 欧洲落叶松八齿小蠹 *Ips cembrae*(Heer)

鉴定特征 体长4.0~6.0mm，成虫黑色；鞘翅的凹面覆盖有长毛；鞘翅斜面两侧各有四个齿突，第3个齿突最大，呈头状。

寄主 主要寄主为落叶松属植物，如落叶松(*Larix gmelinii*)、欧洲落叶松(*L. decidua*)、日本落叶松(*L. kaempfer*)等，次要寄主有云杉属(*Picea* spp.)、松属(*Pinus* spp.)等。

分布 中国、日本、韩国、奥地利、捷克、斯洛伐克、丹麦、法国、德国、英国、希腊、匈牙利、意大利、荷兰、挪威、波兰、苏格兰、瑞典、瑞士、俄罗斯。

97 重齿小蠹 *Ips duplicatus*(Sahlberg)

鉴定特征 体型小，体长2.8~4mm，圆柱形；体色深褐色，光亮并具毛。触角棒状；背板前端钝圆，齿状，具鳞片，后部具刻点；鞘翅光滑生有成排的凹刻，凹刻间有间隔；鞘翅斜面凹陷，两边都生有齿突；共4齿，第2、3齿合生；鞘翅斜面后端光滑发亮。

寄主 主要寄主为云杉属(*Picea* spp.)、挪威云杉(*P. excelsa*)、日本鱼鳞云杉(*P. jezoensis*)、红皮云杉(*P. koraiensis*)、新疆云杉(*P. obovata*)、松属(*Pinus* spp.)、赤松(*P. densiflora*)、欧洲赤松(*P. sylvestris*)、红松(*P. koraiensis*)。

图71 重齿小蠹头部、鞘翅斜面、背面观、侧面观

分布 中国、奥地利、白俄罗斯、捷克、爱沙尼亚、芬兰、法国、德国、匈牙利、挪威、拉脱维亚、立陶宛、荷兰、波兰、俄罗斯、斯洛伐克、斯洛文尼亚、瑞典、爱沙尼亚、日本、哈萨克斯坦、叙利亚、韩国、蒙古、朝鲜、土耳其、乌克兰。

㊽ 南部松齿小蠹 *Ips grandicollis*（Eichhoff）

鉴定特征 体长2.9～4.6mm，体长是体宽的2.7倍；体色深红棕色；额部宽阔隆起，表面有光泽，粗糙；口上片瘤缺失，复眼上方具有较大颗粒；前胸背板长是宽的1.26倍；在盘面上的刻点从中度良好至十分粗糙各不相同，在侧边区域十分粗糙。鞘翅长是宽的1.5倍；近顶端边缘较宽，齿状突起较少；第1刻点沟中度凹陷，其余轻微凹陷，刻点十分粗糙；深陷、紧密；沟间部宽约是刻点沟的1.5倍，光滑，有光泽，刻点细小至十分粗糙，通常在5～9沟间部延伸至鞘翅斜面基部，2～4各不相同但是几乎至少在倒数第4个总是存在的。鞘翅斜面第1齿在第2沟间部上；第3齿粗壮、圆钝，在顶端具有一个明显的向腹部的钩；第2、4、5齿在正常的位置；近顶端边缘较宽，侧面末端接近第5齿基部；前足胫节通常具有3齿。

寄主 主要寄主为松属（*Pinus* spp.），如北美短叶松（*P. banksiana*）、加勒比松（*P. caribaea*）、长叶松（*P. palustris*）、西黄松（*P. ponderosa*）、脂松（*P. resinosa*）、北美乔松（*P. strobus*）、欧洲赤松（*P. sylvestris*）、黑松（*P. thunbergiana*）、火炬松（*P. taeda*）、矮松（*P. virginiana*）等。

分布 巴哈马、古巴、多米尼加、牙买加、加拿大、萨尔瓦多、危地马拉、洪都拉斯、墨西哥、美国。

图72 南部松齿小蠹头部、背面观、侧面观

㊾ 诺斯齿小蠹 *Ips knausi* Swaine

鉴定特征 体长4.9～6.4mm，体长是体宽的2.7倍；深褐色至金黑色；额广泛凸起，在口上片上方有一个轻微凹陷；表面光亮，粗糙，从口上片至眼上方具有紧密的颗粒，向头顶颗粒逐渐被刻点所取代；口上片具有一行颗粒，中线上有一个主要

的瘤；表被良好，长，稀疏；前胸背板长是宽的1.1倍；外形大体与*I. perturbatus*一致；后面区域光滑而光亮，刻点十分大、紧密、深；鞘翅同*I. emarginatus*相似，但在沟间部有细小成列的刻点直至基部；有4对齿，第4齿较小。

寄主 西黄松（*Pinus ponderosa*）。

分布 美国。

图73 诺斯齿小蠹头部、鞘翅斜面、背面观、侧面观

⑩⓪ 白云杉齿小蠹 *Ips perturbatus*（Eichhoff）

鉴定特征 体长4.2～4.8mm；额凸均匀，刻点颗粒相间而生，在口上片缘和复眼上水平线之间的中部有2个颗粒或小瘤，水平排列；鞘翅斜面每侧具4个齿，其中第3齿较大，圆锥状，顶端尖。

寄主 白云杉（*Picea glauca*）、大叶松（*P. engelmannii*）、西加云杉（*P. sitchensis*）。

分布 加拿大、美国。

⑩① 美松齿小蠹 *Ips pini*（Say）

鉴定特征 雄虫体长3.3～4.3mm，体长是体宽的2.5倍；体色深红棕色至几乎全黑。额广泛凸起，在口上片上方横向凹陷；表面光亮，头顶具有光亮、不规则、十分粗糙、深陷、排列紧密的刻点，其中混杂有十分粗糙、圆的颗粒，并且向口上片逐渐被其取代，至少有1/3的颗粒在眼上缘上方；在眼上缘上方至口上片之间的中线上有一个中等大小的瘤；口上片边缘着生有一行十分粗糙的小瘤，中线上无主要的瘤；表被为稀疏的、良好的、长毛。触角棒缝中度双曲。前胸背板长是宽的1.1倍；大体上与*I. avulsus*相同，不同之处为盘面区域的刻点略小，靠近侧缘略大；鞘翅长是宽的1.7倍；大体与*I. perturbatus*相似，不同之处为第1刻点沟轻微凹陷，其他刻点沟不凹陷；沟间部光滑而有光泽，无刻点，通常在每个鞘翅边缘具有1或2个刻点；像*I. perturbatus*一样，侧缘有4个齿，不同之处为第3齿顶部轻微向腹部弯曲。

寄主 松属（*Pinus* spp.）、北美短叶松（*P. banksiana*）、扭叶松（*P. contorta*）、黑材松（*P. jeffreyi*）、西黄松（*P. ponderosa*）、脂松（*P. resinosa*）、北美乔松（*P. strobus*）、亚利桑那黄松（*P. arizonica*）、墨西哥山松（*P. cooperi*）、道格拉松（*P. durangensis*）、大叶松（*P. engelmannii*）、大果松（*P. coulteri*）、赤松（*P. sylvestris*）、柔枝松（*P. flexilis*）、美洲落叶松（*Larix laricina*）、恩氏云杉（*Picea engelmannii*）、白云杉（*P. glauca*）、红云杉（*P. rubens*）。

分布 加拿大、美国、墨西哥、挪威。

图74 美松齿小蠹头部、鞘翅斜面、背面观、侧面观

⑩② 加州松齿小蠹 *Ips plastographus*（LeConte）

鉴定特征 刚羽化后，体壁软，覆盖物为淡黄色，这些刚羽化成虫之后取食木质部，这些木质部被氧化并生长真菌菌丝。在成熟取食期间，1～2周内成虫体色变深。体色从红褐色到几乎黑色，体长3.8～4.5mm，体长为体宽的2.6倍。两性在鞘翅斜面两侧末端均生有5齿突。雄虫在前额有瘤状突起，而雌虫在头部相对位置平坦。然而，雌虫有在头顶条纹状区域，用于通过点头或摇头来摩擦胸腹面发声。从这些条纹反射的光可以被条纹衍射成彩虹状反光。雄虫头部平坦没有此构造。

寄主 松属（*Pinus* spp.）、扭叶松（*P. contorta*）、加州沼松（*P. muricata*）、辐射松（*P. radiata*）、西加云杉（*Picea sitchensis*）、黑材松（*P. jeffreyi*）、糖松（*P. lambertiana*）、加州山松（*P. monticola*）、中美洲松（*P. attenuata*）、大果松（*P. coulteri*）。

分布 加拿大、美国。

⑩③ 十二齿小蠹 *Ips sexdentatus*（Boerner）

鉴定特征 体长5.8～7.5mm；圆柱形；体色褐色至黑褐色，有强光泽；额面平隆，刻点突起成粒，下部细小稠密，上部粗大疏散，额顶上缘的刻点不突起；额面有一横向隆堤，突起在两眼之间的额面中心，堤基宽厚，堤顶狭窄光亮，呈一字形；横堤与口上片之间有中隆线与横堤连成“丁”字，有时中隆线中断，下陷成坑。鞘翅刻点沟微凹，沟中刻点圆大深陷，排列规则，大小一致；沟间部宽阔平坦，无点无毛，一片光亮。翅盘底深陷光亮，翅缝微弱突起，底面上散布着刻点，圆大稀少，集中在盘底翅缝边缘上，点心无毛；翅盘两侧各有6齿，前4齿等距排列，第5与第6齿略较疏散，各齿的形状略有差异：前3齿基阔顶尖，呈锥形，其中第1、3两齿略大，第2齿稍小；第4齿粗壮挺拔，形如镖枪端头，为6齿中最强大者，第5齿仍呈锥形，与第2齿相似，第6齿圆钝，稍小于第5齿，齿后鞘翅尾端水平延伸连成一块板面；两性翅盘完全相同。

寄主 华山松（*Pinus armandii*）、油松（*P. tabulaeformis*）、赤松（*P. sylvestris*）、黄山松（*P. taiwanensis*）、思茅松（*P. kesiya*）、红松（*P. koraiensis*）、欧洲黑松（*P. nigra*）、新疆五针松（*P.sibirica*）、油松（*P. tabuliformis*）、云南松（*P. yunnanensis*）、海岸松（*P. pinaster*）、意大利石松（*P. pinea*）、辐射松（*P. radiata*）、花旗松（*Pseudotsuga menziesii*）、高加索冷杉（*Acies nordmanniana*）、云杉（*Picea asperata*）、东方云杉（*P. orientalis*）。

分布 中国、奥地利、比利时、波黑、白俄罗斯、保加利亚、克罗地亚、捷克、斯洛伐克、丹麦、爱沙尼亚、芬兰、法国、德国、希腊、匈牙利、意大利、拉脱维亚、立陶宛、卢森堡、马其顿、荷兰、挪威、波兰、葡萄牙、罗马尼亚、俄罗斯、塞尔维亚、黑山、斯洛文尼亚、西班牙、瑞典、瑞士、乌克兰、英国、阿塞拜疆、日本、韩国、朝鲜、缅甸、泰国、土耳其、蒙古、哈萨克斯坦。

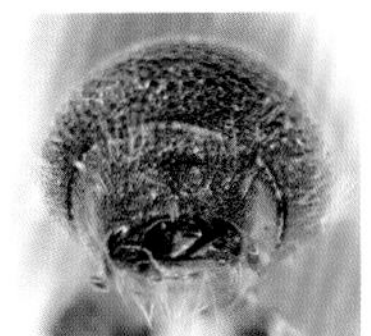

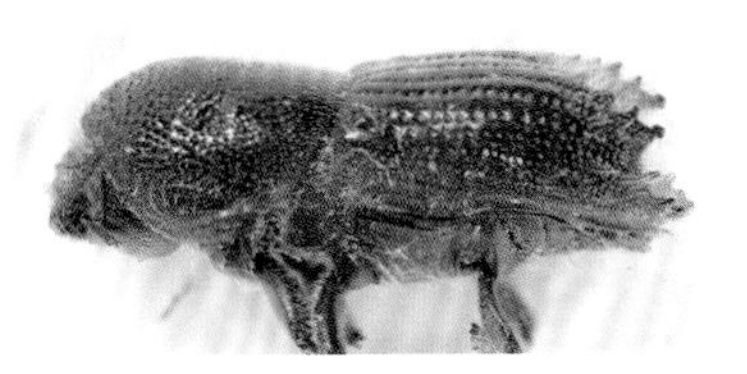

图75 十二齿小蠹头部、背面观、侧面观

⑩④ 落叶松八齿小蠹 *Ips subelongatus*（Motschulsky）

鉴定特征 体长4.4～6.0mm；黑褐色，有光泽；额面平而微隆，刻点突起成粒，圆小稠密，遍及额面的上下和两侧；额心没有大颗瘤。鞘翅刻点沟轻微凹陷，沟中刻点圆大清晰，紧密相连；沟间部宽阔，靠近翅缝的沟间部中刻点细小稀少，零落不成行列；靠近翅侧和翅尾的沟间部中刻点深大，散乱分布；鞘翅的鬃毛细长稠密，除鞘翅尾端和边缘外，在鞘翅前部的沟间部中也同样存在，只是略较稀疏；翅盘底面光亮；刻点浅大稠密，点心生细弱鬃毛，尤以盘面两侧更多；翅盘边缘上各有4齿，齿形与齿间的距离与光臀小蠹相似。

寄主 落叶松属（*Larix* spp.）、落叶松（*L. gmelinii*）、日本落叶松（*L. kaempferi*）、新疆落叶松（*L. sibirica*）、云杉属（*Picea* spp.）、冷杉属（*Abies* spp.）、松属（*Pinus* spp.）、红松（*P. koraiensis*）、新疆五针松（*P. sibirica*）、赤松（*P. sylvestris*）。

分布 中国、日本、蒙古、朝鲜、韩国、俄罗斯。

图76 落叶松八齿小蠹头部、背面观、侧面观

105 云杉八齿小蠹 *Ips typographus*（Linnaeus）

鉴定特征 体长4.0～5.0mm；圆柱形；体色红褐色至黑褐色，有光泽。额部平，散布粒状刻点，点粒均匀，突起而不粗糙，额心偏下有一大颗瘤，十分明显；额毛金黄色，细长挺立，由额下向上逐渐加长，稠密浓厚；鞘翅刻点沟凹陷，沟中的刻点圆大深陷，紧密相连，使翅面显露出清晰的条条纵沟来；沟间部宽阔微凸，在背中部沟间部中无点无毛，一片光亮；在翅侧边缘和鞘翅末端沟，间部中遍布刻点，分布混乱不成行列。鞘翅的鬃毛细弱舒长，分布在刻点稠密区。翅盘盘底晦暗无光，好像图有一层蜡膜；底面的刻点细小均散，点心光秃无毛；翅盘两侧边缘上各有4齿，4齿各自独立，没有共同的基部，第1齿尖小如锥，第2齿基宽顶尖，形如扁阔的三角，第3齿挺直树立，最为高大，形如镖枪端头，第4齿圆钝，在这4齿中以第1齿最小，以第1齿与第2齿间的距离为最大；两性翅盘相同。

寄主 欧洲地区主要寄主为欧洲云杉（*Picea abies*），亚洲主要寄主为东方云杉（*P. orientalis*）、日本鱼鳞云杉（*P. jezoensis*）。

分布 中国、阿尔及利亚、比利时、波黑、奥地利、保加利亚、白俄罗斯、克罗地亚、捷克、丹麦、爱沙尼亚、芬兰、法国、德国、英国、希腊、匈牙利、冰岛、爱尔兰、意大利、日本、哈萨克斯坦、拉脱维亚、列支敦士登、立陶宛、卢森堡、摩尔达维亚地区、蒙古、黑山、朝鲜、波兰、葡萄牙、罗马尼亚、俄罗斯、塞尔维亚、韩国、斯洛伐克、斯洛文尼亚、西班牙、瑞典、瑞士、土耳其、乌克兰、俄罗斯。

图77 云杉八齿小蠹头部、背面观、侧面观

（二十六）瘤小蠹属 *Orthotomicus* Ferrari，1867

属征 体长2.4～3.3mm，体长是体宽的2.5倍，圆柱形；复眼肾形；触角棒节侧面扁平，正面近圆形，共分3节，毛缝集中在上半部；触角索节5节；两性额部相同，中部隆起，下部横向凹陷；额面遍布刻点和鬃毛。前胸背板长大于宽，前半部为鳞状瘤区，后半部为刻点区，无隆起的背中线；背板的鬃毛鳞状瘤区长密，刻点区短小，有时光秃。鞘翅刻点沟不凹陷，沟中刻点圆大深陷，排成纵列；沟间部宽阔，刻点细小稀疏，各有1列，或者全无刻点；刻点中心或者光秃，或者生毛，在翅侧和盘缘前面鬃毛较长密；斜面翅盘陡立，鞘翅尾端不向后延伸；盘缘的齿雄性强大，雌性较弱，齿的数目和位置两性一致，盘面翅缝稍下陷，刻点散布在盘面上，不分行列，点心生短毛。根据盘缘上齿的大小可以鉴别雌雄。

目前该属世界上已知15种，主要分布亚洲、欧洲和非洲等地区。所有种类都食树皮。危害松属、云杉属、落叶松属在其分布范围内的所有种类。松瘤小蠹 *Orthotomicus erosus*为北美的一个入侵种。我国口岸（张家港）曾多次截获该属种类。

106 隐蔽瘤小蠹 *Orthotomicus caelatus*（Eichhoff）

鉴定特征 体长2.4～3.3mm；额阔凸，近唇基处横向微隆起，额面刻点与颗粒相间而生，至少眼上部的表面网纹状；鞘翅斜面翅盘两侧各具有3个齿，各齿独立，无共同的基部，第1齿着生于第2沟间部上，正常大小，端部尖，第2齿基部粗

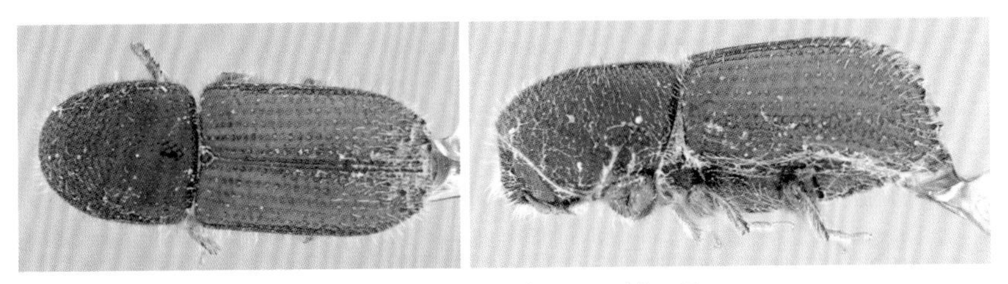

图78 隐蔽瘤小蠹背面观、侧面观

大、端部尖，着生于第3和第4沟间部上，第3齿大小同第1齿一样，着生于第6和第7沟间部之间。

寄主 松属（*Pinus* spp.）、云杉属（*Picea* spp.）、落叶松属（*Larix* spp.）。

分布 南非、加拿大、美国。

107 松瘤小蠹 *Orthotomicus erosus*（Wollaston）

鉴定特征 体长2.5～3.4mm；额部平隆，底面光亮，额面的刻点稀疏，大小不均，下部的刻点突起呈颗粒；雄虫鞘翅斜面翅盘两侧各具有4个齿，各齿独立，无共同的基部，第1齿与第2齿之间的距离大于或等于第2齿与第4齿之间的距离，第1、3、4齿均呈锥形，第2齿侧视基部阔、顶部尖，呈扁三角形；雌虫翅盘两侧各有3个齿，其中第2齿基部宽大，隆起低。

寄主 松属（*Pinus* spp.）、地中海松（*P. halepensis*）、海岸松（*P. pinaster*）、华山松（*P. armandii*）、西班牙冷杉（*Abies pinsapo*）、黎巴嫩雪松（*Cedrus libani*）、东方云杉（*Picea orientalis*）。

分布 中国、阿尔及利亚、埃及、利比亚、马德拉岛、摩洛哥、南非、突尼斯、伊朗、以色列、约旦、叙利亚、土耳其、斐济、保加利亚、英国、法国、希腊、意大利、波兰、西班牙、瑞士、前南斯拉夫、俄罗斯、马耳他、智利。

图79 松瘤小蠹背面观、侧面观

108 北方瘤小蠹 *Orthotomicus golovjankoi Pjatnitskii*

鉴定特征 体长2.7～3.3mm；额中部平隆，下部浅弱凹陷，额底面呈细网状；鞘翅斜面翅盘两侧各有3个齿，各齿独立，无共同的基部，齿盘两侧的齿稍向内移，第1对齿间的横向距离大于第1齿与第2齿之间的纵向距离，第3齿的位置偏上，在翅盘下部的1/3处，盘面凹陷较深，但不强烈。

寄主 日本鱼鳞云杉（*Picea jezoensis*）、挪威云杉（*P. excelsa*）、红皮云杉（*P. koraiensis*）、鱼鳞云杉（*P. microsperma*）、萨哈林云杉（*P. glehnii*）、赤松（*Pinus densiflora*）、红松（*P. koraiensis*）、黑松（*P. thunbergiana*）。

分布 中国、日本、俄罗斯。

109 边瘤小蠹 *Orthotomicus laricis*（Fabricius）

鉴定特征 体长3.3～3.5mm；额底面呈细网状，具中隆线，纵贯额面，中隆线上半部光亮突起，较明显，下半部常被刻点、颗粒遮盖，隐约不明；鞘翅斜面翅盘两侧各有3个齿，各齿独立，无共同的基部，齿盘两侧的齿位于外盘边缘上，第1对齿之间的横向距离等于第1齿与第2齿之间的纵向距离，第3齿的位置偏下，在翅盘下部的1/4处，盘面凹陷很深。

寄主 松属（*Pinus* spp.）、云杉属（*Picea* spp.）、欧洲落叶松（*Larix europaea*）。

分布 中国、阿尔及利亚、摩洛哥、日本、韩国、泰国、土耳其、奥地利、比利时、保加利亚、法国、捷克、斯洛伐克、丹麦、英国、芬兰、德国、希腊、匈牙利、爱尔兰、意大利、卢森堡、荷兰、挪威、波兰、葡萄牙、罗马尼亚、西班牙、瑞典、瑞士、俄罗斯、前南斯拉夫、爱沙尼亚、拉脱维亚、智利、阿根廷。

110 偏齿瘤小蠹 *Orthotomicus latidens*（LeConte）

鉴定特征 体长2.3～3.6mm，体长为体宽的2.7倍；体色深红褐色；额扁平，微微凹陷，有光泽，稀生鬃毛，生有稀疏的颗粒，在眼的上方颗粒和刻点婚生；口上片边缘微突且密生长鬃毛。触角棒节扁平，其上节间缝平直或呈不明显的波状。前胸背板长为宽的1.2倍，边缘后1/2平直，前端半圆形；前半部鳞状瘤区较粗糙，后半部刻点区光亮，刻点较密，且深；前胸背板表被较长的刚毛。鞘翅长为宽的1.5倍，表面光亮；鞘翅前3/4两侧缘平直且平行；第1刻点沟较深，沟中刻点明显大于沟间刻点，刻点整齐排成列，刻点沟宽度与沟间宽度大致相等，沟间部生有刚毛。翅盘开始于鞘翅后部的3/4处，斜面陡；侧缘具3个齿，第1齿尖锐，位于第2刻点沟；第2齿比第1齿稍大，圆锥形；第3齿最大，细长，弯曲且尖；亚端缘较长，从翅缝处延伸至第3齿基部，形成近1/3个圆弧。

寄主 美国白皮松（*Pinus albicaulis*）、扭叶松（*P. contorta*）、大果松（*P. coulteri*）、可食松（*P. edulis*）、柔枝松（*P. flexilis*）、黑材松（*P. jeffreyi*）、糖松（*P. lambertiana*）、加州山松（*P. monticola*）、西黄松（*P. ponderosa*）、北美乔松（*P. strobus*）、美洲落叶松（*Larix laricina*）。

分布 加拿大、美国、墨西哥。

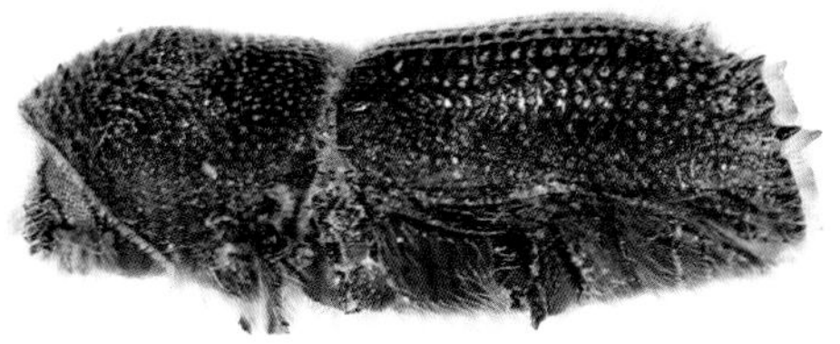

图80 偏齿瘤小蠹背面观、侧面观

111 中重瘤小蠹 *Orthotomicus mannsfeldi*（Wachtl）

鉴定特征 体长3.4～3.8mm；圆柱形；体色黄褐色至黑褐色，有光泽。眼肾形，前缘中部有弧形凹陷。额部两性相同，额面平隆，底面光亮，额面的刻点下方较细密，突起成粒，上方较疏散，有平滑的中隆线，额心没有较大的颗瘤；鬃毛黄色，细长，疏密适中。前胸背板长宽相等，轮廓呈盾形，瘤区占背板长度的

3/5，刻点区占2/5，瘤区中的颗瘤形似鳞片，扁平清晰，大小相间，错落有致；瘤区的鬃毛疏密适中，前长后短，遍布于颗瘤之间。刻点区范围较短，底面平滑光亮，刻点圆大深陷，背中部较疏少，两侧稠密；全部刻点区光秃无毛。鞘翅长度为前胸背板长度的1.6倍，也为两翅合宽的1.6倍。刻点沟不凹陷，由1列圆大深陷的刻点组成，排成规则的纵列，点心光秃无毛；沟间部宽阔，背中部的沟间部中无点无毛，翅侧边缘的沟间部中游客点，其大小与沟中刻点相等，分布散乱；鞘翅的鬃毛仅发生在翅盘前缘、鞘翅后部和翅侧边缘上，鬃毛细长竖立，稀疏散布。翅盘宽阔凹陷，翅缝微突，纵贯盘底；翅盘底面上遍布圆大深陷的刻点，尤以翅缝两侧稠密；盘缘两侧各有4齿，其中第2齿与第3齿着生在一共同的基部上，它们与第1、4两齿的距离相等，可用1-2、3-4符号来表示齿间的疏密；两性翅盘形态相同。

寄主 高山松（*Pinus densata*）、奥地利松（*P. nigricans*）、云南松（*P. yunnanensis*）、欧洲赤松（*P. sylvestris*）、云杉（*Picea asperata*）、川西云杉（*P. balfouriana*）。

分布 中国、土耳其、奥地利、保加利亚、法国、匈牙利、波兰、西班牙、前南斯拉夫。

112 小瘤小蠹 *Orthotomicus starki* Spessivtseff

鉴定特征 体长2.0～2.5mm；额面平隆，底面平滑光亮，有小段中隆线，额面刻点不突起，大小、疏密不匀；鞘翅斜面翅盘两侧各有3个齿，第1齿和第2齿着生于共同的基部，第2和第3齿之间的距离约为第1和第2齿之间距离的2倍。

寄主 卵果鱼鳞云杉（*Picea ajanensis*）、云杉（*P. asperata*）、挪威云杉（*P. excelsa*）、红皮云杉（*P. koraiensis*）、丽江云杉（*P. likiangensis*）、新疆云杉（*P. obovata*）、岷江冷杉（*Abies faxoniana*）、高山松（*Pinus densata*）。

分布 中国、芬兰、波兰、俄罗斯。

113 近瘤小蠹 *Orthotomicus suturalis*（Gyllenhal）

鉴定特征 体长2.4～3.3mm；额底面平滑、光亮，刻点在中部隆起处交粗大稀疏，有时突起成颗粒，有时下陷为刻点，点粒不定；鞘翅斜面翅盘两侧各有3个齿，各齿独立，无共同的基部，齿盘两侧的齿内移，成对的齿相距较近，即第1对齿间的横向距离大于第1与第2齿之间的纵向距离，第3齿位于翅盘下部1/3至1/4处。

图81　近瘤小蠹背面观、侧面观

寄主 松属（*Pinus* spp.）、赤松（*P. densiflora*）、云杉属（*Picea* spp.）、落叶松属（*Larix* spp.）、冷杉属（*Abies* spp.）。

分布 中国、日本、韩国、土耳其、奥地利、保加利亚、捷克、斯洛伐克、丹麦、英国、芬兰、法国、德国、希腊、匈牙利、意大利、荷兰、挪威、波兰、葡萄牙、罗马尼亚、西班牙、瑞典、瑞士、俄罗斯、前南斯拉夫、爱沙尼亚、拉脱维亚。

（二十七）星坑小蠹属 *Pityogenes* Bedel，1888

属征 体长1.8～3.7mm，体长是体宽的2.5～2.7倍，圆柱形。眼肾形，眼前缘无凹刻。触角棒节扁平，索节5节。雄虫额部平隆，底面光亮，有粗糙的刻点和疏散的额毛；雌虫额部有陷坑，位于额面中部或额顶，部分种类没有陷坑；额面的刻点细小稠密，额毛在陷坑下部短细稠密，聚集成丛。前胸背板长稍大于宽，背板后缘横直，没有缘边。背板前半部为鳞状瘤区，后半部为刻点区，刻点区中有平滑无点的背中线。鞘翅表面平坦，刻点沟由1列刻点组成，点心生短毛；沟间部平滑。鞘翅斜面翅缝下陷，成为一条纵沟，直达尾端，沟缘外侧有3对尖齿；雌虫纵沟狭窄平浅，3对齿平钝细小；在斜面大齿附近有少数竖立长毛。

目前该属世界上已知24种，主要分布于北美洲、欧洲、亚洲、非洲。所有种类都是食树皮，危害松属的植物。我国口岸曾多次截获该属种类。

114 二齿星坑小蠹 *Pityogenes bidentatus*（Herbst）

鉴定特征 体长2.0～3.0mm，体型较小；雌虫额无大的触角窝凹陷；雄虫的鞘翅斜面光亮，具有2个齿，上部靠近缝处具有1对小的明显的齿和沿背侧缘具1对较大的钩状齿；雌虫斜面无明显成对的齿。

寄主 云杉属（*Picea* spp.）、冷杉属（*Abies* spp.）、松属（*Pinus* spp.）、波士尼亚松（*P. heldreichii*）、欧洲黑松（*P. nigra*）、花旗松（*Pseudotsuga menziesii*）。

分布 以色列、土耳其、奥地利、比利时、保加利亚、法国、捷克、斯洛伐克、丹麦、英国、芬兰、德国、希腊、匈牙利、意大利、卢森堡、荷兰、挪威、波兰、罗马尼亚、苏格兰、西班牙、瑞典、瑞士、前南斯拉夫、俄罗斯、爱沙尼亚、拉脱维亚、美国、马达加斯加。

115 中穴星坑小蠹 *Pityogenes chalcographus*（Linnaeus）

鉴定特征 体长1.4～2.3mm；雌虫额中部有一扁椭圆形的凹陷，凹陷下方

图82 中穴星坑小蠹背面观、侧面观

的额部微突，底面颜色黄褐，呈天鹅绒状，雄虫的额具有中瘤；雄虫鞘翅斜面的凹沟开始于鞘翅中部以后，直达翅端，凹沟外侧各具有3个尖齿，第2齿位于第1、3齿的正中，或稍偏第3齿。

寄主　松属（*Pinus* spp.）、赤松（*P. densiflora*）、云杉属（*Picea* spp.）、日本鱼鳞云杉（*P. jezoensis*）、冷杉属（*Abies* spp.）、落叶松属（*Larix* spp.）。

分布　中国、日本、韩国、土耳其、奥地利、比利时、丹麦、英国、芬兰、法国、德国、希腊、匈牙利、挪威、波兰、瑞典、瑞士、前南斯拉夫、俄罗斯、爱沙尼亚、拉脱维亚、西班牙、牙买加。

116 窃星坑小蠹 *Pityogenes plagiatus*（LeConte）

鉴定特征　体长1.9～2.5mm，体长为体宽的2.5倍；雌虫额触角窝小，不能延伸至眼上部，被中脊分离；前胸背板前缘阔圆形，后部有光泽，刻点精细；雄虫鞘翅斜面腹侧缘圆钝；斜面具有2个齿，第2沟间部着生1对细长的、钩状、似角的齿，第2齿着生于第2沟间部的腹侧缘，大小适中，尖齿状。

寄主　北美短叶松（*Pinus banksiana*）、短叶松（*P. echinata*）、脂松（*P. resinosa*）、矮松（*P. virginiana*）。

分布　加拿大、美国。

117 欧洲星坑小蠹 *Pityogenes quadridens*（Hartig）

鉴定特征　体长1.6～2.4mm；体色黑色至棕色，鞘翅红棕色，触角和足浅棕色；雌虫额不凹陷，额具有长的、淡黄色（金色）的鬃毛；雄虫的鞘翅斜面圆形，雄虫鞘翅斜面具有瘤和2个背齿，第1齿紧连鞘翅缝，个体较小，与第2齿的距离短；鞘翅斜面缘上的圆锥状瘤粗，约为齿长的一半。

寄主　松属（*Pinus* spp.）、冷杉属（*Abies* spp.）、云杉属（*Picea* spp.）。

分布　土耳其、奥地利、比利时、保加利亚、捷克、斯洛伐克、丹麦、英国、芬兰、法国、德国、希腊、匈牙利、意大利、波兰、苏格兰、西班牙、瑞典、瑞士、俄罗斯、前南斯拉夫、爱沙尼亚、拉脱维亚。

118 上穴星坑小蠹 *Pityogenes saalasi* Eggers

鉴定特征　体型较小，体长2.0～2.7mm；雌虫额顶部具有一正圆形深刻陷坑；体表点毛较多；鞘翅斜面凹沟开始于翅长的后2/5处，凹沟较宽，凹沟底面呈细网状；沟缘的齿基阔顶尖，形状如锥，向上方直立，斜面3对齿中第2齿较靠近第1齿，其顶端呈锥状。

寄主　云杉（*Picea asperata*）、川西云杉（*P. balfouriana*）、挪威云杉（*P. excelsa*）、新疆云杉（*P. obovata*）、雪岭杉（*P. schrenkiana*）。

分布　中国、蒙古、芬兰、挪威、波兰、瑞典、俄罗斯。

（二十八）假齿小蠹属 *Pseudips* Cognato，2000

属征　额阔凸；口上片中部凹缘具有齿及较大的中瘤；眼微凹；触角与齿小蠹

属相似，但是触角棒的缝明显向前弯曲，触角棒第一缝达触角棒中部；前胸背板的长与宽相同，基部最宽，两侧稍呈拱形，前面阔圆，后缘正常拱形；前胸背板背盘前部具有颗粒后部具有刻点；鞘翅长是宽的1.3～1.5倍；鞘翅两侧近于平行；刻点沟不凹陷；刻点沟上刻点和沟间部刻点大小相似，近斜面和侧缘处的刻点排列混乱；鞘翅斜面较齿小蠹属的陡，端缘弱的凹盘，侧缘具有3对齿，第1对齿较小，位于第2刻点沟上，第2齿大于第1齿，位于第3刻点沟上，第3齿最大，圆筒形，近头状。

假齿小蠹属世界已知有3种，中国仅有1种分布。

119 锡特加云杉齿小蠹 *Pseudips concinnus*（Mannerheim）

鉴定特征 体长3.6～4.5mm；额凸，颗瘤中等精细，在口上片缘上方有1精细的脊或中瘤；触角棒椭圆形，缝明显呈细长弓形；前胸背板后半部密集细小的刻点，每个刻点直径为0.03mm或小；每个刻点后缘升起使表面变得粗糙；鞘翅沟间部生有刻点和刚毛；斜面陡，侧缘具有3个齿，最低处的齿较长，端部锤形至近尖形，中央齿约为上部齿的2倍。

寄主 花旗松（*Pseudotsuga menziesii*）、西加云杉（*Picea sitchensis*）。

分布 加拿大、美国。

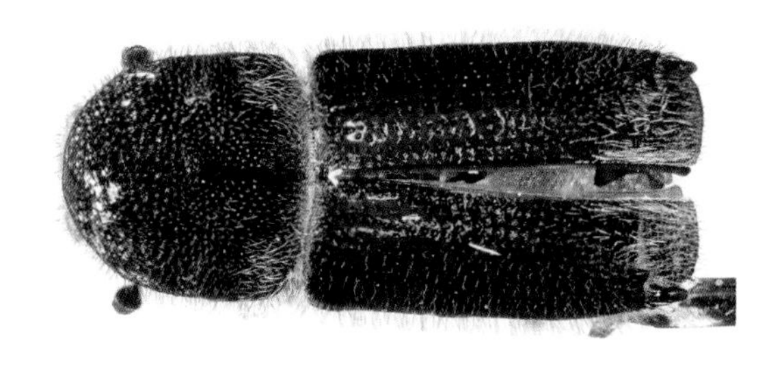

图83 锡特加云杉齿小蠹背面观、侧面观

120 墨西哥假齿小蠹 *Pseudips mexicanus*（Hopkins）

鉴定特征 体长4.3～4.9mm；额与雅假齿小蠹（*Pseudips concinnus*）相似，除了口上片突着生的瘤更加粗糙，而且中央凹陷更深。前胸背板与后者相比，后面区域的刻点明显更大，不如雅假齿小蠹稠密，那些在顶点后面的不呈颗粒状；表被分布稍欠丰富。鞘翅与雅假齿小蠹相比平均刻点略大。

寄主 松属（*Pinus* spp.）、美国白皮松（*Pinus albicaulis*）、墨西哥白松（*P. ayacahuite*）、墨西哥石松（*P. cembroides*）、扭叶松（*P. contorta*）、中美洲松（*P. attenuata*）、墨西哥山松（*P. cooperi*）、道格拉松（*P. durangensis*）、灰叶山松（*P. hartwegii*）、黑材松（*P. jeffreyi*）、糖松（*P. lambertiana*）、光叶松（*P. leiophylla*）、山松（*P. montezumae*）、加州沼松（*P. muricata*）、卵果松（*P. oocarpa*）、假球松（*P. pseudostrobus*）、辐射松（*P. radiata*）、卷叶松（*P. teocote*）。

分布 加拿大、美国、墨西哥。

学名索引

中国检验检疫科学研究院基本科研业务费项目
(2018JK007)资助

口岸截获外来小蠹彩色图鉴

张俊华　主编

图书在版编目(CIP)数据

口岸截获外来小蠹彩色图鉴：全2册 / 张俊华主编 . -- 北京：中国林业出版社，2020.6
ISBN 978-7-5219-0386-7

Ⅰ . ①口…　Ⅱ . ①张…　Ⅲ . ①小蠹科—昆虫—鉴定—图解　Ⅳ . ① Q969.514.1-64

中国版本图书馆 CIP 数据核字（2019）第 277067 号

编写人员

主　编

张俊华

参加编写人员

（按姓氏拼音为序）

陈　克　陈乃中　陆　军　吕　飞　綦虎山　宋光远

王　倩　尤　波　于艳雪　张　箭　郑　超　朱雅君

目录

C O N T E N T S

第二章

分类鉴定

四、光小蠹族 Corthylini LeConte, 1876

族征 鞘翅向腹面延伸覆盖住大部分的后胸前侧片，后胸前侧片接收鞘翅侧缘的凹槽退化，仅在后胸前侧片的前末端具有小的横向的凹槽；触角棒非常扁平，具有缝；胫节非常细长，在侧缘通常具有数量减少的齿；主要依据寄主习性和解剖学不同将该族分为两个亚族，细小蠹亚族（Pityophthorina）种类个体较小，危害习性为直接危害寄主植物组织，为韧皮部小蠹、食髓小蠹或种食性小蠹，无真正的食材小蠹种类；光小蠹亚族（Corthylina）大多种类钻蛀寄主植物的木质部组织，携带共生菌进入坑道，主要依靠取食携带的共生菌补充营养。

该族世界已知2个亚族32属1230余种，该族在六大区域均有分布，非洲区50种、东洋区8种、澳洲区2种、古北区30种、新热带区863种、新北区258种。其中*Corthylites* Bright and Poinar和*Paleophthorus* Bright and Poinar属分别仅有1种，为琥珀化石；我国口岸主要截获到光小蠹亚族的杉小蠹属和芳小蠹属种类、细小蠹亚族的细小蠹属种类。

光小蠹族分属检索表

1 触角索节5节，触角棒通常小，对称；前胸腹板基间片非常尖；鞘翅鬃毛通常丰富，成列排列，鞘翅斜面大多凸至双凹沟，体刺缺失或保守；韧皮部小蠹、食菌小蠹或种食性小蠹（细小蠹亚族）……2

触角索节1～5节，触角棒通常较大，不对称；前胸腹板基间片缺失（在*Gnathotrichus*和*Ganthotrupes*中钝）；鞘翅的鬃毛通常非常少或缺失，排列混乱；鞘翅斜面凸至平截至深深内凹，通常具有似刺状的突；木质部食菌小蠹；（光小蠹亚族）……17

2 前胸背板的基缘和侧缘圆，缺少微隆起的缘线；鞘翅具非常粗糙的刻点，或非常微小的刻点，鞘翅斜面不陡峭，北美的一些属通常鞘翅下半部近垂直和稍微扁平，几乎没有双凹沟；端部的毛被丰富……3

前胸背板的基缘和侧缘具微隆起的缘线；鞘翅斜面通常逐渐凸至双凹沟，通常具有颗瘤或小的齿瘤……6

3 触角棒的微毛至基部，无缝，触角索节5节；雌虫的额具有一簇长毛，雄虫通常在眼的上部具有中瘤或纵脊；鞘翅的斜面具保守刻纹，通常凸……***Mimiocurus***

触角棒具有明显的缝；北美的属……4

4 触角索节3或4节，触角棒至少具有1条向后弯曲的缝，无隔膜的；鞘翅被似毛状鬃；雌虫唇基无内凹，下颚须无突起的刺；如果存在，在眼的上部具有非常明显的纵脊 ………………………………………………………… ***Dendroterus***

触角索节5节；第2性征不同 ……………………………………………………………… 5

5 触角棒具有无隔膜的缝，明显向前弯曲；沟间部的鬃似鳞片；雄虫在眼的上部具有非常明显的纵脊，雌虫的唇基深深内凹至具有1对下颚须刺 …… ***Styphlosoma***

触角棒的缝直或向后弯曲；雌虫唇基完整，雄虫额无横向脊；下颚须刺缺失；鞘翅斜面凸，沟间部无瘤或刺；雌虫额浅浅凹陷，具有1簇毛，在眼上1/4处的中部具有尖的横向脊，在触角窝的两侧具有1对粗糙的瘤 ……………… ***Phloeoterus***

6 触角棒具正常至非常明显向前弯曲的缝，仅缝1具有隔膜，或所有外部缝退化，缝1中等一半至少1侧具有明显向前弯曲的隔膜 ………………………… ***Araptus***

触角棒缝1和缝2具非常明显的1列直的至正常向前弯曲的鬃和凹沟，如果向前弯曲，2条缝至少部分隔膜 …………………………………………………………… 7

7 前胸背板的侧缘圆，缺少微隆起的缘线 ………………………………………… 8

前胸背板的侧缘具微隆起的缘线 …………………………………………………… 12

8 触角棒缝1和缝2无隔膜，具有明显的凹沟和成列鬃；前胸背板的颗瘤自侧缘延伸至基部，个体较大 ………………………………………………… ***Conophthorus***

触角棒缝1和缝2部分至完全隔膜，如果无隔膜，触角棒非常光秃或个体非常小；前胸背板的颗瘤不延伸至基缘；个体非常小 ……………………………… 9

9 触角棒非常大，至少为索节的2.5倍 …………………………………………… 10

触角棒相对小，不到索节的1.5倍 ………………………………………………… 11

10 身体粗壮，体长为宽的2.5～2.8倍，鞘翅斜面凸；雌虫前胸背板的前侧缘区具有1对大的、椭圆形的浓密柔毛区；触角棒具2条缝 ……………… ***Pityoborus***

身体非常细长，体长为宽的3.7～3.8倍；鞘翅的斜面明显凹陷；雌虫的前胸背板无特殊的柔毛区；触角棒具有3条缝 ……………………………… ***Dacnophthorus***

11 雌虫的前咽片非常大，具有非常密的明显成簇的长毛，雄虫的前咽片仅稍微大，通常无成簇的毛 …………………………………………………… ***Pityotrichus***

雌虫的口区非常宽，通常下唇须非常大；前咽片正常大小 ………… ***Gnatholeptus***

12 前胸背板在前面1/4处倾斜，颗粒小、数量大、逐渐向基部扩散；头通常宽，两性的下唇须都非常大而粗壮；眼大，粗糙的复眼，在1/3处深深内凹 ……………………………………………………………………………… ***Pityodendron***

前胸背板在前面明显倾斜，前胸背板通常自峰后无颗瘤；头和下唇须正常 …13

13 前胸背板自峰后无横向的凹陷，颗瘤区逐渐过渡至光滑区域，颗瘤排列混乱；沟间部的鬃通常粗壮似鳞片……14

前胸背板自峰后具横向的凹陷，颗瘤呈同心圆排列，沟间部的鬃似毛状……16

14 前胸背板的前缘无齿瘤；斜面非常阔的内凹（同身体一样宽），侧峰明显的隆起具有齿列，但在缝端部前急剧结束……***Sauroptilius***

前胸背板的前缘具列齿或连续的缘；斜面凸或正常的凹槽，凹陷区宽度很少等于或超过身体宽度的一半……15

15 刻点沟刻点非常粗糙，大多成列排列，斜面正常至明显凹陷，侧缘无颗瘤；额无刻纹；唇基缘具小的前上颚叶……***Phloeoterus***

刻点沟刻点非常小，排列混乱；斜面不陡峭，凸至浅的凹陷，侧缘无颗瘤；雄虫额具刻纹……***Spermophthorus***

16 触角棒缝正常向前弯曲，第1棒节比第2或第3棒节短；鞘翅刻点非常小，通常排列混乱，短的毛被丰富，似鳞片；刻点沟通常退化……***Pseudopityophthorus***

触角棒缝直或正常向前弯曲，第1棒节与第2棒节等长；毛被较少，不似鳞片；刻点沟刻点成列排列，不混乱，非常粗糙……***Pityophthorus***

17 触角索节5节，触角棒对称，具有2或3条明显的缝；前足胫节最宽处位于端部，后缘面通常扁平无颗粒……18

触角索节1～4节，触角棒不对称，非常大，缝通常退化或缺失；胫节多变……19

18 触角棒的缝直或正常向前弯曲，第1棒节不明显退化（减小）；鞘翅斜面凸至窄的非常浅的凹沟，近端缘急剧隆起，缝端完整，后面非常窄的圆形……***Gnathotrichus***

触角棒的缝正常至非常明显的向前弯曲，第1棒节明显小；鞘翅斜面正常至明显扁平；鞘翅端部至少微弱的叉开，后面非常阔圆至浅内凹，近端部无亚端缘线……***Gnathotrupes***

19 触角索节2～4节，触角棒具有2条明显的缝；鞘翅端分叉，正常延伸，斜面通常精巧的凹陷具有刺齿；前足胫节细长，后缘面膨大具颗瘤；体型通常细长……20

触角索节1节，触角棒具有1、2条缝或无缝；鞘翅端部完整，斜面凸至非常微弱的凹陷，不延伸；前足胫节多变，体型相对粗壮……25

20 前足基节相连，愈合的基节窝前缘和基前片横向直；雌雄虫的前足胫节相似，具有纵缘向的成列齿瘤，后缘面无或具纵向成列的齿瘤（4个）；雌虫触角棒的

后缘面具有长的稀疏的毛或无；触角索节通常3节，极少2节；额具有明显的瘤区 ······ 21

前胸基前片正常大，后面有棱角；雄虫前足胫节具粗糙的缘列齿，后缘面具同样的粗糙列齿，雌虫前足胫节后缘正常膨大，具有大量排列混乱的小瘤和粗糙的缘列齿；雌虫触角棒后缘面具大量长毛；额区无明显的瘤区 ······ 22

21 鞘翅后面阔圆，斜面的后缘微弱的扩展或分叉；斜面的额侧缘具有3对刺齿；触角棒椭圆形或近三角形；前胸背板通常粗壮，前缘通常具齿列；触角索节3节 ······ ***Tricolus***

鞘翅斜面的后缘非常明显或深深扩展，微弱至深深分叉；斜面上的齿瘤多变，非常明显；触角棒椭圆形至长椭圆形；前胸背板通常延长，前缘的刻纹多变，但无齿列；触角索节3节，极少数2节 ······ ***Amphicranus***

22 触角索节4节；额具有中脊；前胸背板具雌雄二型现象，雌虫前胸背板的前坡十分倾斜，具有大量颗瘤，前侧角具成簇的毛，雄虫额前胸背板的前坡缓，颗瘤的大小和数量逐渐减少，前缘具有明显的连续的缘脊；鞘翅斜面自中部分叉，端部前平截 ······ ***Gnatharus***

触角索节2或3节；前胸背板和鞘翅非常不同 ······ 23

23 鞘翅端部分叉，通常扩展；触角棒椭圆形至阔三角形；前胸背板的侧缘通常具微弱的隆线；体型正常至非常细长 ······ ***Monarthrum***

鞘翅端部完整，无扩展；前胸背板的侧缘圆；触角棒长是宽的2倍，端部窄圆；体型相对粗壮 ······ 24

24 触角索节3节；雌虫的额凹陷具有长毛；触角棒无雌雄二型现象，长而稍稍不对称；前胸背板和鞘翅背盘光秃 ······ ***Glochinocerus***

触角索节2节；雌雄虫的额凸近光秃；雌虫触角棒不对称非常长，雄虫长椭圆形；前胸背板和鞘翅具小而密的微毛 ······ ***Metacorthylus***

25 前胸背板的侧缘圆；鞘翅背盘通常无刻点，斜面短，非常陡峭，基部1/3处具窄的凹沟，向下呈三角形的凹陷，近端部边缘缓缓下降；触角棒近圆形，对称，具有2条隔膜缝；雌虫的额凸，微毛不明显 ······ ***Microcorthylus***

前胸背板侧缘具隆起的线，鞘翅背盘通常具清晰的、排列混乱的刻点，斜面凸、平截或多变；雌虫的额通常正常至明显凹，通常具毛；触角棒对称至非常不对称，缝缺失或存在 ······ 26

26 触角棒无隔膜，无缝，非常长；前胸背板的侧缘具或无隆起线；前足胫节后缘

面膨大具瘤；雌虫的额阔，凹陷具有小毛……………………………… *Corthyloxiphus*

触角棒具1或2条缝，缝外圈呈近圆形至非常不对称（如果缝缺失，前足胫节后缘面膨大，光滑）；雌虫额多变 ……………………………………………………………27

27 鞘翅端具非常明显钝的分叉；雌虫触角棒第1条缝具隔膜，向端半部变尖至非常尖锐的端部，触角棒的后缘面无成簇的长毛；雌虫前足胫节膨大，后缘面具有颗瘤 …………………………………………………………………………… *Brachyspartus*

鞘翅端部完整；雌虫的触角棒不逐渐变尖或端部尖锐………………………………28

28 鞘翅斜面具窄的微弱的凹沟，侧缘具有2或3对尖瘤；触角柄节长，棒状；雌虫的额具多变的凹陷，具有1对中脊；触角棒对称，阔椭圆形，具有2条缝；雌虫前足胫节膨大，后缘面具颗瘤 ……………………………………………… *Corthylocurus*

鞘翅斜面凸，平截状凹陷，或多变凹陷（但从不是浅浅的凹沟）；触角柄节近四边形，粗壮；雌虫额无成对的中纵脊；触角棒稍微至明显不对称，前足胫节的后缘面光滑或具瘤 ………………………………………………………………… *Corthylus*

（二十九）云杉小蠹属 *Gnathotrichus* Eichhoff，1869

属征 体长2.0～3.7mm，体长是体宽的2.9～3.3倍；体色浅褐色到黑色；前额中突，刻纹无变化，性二型有或无；复眼卵形，有浅凹；触角柄节延长，索节5节，棒节对称，具有稀疏的软毛；毛缝下陷，有几丁质嵌隔，呈弓形；前胸背板长，前半部稍显粗糙，前缘隆起有锯齿，后半部有细小的刻纹；小盾片大而扁平；鞘翅细长，刻点沟具刻点或无；斜面凸，正常陡峭，有沟槽；刻纹末端完整，末端边缘隆起明显；前足胫节末端有侧缘，侧缘通常有1列锯齿。

目前该属世界上已知17种，原始分布区及物种数依次是：新热带区2种，新北区14种。主要分布北美洲、中美洲和欧洲。

所有种类都蛀食木质部，危害松科和栎属的植物，很少有其他寄主。此属的 *G. materiarius*（Fitch）已传入瑞典，*G. sulcatus*（LeConte）和*G. retusus*（LeConte）于1996年由北美传入芬兰，之后造成了严重的危害。我国口岸曾多次截获该属的3个种类。

口岸截获云杉小蠹属昆虫的分种检索表

1 额面粗糙明显，无刻点；前足胫节具2个亚缘齿；前外咽（亚颏）不长 ………………………………………………………………………………………… *G. sulcatus*

额两侧有刻点，粗糙不明显；前足胫节具3个亚缘齿；前外咽伸长 ………………… 2

2 体长小于3.4mm；斜面有微凹槽，第3沟间部弱凹陷 ……………………… *G. materiarius*

体长大于3.5mm；斜面槽深，第3沟间部明显凹陷 ……………………………… *G. retusus*

121 缝锤云杉小蠹 *Gnathotrichus materiarius*（Fitch）

鉴定特征 体长1.7～3.1mm，体长为体宽的3.1倍；体色黑褐色；额凸，上半部有一微弱的横形凹陷；触角棒缝弱弓状；鞘翅刻点沟不凹陷，刻点规则，细微清晰；沟间部略具光泽，有不规则及晦暗的凹纹；斜面凸，表面有光泽，刻点沟不明显，第3沟间部之间有明显凹槽，第3沟间部有2或3粒圆颗瘤；鞘翅除斜面和边缘外光洁无毛。

雄虫与雌虫近似，触角无长毛，斜面中缝稍浅，第3沟间部的颗粒较小。

寄主 松属（*Pinus* spp.）、沙松（*P. clausa*）、短叶松（*P. echinata*）、湿地松（*P. elliottii*）、西黄松（*P. ponderosa*）、脂松（*P. resinosa*）、刚松（*P. rigida*）、北美乔松（*P. strobus*）、火炬松（*P. taeda*）、云杉属（*Picea* spp.）、黑云杉（*Picea mariana*）、落叶松属（*Larix* spp.）、冷杉属（*Abies* spp.）、铁杉属（*Tsuga* spp.）。

分布 法国、德国、荷兰、比利时、捷克、加拿大、美国、多米尼加。

122 钝贵云杉小蠹 *Gnathotrichus retusus*（LeConte）

鉴定特征 体长3.3～3.7mm，体长为体宽的3.1倍；体色黑褐色；额宽阔突起，表面稍有光泽，平滑，刻点多且小；触角棒缝近直，仅在中央少部分弓曲；鞘翅刻点沟不凹陷，刻点规则成列，细微清晰；沟间部平滑，有光泽，其宽度至少为刻点沟宽度的4倍，无刻点；斜面陡峭，有深的凹槽，凹槽上生有1排小而尖的颗瘤；表被稀疏的长毛。

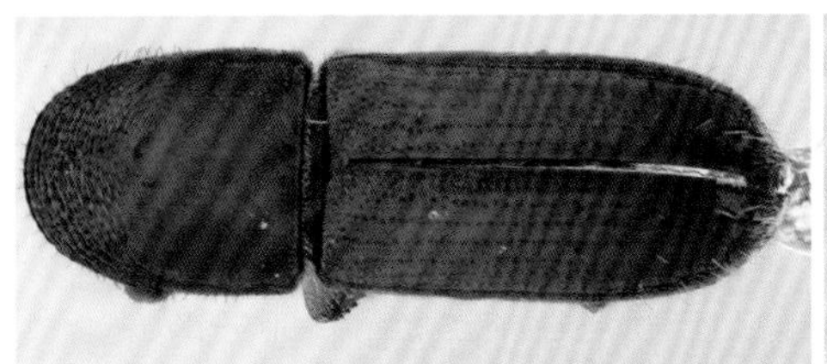

图84 钝贵云杉小蠹背面观、侧面观

寄主 桤木属（*Alnus* spp.）、云杉属（*Picea* spp.）、松属（*Pinus* spp.）、杨属（*Populus* spp.）、花旗松（*Pseudotsuga menziesii*）、白冷杉（*Abies concolor*）、红冷杉（*A. magnifica*）、异叶铁杉（*Tsuga heterophylla*）。

分布 加拿大、美国、墨西哥。

123 美西部云杉小蠹 *Gnathotrichus sulcatus* LeConte

鉴定特征 体长3.5～3.9mm，体长为体宽的3.1倍；体色黑褐色；额凸，中部具有辐射状的针状凹纹；触角棒缝明显呈弓形；鞘翅斜面陡峭，表面光泽，第3沟间部弱至中等凹陷，被有1排较大的颗瘤，陷沟刻点明显，清晰成排。

寄主 其分布内的所有针叶树。

分布 加拿大、美国、墨西哥。

图85 美西部云杉小蠹背面观、侧面观

（三十）芳小蠹属*Monarthrum* Kirsch，1866

属征 体长1.4～4.6mm，体长为体宽的2.5～3.4倍；体色黄棕色至深棕色，体色通常双色；额面具雌雄二型现象；触角索节2节，触角棒节椭圆形到很宽的三角形；前胸背板前半部具粗糙颗瘤，后半部具浅的刻纹；小盾片大而扁平；前足基节相连；胫节具有雌雄二型现象，雌虫胫节后缘宽扁具颗瘤，雄虫胫节不宽扁，无颗瘤；鞘翅具浅刻纹，刻点混乱，末端分为两叉，通常平坦；斜面凸至明显凹，具有刺或无。

该属世界已知140种，其原始分布区及物种数如下：古北区1种、新热带区125种、新北区14种。目前主要分布北美洲、中美洲和南美洲等地区。所有种类都蛀食木质髓心。我国口岸（张家港）曾多次截获该属种类。

口岸截获芳小蠹属昆虫的分种检索表

1 雄虫的斜面较陡峭，具较宽阔的凹陷，齿2和齿3位于内凹的侧缘脊上…………………………*M. parvum*

雄虫的斜面陡峭为平截的扁平状，齿2和齿3端部钝……………………2

2 体色为浅棕色，斜面上齿3和齿2大小相同，缝沟间部无1列小齿瘤…………………………*M. mali*

体色为双色，鞘翅斜面附近颜色加深，斜面齿3小，雌虫的齿3退化，缝沟间部具有1列较小的齿瘤……………………*M. fasciatum*

124 黑带芳小蠹 *Monarthrum fasciatum*（Say）

鉴定特征 体长2.5～3.0mm，体长为体宽的3.2倍；体色双色，前胸背板的前半部和鞘翅的后部1/3区域深棕色，其他区域棕黄色；额凸，具精细密集的刻点颗粒，无光泽；两性斜面陡峭，齿2缺失，斜面中部的缝沟间部具有1列小颗瘤（4～6个），表面密集柔毛（雄虫）或稀生柔毛（雌虫）。

寄主 槭属（*Acer* spp.）、山核桃属（*Carya* spp.）、美洲栗（*Castanea dentata*）、北美枫香（*Liquidambar styraciflua*）、含羞草属（*Mimosa* spp.）、蓝果树属（*Nyssa* spp.）、松属（*Pinus* spp.）、李属（*Prunus* spp.）、栎属（*Quercus* spp.）。

分布 美国、加拿大、墨西哥、波多黎各。

125 马氏芳小蠹 *Monarthrum mali*（Fitch）

鉴定特征 体长2.2～3.0mm，体长为体宽的3.2倍；体色黄色至浅红棕色；斜面上齿3和齿2大小相同，缝沟间部无1列小齿瘤。

寄主 红花槭（*Acer rubrum*）、黄桦（*Betula lutea*）、美洲水青冈（*Fagus americana*）、北美枫香（*Liquidambar styraciflua*）、蓝果树属（*Nyssa* spp.）、北美红栎（*Quercus rubra*）、椴属（*Tilia* spp.）。

分布 古巴、加拿大、美国、巴哈马、多米尼克国、瓜德罗普、波多黎各、多米尼加。

126 四齿芳小蠹 *Monarthrum parvum*（Eggers）

鉴定特征 体长2.4～2.6mm，体长是体宽的3.0倍；体色双色，前胸背板的前半部和鞘翅斜面深棕色，其他区域浅棕色；鞘翅斜面具陡峭而阔的凹陷，缝端部的凹缘相当小，深大于宽；斜面上齿1缺失，第2齿较大，第3齿钝。

寄主 紫心木属（*Peltogyne* spp.）

分布 法属圭亚那、哥伦比亚。

（三十一）细小蠹属 *Pityophthorus* Eichhoff，1864

属征 体长0.8～3.2mm，体长是体宽的2.0～3.4倍，长圆柱形；眼肾形；触角棒节侧面扁平，触角索节5节；额部平，雄虫额面刻点疏大，鬃毛稀少，长短不齐；雌虫额面鬃毛柔细稠密；前胸背板长宽约相等，侧缘与前缘连合成半圆形，后缘横直并有缘边；背板前半部为鳞状瘤区，后半部为刻点区，有平滑的背中线；鞘翅表面平坦，刻点沟不凹陷，由1列圆形刻点组成，从翅基至翅端刻点渐变细小；面上只有毛状鬃，无鳞片；鞘翅斜面翅缝及其两侧第1沟间部突起，成为狭窄的条脊，缝侧第1刻点沟下陷，成为狭窄的纵沟，沟边缘有小颗粒，圆小微弱，在沟缘上排成纵列，部分种类纵沟甚浅，颗粒消失。

目前该属世界上已知385种，其原始分布区及物种数如下：非洲区37种，东洋区6种、古北区25种，新热带区143种，新北区174种。主要分布于北美洲、中美洲、南美洲及其附属岛屿、亚洲、欧洲和非洲。所有种类危害针叶树，多数蛀食树皮，少数几种蛀食髓心。我国口岸曾多次截获该属种类。

127 阿尔卑细小蠹 *Pityophthorus alpinensis* G. Hopping

鉴定特征 体长2.4～2.8mm，体长约为体宽的2.7倍；体色黑色；雌虫额具有非常多的浅刻点，刻点间的距离约为刻点直径的1～3倍；鬃通常更密，较长，最长的鬃约为两眼之间距离的一半。

寄主 高山落叶松（*Larix lyallii*）。

分布 加拿大、美国。

128 狭细小蠹 *Pityophthorus angustus* Blackman

鉴定特征 体长1.9mm，体长约为体宽的2.9倍；雌虫额自口上部至眼区域呈双凹形；前胸背板长约为宽的1.2倍，最宽处位于基部；鞘翅长为宽的1.9倍，端部阔圆；端部刻点沟刻点排列规则，刻点粗糙，密而深，端部沟间部宽约为刻点的2倍；第1沟间部明显隆起，无颗瘤；第2沟间部凹槽阔，约为第1沟间部的3倍；斜面上第1和第2刻点沟刻点通常退化，仅近端部具有较少的刻点。

寄主 香脂冷杉（*Abies balsamea*）、白云杉（*Picea glauca*）、红云杉（*P. rubens*）、北美乔松（*Pinus strobus*）。

分布 加拿大、美国。

129 树胶细小蠹 *Pityophthorus balsameus* Blackman

鉴定特征 体长1.9mm，体长约为体宽的3倍；雌虫额区变化较大，通常基部阔凸，眼下部区域微凹，口上缘具有明显的中瘤或峰；前胸背板长约为宽的1.2倍，最宽处位于基部；鞘翅长为宽的1.9倍，端部阔圆；端部刻点沟刻点排列规则，刻点粗糙，密而深，端部沟间部宽约为刻点的2倍；第1沟间部明显隆起，无颗瘤；第2沟间部凹槽阔，约为第1沟间部的3倍；斜面上第1和第2刻点沟刻点通常退化，仅近端部具有较少的刻点。

寄主 香脂冷杉（*Abies balsamea*）、云杉属（*Picea* spp.）、欧洲云杉（*Picea abies*）、白云杉（*P. glauca*）、北美短叶松（*Pinus banksiana*）、脂松（*P. resinosa*）、北美乔松（*P. strobus*）。

分布 加拿大、美国。

130 纯细小蠹 *Pityophthorus biovalis* Blackman

鉴定特征 体长2.0mm，体长约为体宽的3.1倍；雌虫额自口上部至眼区域呈相当明显的双凹形；前胸背板长约为宽的1.2倍，最宽处位于基部；鞘翅长为宽的1.9倍，端部阔圆；端部刻点沟刻点排列规则，刻点粗糙，密而深，端部沟间部宽约为刻点的2倍；第1沟间部明显隆起，无颗瘤；第2沟间部凹槽阔，约为第1沟间部的3倍；斜面上第1刻点沟刻点通常退化，但可见；第2沟间部刻点不可见，仅近端部具有较少的刻点。

寄主 白云杉（*Picea glauca*）、黑云杉（*P. mariana*）、红云杉（*P. rubens*）、北美乔松（*Pinus strobus*）、北美短叶松（*P. banksiana*）。

分布 加拿大、美国。

131 布里斯科细小蠹 *Pityophthorus briscoei* Blackman

鉴定特征 体长2.0mm，体长约为体宽的3倍；雌虫额区变化较大，通常基部微凸至扁平，自口上缘至眼上部区域呈不规则的横向的凹陷；前胸背板长约为宽的1.2倍，最宽处位于基部；鞘翅长为宽的1.9倍，端部阔圆；端部刻点沟刻点排列规则，刻点粗糙，密而深，端部沟间部宽约为刻点的2倍；第1沟间部明显隆起，无颗瘤；第2沟间部凹槽阔，约为第1沟间部的3倍；斜面上第1和第2刻点沟刻点通常退化。

寄主 黑云杉（*Picea mariana*）、红云杉（*P. rubens*）、北美短叶松（*Pinus banksiana*）、扭叶松（*P. contorta*）、北美乔松（*P. strobus*）。

分布 加拿大、美国。

132 隆脊细小蠹 *Pityophthorus cariniceps* LeConte

鉴定特征 体长2.3～2.5mm，体长约为体宽的2.6～2.9倍；雌虫额区变化较大，通常在半圆区域由扁平至弱的阔凸，至额中线纵向隆起；前胸背板长约为宽的1.1～1.2倍，最宽处位于中部；鞘翅长为宽的1.6～1.7倍，端部阔圆；端部刻点沟刻点和沟间部刻点随机排列，刻点大而深凹，端部沟间部宽约为刻点的2倍；第1沟间部深深凹陷，具有1列小的颗瘤，有时缺失；第2沟间部不能看到，与第3沟间部形成内坡；斜面上第1刻点沟刻点小于鞘翅背盘上的刻点，第2沟间部刻点不可见，仅近端部具有较少的刻点。

寄主 香脂冷杉（*Abies balsamea*）、白云杉（*Picea glauca*）、松属（*Pinus* spp.）。

分布 加拿大、美国。

⑬③ 喀斯科细小蠹 *Pityophthorus cascoensis* Blackman

鉴定特征 体长1.8mm，体长约为体宽的2.6～2.7倍；雌虫额区变化较大，额自口上部至眼上部区域中部扁平，有时微凹；前胸背板长约为宽的1.1倍，最宽处位于峰区；鞘翅长为宽的3.0倍，端部阔圆；端部刻点沟刻点非常大，凹陷由深至浅，端部沟间部宽约为刻点的2倍；第1沟间部微弱凹陷，具有小的颗瘤；第2沟间部宽等于或稍宽于端部，凹槽正常；斜面上第1和第2刻点沟刻点明显至退化。

寄主 加拿大云杉（*Picea canadensis*）、白云杉（*P. glauca*）。

分布 加拿大、美国。

⑬④ 凹额细小蠹 *Pityophthorus concavus* Blackman

鉴定特征 体长2.0mm，体长约为体宽的3倍；雌虫额区变化较大，额由中半部微凹至中部3/4处明显凹陷；前胸背板长约为宽的1.2倍，最宽处位于基部；鞘翅长为宽的1.9倍，端部阔圆；端部刻点沟刻点排列规则，刻点粗糙，密而深，端部沟间部宽约为刻点的2倍；第1沟间部明显隆起，无颗瘤；第2沟间部凹槽阔，宽度约为第1沟间部的3倍；斜面上第1刻点沟刻点通常退化，但可见，第2沟间部刻点不可见，仅近端部具有较少的刻点。

寄主 北美短叶松（*Pinus banksiana*）、脂松（*P. resinosa*）、白云杉（*Picea glauca*）。

分布 加拿大、美国。

⑬⑤ 丛生细小蠹 *Pityophthorus confertus* Swaine

鉴定特征 体长1.9～2.6mm，体长是体宽的2.8～2.9倍；雌虫的额自口上缘至眼区阔扁至微凹；前胸背板长为宽的1.1～1.2倍，最宽处位于中部；鞘翅长约为宽的1.5～1.6倍；鞘翅端部阔，正常的渐尖；端部刻点沟刻点排列呈模糊状，沟间部通常具有大量刻点；第1沟间部正常隆起，与第3沟间部同高，具有1列小的颗瘤（一般6个）；第2沟间部大于端部宽。

寄主 冷杉属（*Abies* spp.）、花旗松（*Pseudotsuga menziesii*）、松属（*Pinus* spp.）

分布 加拿大、美国、墨西哥。

⑬⑥ 相似细小蠹 *Pityophthorus consimilis* LeConte

鉴定特征 体长1.6mm，体长约为体宽的2.9倍；雌虫额区变化较大，额自口上缘非常的凸，具弱的横向凹陷至2/3处扁平；前胸背板长约为宽的1.1倍，最宽处位于基部1/3处；鞘翅长为宽的1.7倍，端部明显渐尖；端部刻点沟不凹陷，刻点排列规则，刻点粗糙而深，端部沟间部宽约为刻点的2倍；第1沟间部正常隆起，具稀疏的小颗瘤；第2沟间部正常凹陷，约为第1沟间部的2倍；斜面上第1刻点沟刻点通常退化，第2刻点沟刻点小，间隔大。

寄主 云杉属（*Picea* spp.）、白云杉（*P. glauca*）、松属（*Pinus* spp.）、北美短叶松（*Pinus banksiana*）、脂松（*P. resinosa*）、刚松（*P. rigida*）、北美乔松（*P. strobus*）、火炬松（*P. taeda*）、矮松（*P. virginiana*）、美洲落叶松（*Larix laricina*）。

分布 加拿大、美国。

137 齿额细小蠹 *Pityophthorus dentifrons*（Blackman）

鉴定特征 体长2.1～2.3mm，体长约为体宽的2.5倍；雌虫额自口上部至眼区域阔平凸；前胸背板长约等于宽，最宽处位于基部；鞘翅长为宽的1.6倍；端部刻点沟不凹陷，刻点之间间隔约为刻点直径的1～2倍；端部沟间部宽约为刻点的3倍；第1沟间部正常隆起，具有1列约10个小的颗瘤；第2沟间部凹槽阔，约为第1沟间部的2.5倍；斜面上第1刻点沟和第2沟间部刻点退化，仅近端部具有较少的刻点。

寄主 弗雷泽冷杉（*Abies fraseri*）、白云杉（*Picea glauca*）、红云杉（*P. rubens*）、北美短叶松（*Pinus banksiana*）、北美乔松（*P. strobus*）。

分布 加拿大、美国。

138 裂细小蠹 *Pityophthorus digestus*（LeConte）

鉴定特征 体长2.0mm，体长为体宽的2.7～2.8倍；雌虫额微凸，自口上部至眼的下部区域微扁平或微横向凹；前胸背板长宽等长，最宽处位于中部；鞘翅长约为宽的1.6倍，端部阔圆；端部刻点沟刻点排列规则，刻点小，稍微浅而密；端部沟间部宽约为刻点的2～3倍。第1沟间部稍微隆起，第2沟间部微微凹陷或不明显凹陷，宽于第1沟间部。

寄主 扭叶松（*Pinus contorta*）、黑材松（*P. jeffreyi*）、西黄松（*P. ponderosa*）、花旗松（*Pseudotsuga menziesii*）。

分布 加拿大、美国、墨西哥。

139 棕色细小蠹 *Pityophthorus fuscus* Blackman

鉴定特征 体长2.0mm，体长约为体宽的2.7倍；雌虫的额自口上缘至眼上部区域扁平至微微横向凹；前胸背板长约等于宽，最宽处位于后角处；鞘翅长约为宽的1.6倍，端部阔圆；端部刻点沟刻点排列规则，刻点大，正常深而密；端部沟间部宽约为刻点沟的2倍；第1沟间部正常隆起，高于第2沟间部，低于第3沟间部，具有1列明显的颗瘤，第2沟间部光滑，明显凹陷，同端部宽度一样或稍宽于端部宽度。

寄主 扭叶松（*Pinus contorta*）。

分布 加拿大、美国。

140 巨细小蠹 *Pityophthorus grandis* Blackman

鉴定特征 体长2.2～3.2mm，体长约为体宽的2.9倍；雌虫的额自口上缘至眼上部区域明显凹；前胸背板长约为宽的1.1倍，最宽处位于基部；鞘翅长约为宽的1.7倍，端部近渐尖；端部刻点沟刻点排列规则，刻点大，正常深而密；端部沟间部宽约为刻点沟的2倍；第1沟间部正常隆起，具有较少的小的颗瘤，颗瘤间隔距离不一，第2沟间部宽度约为第1沟间部的2倍，明显凹陷。

寄主 柔枝松（*Pinus flexilis*）、西黄松（*P. ponderosa*）、黑材松（*P. jeffreyi*）、光叶松（*P. leiophylla*）、单叶果松（*P. monophylla*）。

分布 加拿大、美国。

141 毛细小蠹 *Pityophthorus lautus* Eichhoff

鉴定特征 体长1.6mm，体长约为体宽的2.4～2.6倍；雌虫额扁平；前胸背板长约为宽的1.1倍，最宽处位于后角处；鞘翅长为宽的1.6～1.7倍，端部阔圆；端部刻点沟刻点排列规则，刻点大，密而深，端部沟间部宽约等于刻点沟宽；第1沟间部微微隆起，具有小的颗瘤；第2沟间部凹陷，其宽度约等于端部宽；斜面上第1刻点沟和第2刻点沟凹陷，刻点可见。

寄主 糖槭（*Acer soccharum*）、加拿大紫荆（*Cercis canadensis*）、金缕梅属（*Hamamelis* spp.）、美洲黑核桃（*Juglans nigra*）、栎属（*Quercus* spp.）、云杉属（*Picea* spp.）、北美乔松（*Pinus strobus*）、火炬树（*Rhus typhina*）。

分布 加拿大、美国。

142 钝翅细小蠹 *Pityophthorus morosovi* Spessivtseff

鉴定特征 体长1.2～1.5mm；体色褐色，具光泽；前胸背板前半部具颗瘤，颗瘤扁平横向连接成长段的瘤弧，呈4～5列；前胸背板后半部光亮，具刻点，刻点区近似U字形；鞘翅刻点细弱；沟间部狭窄，与刻点沟交混，难于分辨，沟间部无点无毛；斜面纵沟狭窄平浅，沟缘无颗瘤；翅末端钝圆。

寄主 挪威云杉（*Picea excelsa*）、红皮云杉（*P. koraiensis*）、新疆云杉（*P. obovata*）。

分布 中国、捷克、斯洛伐克、芬兰、波兰、瑞典、俄罗斯。

143 默里细小蠹 *Pityophthorus murrayanae* Blackman

鉴定特征 体长2.2mm，体长约为体宽的3.0～3.1倍；雌虫的额自口上缘至眼上部阔半圆形区域扁平；前胸背板长约为宽的1.2倍，最宽处位于峰区；鞘翅长约为宽的1.8倍，端部正常渐尖；端部刻点沟刻点排列规则，刻点非常大，非常深而密；端部沟间部宽等于或稍微宽于刻点沟宽度；第1沟间部正常隆起，与第3沟间部同高，具有1列5～6个微小的颗瘤，第2沟间部光滑，正常凹，明显宽于端部宽度。

寄主 落基山冷杉（*Abies lasiocarpa*）、欧洲云杉（*Picea abies*）、恩氏云杉（*P. engelmannii*）、白云杉（*P. glauca*）、黑云杉（*P. mariana*）、蓝叶云杉（*P. pungens*）、红云杉（*P. rubens*）、松属（*Pinus* spp.）、北美短叶松（*P. banksiana*）、

美国白皮松（*P. albicaulis*）、扭叶松（*P. contorta*）、柔枝松（*P. flexilis*）、加州山松（*P. monticola*）、加州沼松（*P. muricata*）、西黄松（*P. ponderosa*）、辐射松（*P. radiata*）。

分布 加拿大、美国。

144 光亮细小蠹 *Pityophthorus nitidulus*（Mannerheim）

鉴定特征 体长2.4mm，体长约为体宽的2.8～2.9倍；雌虫额自口上部至眼部区域呈圆形的扁平或微凹，顶部凸；前胸背板长约为宽的1.1倍，最宽处位于峰区；鞘翅长为宽的1.7～1.8倍，端部阔圆；端部刻点沟刻点排列规则，刻点非常大，深而密，端部沟间部宽等长于刻点沟宽，或稍宽于刻点沟；第1沟间部微微隆起，具有1列微小颗瘤；第2沟间部凹槽正常，稍微宽于端部宽度。

寄主 白冷杉（*Abies concolor*）、落基山冷杉（*A. lasiocarpa*）、布鲁尔云杉（*Picea breweriana*）、恩氏云杉（*P. engelmannii*）、松属（*Pinus* spp.）、花旗松（*Pseudotsuga menziesii*）。

分布 加拿大、美国。

145 光臀细小蠹 *Pityophthorus nitidus* Swaine

鉴定特征 体长1.8～2.3mm，体长约为体宽的2.1～2.2倍；雌虫额自口上部至眼上部区域微至正常凹，顶部凸；前胸背板长稍大于宽，最宽处位于峰后；鞘翅长为宽的1.8倍，端部阔圆；端部刻点沟刻点排列规则，刻点浅，非常不明显，端部沟间部宽约为刻点的2倍；第1沟间部微微隆起，具有1列微小颗瘤；第2沟间部呈微槽状，微微凹陷，等于或稍微宽于端部宽度；斜面上第1和第2刻点沟刻点可见。

寄主 美洲落叶松（*Larix laricina*）、欧洲云杉（*Picea abies*）、恩氏云杉（*P. engelmannii*）、白云杉（*P. glauca*）、黑云杉（*P. mariana*）、云杉属（*Picea* spp.）、北美短叶松（*Pinus banksiana*）、扭叶松（*P. contorta*）、脂松（*P. resinosa*）、北美乔松（*P. strobus*）、欧洲赤松（*P. sylvestris*）。

分布 加拿大、美国。

146 西方细小蠹 *Pityophthorus occidentalis* Blackman

鉴定特征 体长2.4mm，体长约为体宽的2.8～2.9倍；雌虫额自口上部至眼部区域呈圆形的扁平或微凹，顶部凸；前胸背板长约为宽的1.1倍，最宽处位于峰区；鞘翅长为宽的1.7～1.8倍，端部阔圆；端部刻点沟刻点排列规则，刻点非常大，深而密，端部沟间部宽等长于刻点沟宽，或稍宽于刻点沟；第1沟间部微微隆起，具有1列微小颗瘤；第2沟间部凹槽正常，稍微宽于端部宽度；斜面上第2刻点沟刻点退化。

寄主 蓝叶云杉（*Picea pungens*）、恩氏云杉（*P. engelmannii*）、扭叶松（*Pinus contorta*）、柔枝松（*P. flexilis*）。

分布 加拿大、美国。

⑭⑦ 暗细小蠹 *Pityophthorus opaculus* LeConte

鉴定特征 体长1.3～1.6mm，体长约为体宽的2.6～2.9倍；雌虫额凸，在下半部具有横向的凹陷；前胸背板长约为宽的1.05倍；鞘翅长为宽的1.7～1.8倍，端部阔圆；刻点沟不凹陷，刻点非常小，在背盘的后部1/3的区域排列规则，近基部区域排列混乱；沟间部在基部1/4区域不光滑，呈褶皱状；第1沟间部明显隆起；第2沟间部微微凹陷，宽于第1沟间部。

寄主 云杉属（*Picea* spp.）、美洲落叶松（*Larix laricina*）、冷杉属（*Abies* spp.）、欧洲赤松（*Pinus sylvestris*）、花旗松（*Pseudotsuga menziesii*）。

分布 加拿大、美国。

⑭⑧ 滨细小蠹 *Pityophthorus orarius* Bright

鉴定特征 体长2.0～2.3mm，体长约为体宽的2.7倍；雌虫的额在眼上区域凸，下部区域横向阔凸，纵向在中部区域微凹；前胸背板长约为宽的1.08倍；最宽处位于基部1/3处；鞘翅长为宽的1.7倍，端部阔圆；除了第1刻点沟，其他刻点沟刻点不凹，刻点深浅和大小正常；沟间部宽约为刻点沟宽度的2倍，或稍宽于刻点沟；第1沟间部非常窄，明显隆起，具有1列微小颗瘤；第2沟间部凹槽浅而阔，约为第1沟间部宽度的3倍。

寄主 花旗松（*Pseudotsuga menziesii*）。

分布 加拿大、美国、墨西哥。

⑭⑨ 尖翅细小蠹 *Pityophthorus pini* Kurenzov

鉴定特征 体长1.8～2.2mm；体色褐色，具光泽；前胸背板前半部具颗瘤，颗瘤扁平横向连接成长段的瘤弧，自前缘至中部由疏渐密；前胸背板后半部光亮，底面呈细网状；鞘翅刻点沟刻点较大，沟间部狭窄平滑，无点无毛；鞘翅斜面的纵沟宽阔深陷，沟外缘有1列稠密的小颗粒；鞘翅末端尖锐。

寄主 红皮云杉（*Picea koraiensi*）、新疆云杉（*P. obovata*）、红松（*Pinus koraiensis*）、高山落叶松（*Larix lyallii*）。

分布 中国、俄罗斯。

⑮⓪ 丽细小蠹 *Pityophthorus pulchellus* Eichhoff

鉴定特征 体长2.0mm，体长约为体宽的2.7倍；雌虫额自口上部至眼区域阔扁平至微微凹陷；前胸背板长约为宽的1.1倍，最宽处位于中部；鞘翅长为宽的1.4倍，端部阔圆；端部沟间部宽约为刻点的2倍；斜面上第1沟间部明显隆起，具有小的颗瘤；第2沟间部微微凹陷，第2沟间部宽于端部宽；斜面上第1刻点沟和第2沟间部刻点明显至退化。

寄主 松属（*Pinus* spp.）、云杉属（*Picea* spp.）、冷杉属（*Abies* spp.）。

分布 加拿大、美国。

151 芝麻细小蠹 *Pityophthorus pulicarius*（Zimmermann）

鉴定特征 体长1.3～2.0mm，体长约为体宽的2.4倍；雌虫额阔凸，在口上部至眼上部区域明显横向凹陷；前胸背板长约为宽的1.1～1.2倍，最宽处位于基部；鞘翅长为宽的1.4倍，端部阔圆；第1沟间部明显隆起，具有小的刻点；第2沟间部正常凹陷，表面光滑，无刻点，与第1沟间部等宽；斜面上第1刻点沟和第2沟间部刻点非常粗糙，深凹。

寄主 松属（*Pinus* spp.）、云杉属（*Picea* spp.）。

分布 加拿大、美国、古巴。

152 黄杉细小蠹 *Pityophthorus pseudotsugae* Swaine

鉴定特征 体长1.9～2.1mm，体长约为体宽的2.8倍；雌虫额自口上部至眼上部区域呈圆形的扁平或微凹；前胸背板长约为宽的1.2倍，最宽处位于峰后；鞘翅长为宽的1.6倍，端部阔圆；端部刻点沟刻点排列不均匀、不规则，刻点非常大，深而密，端部沟间部宽等长于刻点沟宽，或稍宽于刻点沟；第1沟间部微微隆起，具有1列微小颗瘤；第2沟间部凹槽浅，稍微宽于端部宽度；斜面上第1和第2刻点沟刻点通常退化。

寄主 白冷杉（*Abies concolor*）、北美冷杉（*A. grandis*）、落基山冷杉（*A. lasiocarpa*）、恩氏云杉（*Picea engelmannii*）、糖松（*Pinus lambertiana*）、花旗松（*Pseudotsuga menziesii*）、异叶铁杉（*Tsuga heterophylla*）。

分布 加拿大、美国。

153 具结细小蠹 *Pityophthorus toralis* Wood

鉴定特征 体长2.1～2.4mm，体长约为体宽的2.7倍；雌虫额两眼之间的区域凹陷，自口上部至眼上部的中部区域微凹；前胸背板长约为宽的1.1倍，最宽处位于基部1/3处；鞘翅长为宽的1.8倍，端部阔圆；端部刻点沟刻点排列规则，刻点浅，非常不明显，端部沟间部宽约为刻点的2倍；第1沟间部微微隆起，具有1列微小颗瘤；第2沟间部呈微槽状，微微凹陷，等于或稍微宽于端部宽度；斜面上第1和第2刻点沟刻点通常退化。

寄主 美国白皮松（*Pinus albicaulis*）、柔枝松（*P. flexilis*）、加州山松（*P. monticola*）、扭叶松（*P. contorta*）。

分布 加拿大、美国。

154 瘤细小蠹 *Pityophthorus tuberculatus* Eichhoff

鉴定特征 体长1.5～2.3mm，体长约为体宽的2.6倍；雌虫额两眼之间的区域和口上部至顶部区域平凸；前胸背板长约为宽的1.1倍，最宽处位于基部；鞘翅长为宽的1.7倍，端部狭圆；端部刻点沟刻点排列规则，刻点小而密，正常深度，端部沟间部宽约为刻点的2倍；第1沟间部明显隆起，具有了1列约12个微小颗瘤；第2沟间部凹槽阔，约为第1沟间部的2.5倍；斜面上第1和第2刻点沟刻点通常退化。

寄主 落基山冷杉（*Abies lasiocarpa*）、红冷杉（*A. magnifica*）、云杉属（*Picea* spp.）、恩氏云杉（*P. engelmannii*）、松属（*Pinus* spp.）、墨西哥石松（*P. cembroides*）、扭叶松（*P. contorta*）、大果松（*P. coulteri*）、可食松（*P. edulis*）、柔枝松（*P. flexilis*）、黑材松（*P. jeffreyi*）、西黄松（*P. ponderosa*）、花旗松（*Pseudotsuga menziesii*）。

分布 加拿大、美国、墨西哥。

五、梢小蠹族 Cryphalini Lindemann, 1877

族征 额通常凸，几乎无雌雄二型现象，眼通常完整，触角柄节延长，简单；触角棒膨大，通常具有明显的弧形缝；前胸背板的颗瘤位于前坡，前缘具有齿列，基缘具有微微隆起的线，侧缘无任何附属；前足基节相连；胫节膨大，具有4个或更多的齿；小盾片明显，同鞘翅面齐平；鞘翅基缘具有微微隆起的线；鞘翅具有鳞片。

目前该族世界上已知25属702种，其原始分布区及物种数如下：非洲区145种、东洋区184种、澳洲区145种、古北区114种、新热带区15种、新北区10种，其余10种暂不清楚其原始分布区。目前该族分布于世界各个地理区域。我国口岸主要截获其中的2属13种。

梢小蠹族分属检索表

1 前胸背板的基缘和侧缘圆钝；前足基节通常窄的分离，基间片相连……2
前胸背板的额基缘和侧缘的基部1/3处具有隆起的线；前足基节相连或窄的分离；眼完整或浅的内凹……8

2 眼短，长不到宽的2倍；眼完整……3
眼正常长，眼长至少为宽的2倍；眼前缘的中部具深的内凹，凹陷的宽度为眼宽的1/3……6

3 触角索节5节，触角棒细长（长至少为宽的1.8倍），2条明显的缝，端部急剧尖；第10沟间部延伸至端部……***Trypophloeus***
触角索节3～5节，触角棒阔（长最多为宽的1.3倍），端部非常阔圆，缝1通常明显，缝2退化；第10沟间部仅延伸至第5背板基部，之后退化消失……4

4 眼完整；触角棒较长，基部非常的膨大，缝1直，具隔膜，缝2退化；索节4节；雌虫的额无明显的微毛……***Procryphalus***
眼完整至弱的内凹；触角棒具有向前弯曲的缝或缝缺失，当缝1存在时，无隔膜……5

5 触角索节4节；触角棒具有向前弯曲的缝，沿缝具有1列鬃 ………… ***Ernoporicus***

触角索节3节；触角棒缺失缝 ………… ***Allernoporus***

6 触角索节5节；触角棒大，近圆形，长与宽相同；缝明显向前弯曲；端部刻点沟不凹陷，刻点排列通常混乱 ………… ***Stegomerus***

触角索节3节；触角棒较长，长至少为宽的1.5倍；缝几乎为直的 ………… 7

7 触角索节短于柄节，第2和第3节小，大小相同；鞘翅刻点沟凹陷，刻点非常粗糙 ………… ***Neocryphus***

触角索节2节，非常大，与柄节一样长；鞘翅刻点沟不凹陷，刻点沟通常不明显 ………… ***Acorthylus***

8 前胸背板的基缘具有微微隆起的线，侧缘圆钝；触角棒通常具明显向前弯曲的缝 ………… 9

前胸背板的基缘和侧缘均具有微微隆起的线；触角棒缝具有或缺失，多变 …… 13

9 眼内凹；前胸背板的颗瘤混乱；触角棒沟或缝正常的向前弯曲 ………… 10

眼完整；前胸背板的颗瘤呈同心圆排列；触角棒缝非常明显的向前弯曲或缺失 ………… 11

10 触角索节5节；触角棒具有明显向前弯曲的2条缝，沿缝具有成列的鬃；前胸背板的颗瘤粗糙、混乱；眼明显内凹 ………… ***Stephanopodius***

触角索节4节；触角棒缝1具有隔膜和棱角；眼非常小，浅浅的内凹 ………… ***Coriacephilus***

11 触角索节4节；表被丰富，鳞片排列混乱；触角棒缝非常明显地向前弯曲或缺失 ………… ***Ernoporus***

触角索节3节 ………… 12

12 背盘沟间部具单列鳞片，斜面具很少的鳞片；触角棒缝非常弱的前弯曲，有时模糊 ………… ***Ernocladius***

背盘沟间部不明显，但每个沟间部具有1列直立的短的黄色的鳞片，鳞片长为两列之间距离的一半；触角棒圆形，长稍长于宽，沿前缘的端半部具有1个非常模糊的弓形的1列鬃 ………… ***Allothenemus***

13 后足胫节的后缘面在端半部具沟容纳跗节，沟暗淡，通常沿中缘具有1列鬃，胫节通常更阔膨大，在端部1/3处逐渐变尖，具有大量的齿，主要集中在端部1/3的区域 ………… 14

后足胫节无容纳跗节的沟或沟仅位于端部，沟长为胫节的1/5，鬃分散位于侧

半部，胫节通常端部平截，齿通常位于端部1/5的区域……………………………17

14 触角棒缝1部分隔膜，缝直或明显前弯曲，如果缝直，索节3节；体型通常粗壮，微毛丰富，前胸背板的侧线不明显……………………………………………15

触角棒缝1无隔膜（或不清楚隔膜），如果缝存在，则索节4节；体型细长，鞘翅表被稀疏，大多集中于鞘翅斜面；前胸背板侧隆线和基隆线非常明显的凹陷……………………………………………………………………………………16

15 触角索节3节；触角棒的缝1和缝2弱的前弯曲，具明显的鬃，缝1具有沟和部分隔膜；腹部的腹面平缓……………………………………………***Cryphalogenes***

触角索节4节；触角棒缝明显的前弯曲，缝1在中半部具有隔膜，沿缝具有鬃或缺失（新几内亚的一些小种类具有完全的隔膜）；腹部的腹面由弱至非常陡峭……………………………………………………………………………***Scolytogenes***

16 触角棒的2条缝微弱前弯曲，具有明显的列鬃，缝1具有沟；前胸背板的基半部具网纹或微皱，刻点小或退化……………………………………***Hemicryphalus***

触角棒缝完全退化；前胸背板的基半部光亮，具较少粗糙的刻点……***Eidophelus***

17 第3跗节非常宽，双叶型；前足基节窄的分离，基间片不纵向的内凹；眼内凹；触角棒具无隔膜的缝，沿缝具明显的沟和鬃……………………………………18

第3跗节窄，两侧缘平行，不成双叶型；前足基节相连，基间片纵向内凹或部分缺失…………………………………………………………………………………18

18 触角索节5节；触角棒缝弱至明显的前弯曲……………………***Hypocryphalus***

触角索节4节；触角棒缝向后弯曲（偶尔弱的前弯曲）……………***Cryphalus***

19 触角索节3节；触角棒具缝或缺失，从无隔膜……………………………………20

触角索节3～5节；触角棒缝明显，缝1经常部分具隔膜……………………………22

20 触角棒具有正常前弯曲的缝，沿缝具明显的沟和鬃；眼内凹；刻点沟退化，背盘上的刻点混乱……………………………………………………***Margadillius***

触角棒无沟和鬃；眼完整；刻点沟上的刻点可辨认出成列排列…………………21

21 前胸背板的前缘具有0～6个齿，前胸背板的前半部颗瘤大，数量较少；体型粗壮，体长为体宽的1.4～2.0倍；两性的额凸至扁平………………***Ptilopodius***

前胸背板的前缘具10～16个齿，颗瘤较小，数量很多，通常分布延伸至基部；体型细长，体长为体宽的2.5～2.6倍；雌虫的额非常浅的凹陷………***Cosmoderes***

22 触角索节3～5节，触角棒无缝或具缝，若索节为3节，则触角棒缝1部分具隔膜……………………………………………………………………………………23

触角索节3节，触角棒无隔膜，缝有时具有1列鬃；体型非常粗壮，体长为宽的2.0～2.3倍，非常小……24

23 前胸背板的前缘具10～16个齿；触角索节5节，触角棒无隔膜，缝具有1列鬃；表被通常稀疏……***Cryptocarenus***

前胸背板的前缘通常具有1～8个齿；触角索节3～5节，若索节5节，则触角棒缝1部分隔膜；触角棒具明显的缝；表被非常丰富……***Hypothenemus***

24 触角棒缝具明显鬃；眼完整……***Trischidias***

触角棒无明细缝；眼内凹……***Periocryphalus***

（三十二）梢小蠹属 *Cryphalus* Erichson，1836

属征 体长1.4～2.1mm，体长是体宽的2.3～2.4倍；体形短阔，稍有光泽；眼肾形；触角棒节4节，棒节的外面节间和毛缝近于横直，里面节间和毛缝向顶端弓曲；索节4节；两性额面相同，遍布纵向针状条纹，条纹之间散布着刻点和鬃毛；前胸背板前缘的颗瘤较小；背板后缘有缘边；背板刻点区中的刻点稠密，此处或有毛状鬃或有鳞片，或两者兼而有之；鞘翅的刻点细小；沟间有多列，点心一般着生鳞片；各沟间部有1列竖立刚毛。

目前该属世界已知190余种，其原始分布区及物种数量如下：非洲区16种、东洋区55种、澳洲区55种、古北区60种、新热带区1种、新北区3种。所有种类都蛀食树皮，可同时危害松科和多种阔叶树，如李属（*Prunus*）、桑属（*Morus*）等。我国口岸主要截获该属的1种。

155 林道梢小蠹 *Cryphalus saltuarius* Weise

鉴定特征 体长1.5～1.8mm；触角锤状部较大，呈卵形，端部稍尖；口上片中央的缺刻不明显；鞘翅刻点沟不显著；沟间部的刚毛纵列短小倾斜。

寄主 云杉（*Picea asperata*）、欧洲云杉（*P. abies*）、新疆云杉（*P. obovata*）、东方云杉（*P. orientalis*）。

分布 中国、奥地利、保加利亚、捷克、斯洛伐克、丹麦、芬兰、德国、匈牙利、意大利、波兰、瑞典、俄罗斯、前南斯拉夫。

（三十三）褐小蠹属 *Hypothenemus* Westwood，1834

属征 雌虫体长0.9～2.2mm，体长是体宽的2.1～2.7倍；雄虫体长0.6～1.8mm，稍显短粗；体色浅黄褐色到黑色；前额有明显的刻纹；复眼伸长，有浅凹，周围有细小的颗粒；触角柄节伸长，一些大型种类的雌性索节5节，小型种类的雌性索节为4节，雄性索节通常比雌性少1节；棒节较大，长卵形，在几丁质嵌隔的毛缝

1处收缩，收缩的程度不及毛缝2，毛缝2上有刚毛；前胸背板侧缘近基部1/3处和基缘上有细小的隆线；前缘上有1列齿；前半部粗糙；最高点近中心，通常较明显。小盾片发达；鞘翅上有微弱的条纹；斜面中突，刻纹较固定；侧缘向末端稍隆起；后足胫节上有4～6个小齿，外缘末端有4齿；后足胫节的末端有4齿；跗节圆筒形。

目前世界已知189种，其原始分布区及数量如下：非洲区82种、东洋区21种、澳洲区10种、古北区12种、新热带区45种、新北区3种，世界性分布种类10种。主要分布于美洲、中美洲、热带和亚热带地区。所有种类都食树木髓心、树皮或种子。寄主范围很广，主要危害多种阔叶树种，如槭属、山核桃属、紫荆属、山毛榉属、含羞草属、栎属、樟桂属、鳄梨属、牧豆树属、鼠李属、人心果属、榕属等，少数可危害针叶树，如云杉属等。由于其广泛的寄主和在沿海分布的特性，很容易随贸易进行传播。其中已有10种由其东半球的原发地传到了美洲，大约有5种由美洲传到了世界的其他地区。其中咖啡果小蠹是咖啡上一种很重要的害虫，我国口岸多次截获该种。

156 非洲果小蠹 *Hypothenemus africanus*（Hopkins）

鉴定特征 体长1.9mm，体宽0.9mm；体色深黄色至棕黄色；前缘具有7～9个等大小的齿；额具非常深的中凹；前胸背板两侧及峰前区仅具有毛状鬃，峰后区域具毛状鬃与鳞片鬃混生；鞘翅自背盘至斜面每沟间部具均匀稀疏成列的鳞片鬃，鞘翅背盘鳞片鬃排列稍乱，斜面单列排整齐；鞘翅最外围2刻点沟明显凹；前足胫节具有5～6齿。

寄主 苹果（*Malus pumila*）。

分布 南非、安的列斯群岛、多米尼加、牙买加、波多黎各、维尔京群岛、马来西亚、印度尼西亚（爪哇）、伯利兹、哥斯达黎加、洪都拉斯、美国、巴西、委内瑞拉。

图86 非洲果小蠹背面观、侧面观

157 棕榈果小蠹 *Hypothenemus areccae*（Hornung）

鉴定特征 体长平均1.25mm；体色黑色；额无中凹沟；前胸背板前缘中部有6枚大小相同的齿瘤；前胸背板峰突不明显，背板中部纵向的鬃相对浓密；鞘翅背盘鬃小而稀，斜面具扁平鬃，斜面鬃相对背盘鬃浓密；鬃颜色浅黄色或乳白色。鞘翅沟间的鳞片鬃根部宽扁，向端部之间变尖，排列规则。

寄主 无记录。

分布 喀麦隆、加蓬、加纳、几内亚、科特迪瓦、利比里亚、尼日利亚、塞拉利昂、乌干达、刚果民主共和国、安的列斯群岛、马提尼克、波多黎各、维尔京群岛、孟加拉国、缅甸、印度、斯里兰卡、泰国、印度尼西亚、马克萨斯群岛、密克罗尼西亚、新喀里多尼亚、纽埃岛、美国、菲律宾群岛、巴西。

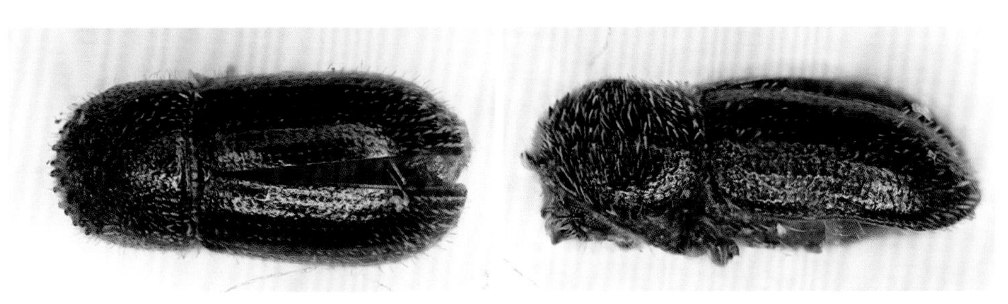

图87 棕榈果小蠹背面观、侧面观

158 缅甸果小蠹 *Hypothenemus birmanus*（Eichhoff）

鉴定特征 体长平均1.5mm，体长为体宽的2.0～2.4倍；体色颜色深，触角和足颜色浅，一般为黄色；额无中凹沟；前胸背板前缘中部有4枚齿瘤，中间2齿瘤大，两侧齿瘤小；前胸背板峰突明显，峰位于前胸背板中部偏后处；前胸背板峰区及两侧具鬃，鳞片鬃基部扁宽，端部变尖；前胸背板前半部具长椭圆形齿瘤；鞘翅背盘鳞片鬃稀疏，斜面每沟间部具有2列密的鳞片鬃；鞘翅沟间的鳞片鬃端部宽于根部；前足胫节具有6～7个齿瘤。

寄主 海红豆（*Adenanthera pavonina*）、番荔枝属（*Annona* spp.）、绞杀榕（*Ficus aurea*）、荔枝（*Litchi chinensis*）、杧果（*Mangifera indica*）、楝（*Melia azedarach*）、鳄梨（*Persea borbonia*）、欧洲李（*Prunus domestica*）、栎属（*Quercus* spp.）、美洲红树（*Rhizophora mangle*）、桃花芯木（*Swietenia macrophylla*）、*Trema floridana*、葡萄属（*Vitis* spp.）、山榄果（*Achras sapota*）、佛罗里达决明（*Cassia*

图88 缅甸果小蠹背面观、侧面观

florida）、巴西红蜂胶（*Dalbergia ecastophyllum*）、伞房（*Corymbia trachyphloia*）、番樱桃（*Eugenia buxifolia*）、樟桂（*Ocotea catesbyonais*）。

分布 中国香港、安的列斯群岛、古巴、牙买加、孟加拉国、缅甸、安达曼群岛、印度、日本、马来西亚、巴基斯坦、斯里兰卡、泰国、越南、澳大利亚、库克群岛、斐济、印度尼西亚、马达加斯加、密克罗尼西亚、新喀里多尼亚、新几内亚、纽埃岛、哥斯达黎加、墨西哥、巴拿马、美国、菲律宾群岛、萨摩亚群岛、社会群岛、科隆群岛。

159 加利福尼亚果小蠹 *Hypothenemus californicus* Hopkins

鉴定特征 体长0.8mm；前胸背板的前缘具有6个等大的齿；额无中凹；前胸背板的瘤峰明显。

寄主 芦荟（*Aloe vera*）、白花洋紫荆（*Bauhinia alba*）、鬼针草（*Bidens pilosa*）、苎麻属（*Boehmeria*）、木豆（*Cajanus cajan*）、乳豆属（*Galactia*）、变色牵牛（*Ipomoea cathartica*）、南沙薯藤（*I. litoralis*）、假豚草（*Iva imbricata*）、赛葵属（*Malvastrum* spp.）、杧果（*Mangifera indica*）、海雀稗（*Paspalum vaginatum*）、使君子（*Quisqualis indica*）、垂柳（*Salix babylonica*）、海燕麦（*Uniola paniculata*）、马鞭草属（*Verbena* spp.）、玉米（*Zca mays*）。

分布 利比里亚、以色列、韩国、墨西哥、美国、巴西、委内瑞拉。

图89 加利福尼亚果小蠹背面观、侧面观

160 直立果小蠹 *Hypothenemus erectus* LeConte

鉴定特征 体长1.5mm，体宽0.6mm；体色黑色；前胸背板的前缘具4齿，中间2齿大；额无中凹沟；前胸背板前半部具长的钝圆形齿瘤；鞘翅自背盘至斜面每沟间部具成列密度适中的鳞片鬃，鞘翅向端部逐渐变窄，前胸背板为毛状鬃，鞘翅为毛状鬃与鳞片鬃混生，斜面鳞片鬃单列，鳞片鬃不加粗。

寄主 榕属（*Ficus* spp.）、印加树属（*Inga* spp.）、*Miconia* spp.、含羞草属（*Mimosa* spp.）、牧豆树属（*Prosopis* spp.）、悬钩子属（*Rubus* spp.）、瓜瓶藤属（*Serjania* spp.）、漆树属（*Toxicodendron* spp.）、*Vismia* spp.、康达木属（*Condalia* spp.）。

分布 安的列斯群岛、古巴、圣托马斯岛、洪都拉斯、墨西哥、美国、委内瑞拉。

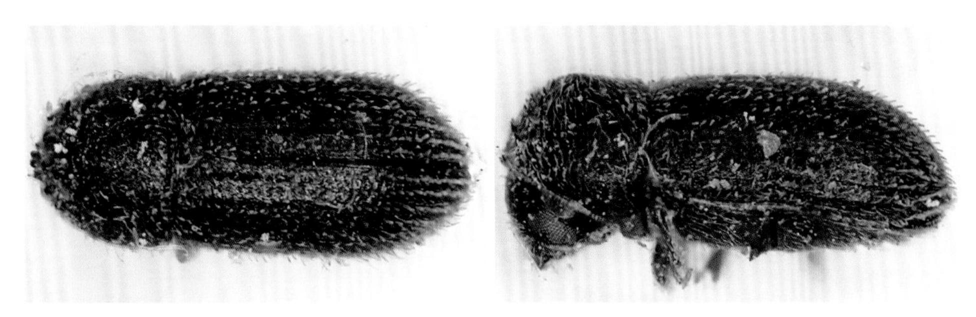

图90　直立果小蠹背面观、侧面观

⑯1 普通果小蠹 *Hypothenemus eruditus* Westwood

鉴定特征　体长1.0～1.1mm；体色黑色；额无中凹沟；前胸背板前缘中部有4枚大小相同的齿瘤；前胸背板峰突不明显，背板中部纵向的鬃相对浓密；鞘翅背盘鬃小而稀，斜面具扁平鬃，斜面鬃相对背盘鬃浓密；鬃颜色浅黄色或乳白色。鞘翅沟间的鳞片鬃根部宽扁，向端部逐渐变尖，排列规则。

寄主　无记录。

分布　阿尔及利亚、安哥拉、喀麦隆、加那利群岛、埃及、加蓬、加纳、几内亚、科特迪瓦、摩洛哥、尼日利亚、塞舌尔群岛、塞拉利昂、南非、坦桑尼亚、多哥、乌干达、刚果民主共和国、安的列斯群岛、古巴、瓜德罗普、牙买加、波多黎各、特立尼达和多巴哥、缅甸、安达曼群岛、印度、伊朗、以色列、日本、马来西亚、斯里兰卡、泰国、越南、澳大利亚、库克群岛、科西嘉岛、英国、法国、意大利、西班牙、斐济、夏威夷群岛、印度尼西亚（爪哇）、苏门答腊、马达加斯加、马克萨斯群岛、密克罗尼西亚、新喀里多尼亚、纽埃岛、哥斯达黎加、危地马拉、洪都拉斯、墨西哥、巴拿马、美国。

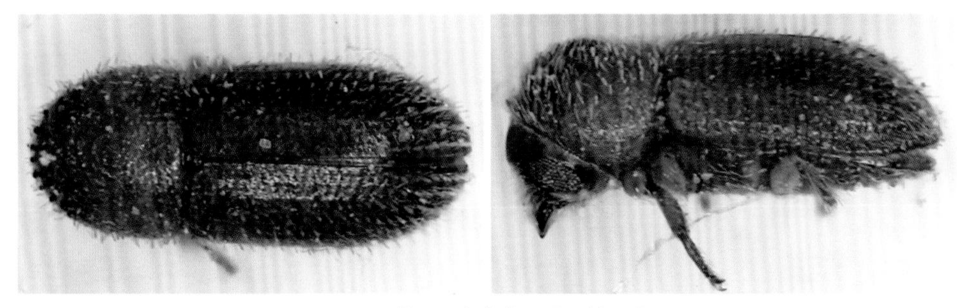

图91　普通果小蠹背面观、侧面观

⑯2 棕颈果小蠹 *Hypothenemus fuscicollis*（Eichhoff）

鉴定特征　体长1.3mm；前胸背板的前缘具2个等大的齿瘤；额无中凹，前胸背板具有明显的峰，峰位于中部；前胸背板和鞘翅均仅有毛状鬃；前足胫节具

4～5个齿瘤。

寄主 无。

分布 加纳、安的列斯群岛、牙买加、印度、日本、印度尼西亚（爪哇）、苏门答腊、伯利兹、巴西、哥伦比亚、委内瑞拉。

图92 棕颈果小蠹背面观、侧面观

⑯③ 咖啡果小蠹 *Hypothenemus hampei*（Ferrari）

鉴定特征 体长1.05～1.6mm，体宽0.55～0.7mm；体色暗褐色至黑色，有光泽；额宽而突出，从复眼水平上方至口上方片突起有1条深陷的中纵沟，额面呈细的、多皱的网状，在口上片突起周围几乎变成颗粒状；前胸背板上面强烈弓凸，背顶部在背板中部；背板前缘中部有4～6枚小颗瘤，背板瘤区中的颗瘤数量较少，形状圆钝，背顶部颗瘤逐渐变弱，无明显的瘤区后角；刻点区底面粗糙，1条狭直光平的中隆线跨越全部刻点区，刻点区中部生狭长的鳞片和粗直的刚毛；鞘翅翅面光亮少毛，第 6 沟间部的基部有大的凸起肩角；刻点沟宽阔，其中刻点圆大、规则，沟间略凸起，上面的刻点细小，不易分辨，沟间的鳞片狭长，排列规则；鞘翅后半部逐渐向下倾斜弯曲为圆形；足浅棕色，前足胫节外缘有6～7个齿。

寄主 小粒咖啡（*Coffea arabica*）、大粒咖啡（*C. liberica*）、罗布斯达咖啡（*C. robusta*）。

分布 中国台湾、安哥拉、喀麦隆、加那利群岛、赤道几内亚、中非、乍得、刚果共和国、加蓬、加纳、几内亚、科特迪瓦、肯尼亚、利比里亚、尼日利

图93 咖啡果小蠹背面观、侧面观

亚、圣多美和普林西比、塞拉利昂、南非、苏丹、坦桑尼亚、多哥、乌干达、刚果民主共和国、卢旺达、布隆迪、莫桑比克、印度、伊朗、马来西亚、斯里兰卡、泰国、印度尼西亚、密克罗尼西亚、新喀里多尼亚、菲律宾、萨摩亚群岛、大溪地群岛、巴布亚新几内亚、越南、老挝、柬埔寨、危地马拉、洪都拉斯、牙买加、波多黎各、萨尔瓦多、哥斯达黎加、古巴、海地、多米尼加、阿根廷、巴西、哥伦比亚、苏里南、秘鲁。

主要在咖啡豆中被截获。

164 爪哇果小蠹 *Hypothenemus javanus*（Eggers）

鉴定特征 体长平均1.25mm，体长为体宽的2.5倍；体色深棕色，触角和足颜色浅，一般为深黄色；额具明显中凹沟；前胸背板前缘中部有4枚大小相同的齿瘤；前胸背板峰突明显，近中部，背板前半部具钝圆齿瘤；鞘翅自背盘至斜面每沟间部具稀疏成列鳞片鬃，鳞片鬃根部窄于端部；前足胫节具5～6枚齿瘤。

寄主 白花洋紫荆（*Bauhinia alba*）、黄花羊蹄甲（*B. tomentosa*）、金凤花（*Caesalpinia pulcherrima*）、锥果木（*Conocarpus erecta*）、锡兰龙脑香（*Dipterocarpus zeylanicus*）、龙脑树（*Dryobalanops aromatica*）、小脉竹桃木（*Dyera costulata*）、胡颓子（*Elaeagnus pungens*）、绞杀榕（*Ficus aurea*）、陆地棉（*Gossypium hirsutum*）、橡胶树（*Hevea brasiliensis*）、银合欢（*Leucaena leucocephala*）、杧果（*Mangifera indica*）、轻木属（*Ochroma* spp.）、瑞地亚木属（*Rheedia* spp.）、美洲红树（*Rhizophora mangle*）、梧桐（*Sterculia macrophylla*）、酸豆（*Tamarindus indica*）、佛罗里达山黄麻（*Trema floridana*）、葡萄属（*Vitis* spp.）。

分布 中国台湾、喀麦隆、刚果、加蓬、加纳、科特迪瓦、莫桑比克、塞拉利昂、圣托马斯岛、刚果民主共和国、赞比亚、安的列斯群岛、古巴、瓜德罗普、海地、马提尼克、安达曼群岛、印度、马来西亚、斯里兰卡、泰国、印度尼西亚、婆罗洲、爪哇、墨西哥、美国、菲律宾群岛、巴西、委内瑞拉。

图94 爪哇果小蠹背面观、侧面观

165 昏暗果小蠹 *Hypothenemus obscurus*（Fabricius）

鉴定特征 体长1.25mm；体色黑色；前胸背板的前缘具有6个等大的齿瘤；

额无中凹；前胸背板具明显的峰区，峰位于前半部；前胸背板的前半部仅具有毛状鬃，峰后区具有毛状鬃和鳞片鬃混生；鞘翅刻点沟明显，沟间部仅具有单列鳞片鬃，无毛状鬃；刻点沟刻点大而深，无鬃毛；沟间部是刻点沟的2倍宽。

寄主 巴西栗（*Bertholletia excelsa*）、猪屎豆属（*Crotalaria* spp.）、孪叶豆（*Hymenaea courbaril*）、肉豆蔻（*Myristica fragrans*）、酸豆（*Tamarindus indica*）、可可（*Theobroma cacao*）。

分布 安的列斯群岛、古巴、多米尼加、西班牙、瓜德罗普、牙买加、波多黎各、特立尼达和多巴哥、维尔京群岛、哥斯达黎加、墨西哥、美国、巴西、哥伦比亚、苏里南、委内瑞拉。

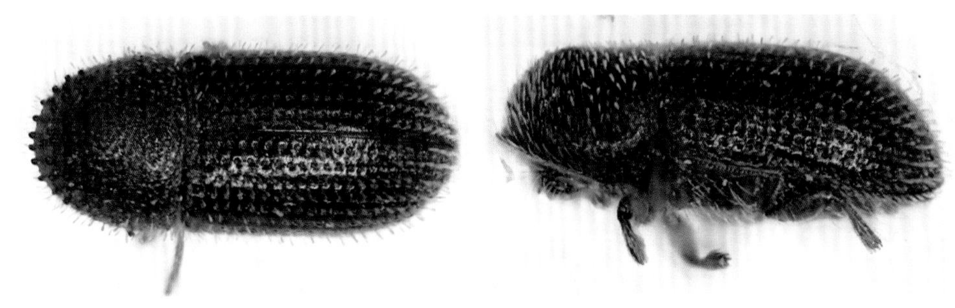

图95 昏暗果小蠹背面观、侧面观

166 微毛果小蠹 *Hypothenemus pubescens* Hopkins

鉴定特征 体长1.0～1.1mm；前胸背板的前缘具有4～6枚等大的齿；额无中凹沟；前胸背板的峰具毛状鬃，两侧及后半部区域的鳞片鬃和毛状鬃混生；鞘翅背盘基部沟间部鳞片鬃排列混乱，之后呈单列状；鞘翅斜面鳞片鬃和毛状鬃混生。

寄主 须芒草属（*Andropogon* spp.）、狗牙根（*Cynodon dactylon*）、海雀稗（*Paspalum vaginatum*）。

分布 安的列斯群岛、波多黎各、墨西哥、美国、阿根廷、巴西。

图96 微毛果小蠹背面观、侧面观

⑯⑦ 多斑果小蠹 *Hypothenemus stigmosus*（Schedl）

鉴定特征 体长1.75mm；前胸背板的前缘具紧密相连的4个等大小的齿瘤；额无中凹沟；鞘翅背盘具稀疏鳞片鬃，斜面具长的毛状鬃。

寄主 无记录。

分布 阿根廷。

图97 多斑果小蠹背面观、侧面观

六、微小蠹族 Crypturgini LeConte, 1876

族征 额无雌雄二型现象，刻纹简单；眼微凹至明显内凹；触角索节2～3节，触角棒正常扁平，前缘和后缘具有等长的缝；前胸背板无附属物，前部微微倾斜，侧缘圆钝；前足基节相连；鞘翅斜面简单无附属物。

目前该族世界已知5属55种，其原始分布区及其物种数如下：非洲区25种、东洋区3种、古北区24种、新北区3种。我国口岸截获该族2属4种。

微小蠹族分属检索表

1 触角索节3节，触角棒缝1和缝2向后弯曲，缝具有明显的凹槽和列鬃，第1条缝几乎位于触角棒的中部；前胸背板长大于宽，在前部1/3处明显缢缩；鞘翅具非常粗糙的刻点沟，刻点沟上的鬃非常退化，沟间部的鬃短……………… ***Dolurgus***

触角索节2节，触角棒缝不超过1条，如果存在第2条缝，触角棒在缝1处缢缩 ……2

2 触角棒在中部的缝1处非常明显的缢缩；鞘翅上的刻点混乱或成刻点沟，如果刻点不凹陷，刻点沟刻点明显小于沟间部刻点……………………………… ***Aphanarthrum***

触角棒在中部不缢缩，缝1退化或仅具部分内部隔膜 …………………………………3

3 触角棒无缝；前胸背板前半部具粗糙的颗瘤，前缘具齿列；眼完整至微微内凹 ……………………………………………………………………………………… ***Deropria***

触角棒端部如果具2条缝，缝1有时具内部隔膜；前胸背板无颗瘤，前缘无齿列；眼深深内凹……4

4 触角棒通常具有缝1和缝2；鞘翅刻点沟明显凹陷，刻点非常粗糙，排成列；背盘上的鞘翅鬃毛短，最长的鬃要短于沟间部距离……***Crypturgus***

触角棒通常没有缝；鞘翅刻点沟通常不凹陷，刻点非常小，通常排列混乱；背盘的鬃较长，最长的鬃明显长于沟间部距离……***Cisurgus***

（三十四）微小蠹属 *Crypturgus* Erichson，1836

属征 体长1.0～1.5mm，体长是体宽的2.8倍；形状狭长，鬃毛疏少，没有鳞片；眼肾形，眼前缘中部有缺刻；触角棒节圆形，没有毛缝，触角索节2节；两性额部相同，额面微突，额底面有印纹，并散布着刻点和鬃毛；前胸背板长宽相等，背板表面平坦微弓，前端没有横缢，无颗粒；鞘翅狭长，基缘的宽度大于前胸背板基缘，两翅基缘相接呈直线状，无锯齿；刻点沟凹陷，沟中刻点圆大，稠密整齐；沟间部有1列刻点，细小微弱，翅面上有疏少鬃毛，全无鳞片。

目前该属世界已知15种。其原始分布区及其物种数如下：古北区13种、新北区2种。所有种类都蛀食针叶树的树皮，如松属、云杉属等。我国口岸截获该属的3个种。

168 云杉微小蠹 *Crypturgus cinereus*（Herbst）

鉴定特征 体长1.1～1.2mm；体色浅褐色，光泽微弱晦暗；前胸背板的刻点轻微不明；沟间部有毛列，翅前部倒伏，翅后部斜竖；雌虫鞘翅尾端部有毛丛。

寄主 冷杉属（*Abies* spp.）、云杉属（*Picea* spp.）、松属（*Pinus* spp.）。

分布 中国、土耳其、越南、奥地利、比利时、保加利亚、捷克、斯洛伐克、丹麦、英国、芬兰、法国、德国、希腊、匈牙利、意大利、卢森堡、挪威、波兰、罗马尼亚、西班牙、瑞典、瑞士、俄罗斯、爱沙尼亚、拉脱维亚、前南斯拉夫。

169 松微小蠹 *Crypturgus hispidulus* Thomson

鉴定特征 体长1.3mm；体色黑色，具强光泽；两性额部相同，额底面有网状密纹，刻点散落在网纹之间；前胸背板刻点圆小细浅，分布稠密；鞘翅刻点沟宽阔微陷，沟中刻点圆大深陷，紧密相连；沟间部狭窄平滑，刻点细微，零落疏少；鞘翅鬃毛黄色、细弱，沟中鬃毛短小，沟间鬃毛略长。

寄主 云杉属（*Picea* spp.）、松属（*Pinus* spp.）、欧洲落叶松（*Larix europaea*），很少寄生于冷杉属（*Abies* spp.）。

分布 奥地利、保加利亚、捷克、斯洛伐克、丹麦、芬兰、德国、匈牙利、挪威、波兰、瑞典、俄罗斯。

⑰⓪ 寡毛微小蠹 *Crypturgus pusillus*（Gyllenhal）

鉴定特征 体长1.0～1.3mm；额凸（雌虫）或位于口上片上方的微凹陷（雄虫），表面稀生柔毛和刻点；前胸背板亚椭圆形，背面上刻点中大且深；鞘翅沟间部光滑或稀生小的刻点、光亮；翅缝陷沟（第1陷沟）基部1/4处刻痕极强，斜面无饰物。

寄主 冷杉属（*Abies* spp.）、雪松（*Cedrus deodara*）、黎巴嫩雪松（*Cedrus libani*）、白云杉（*Picea glauca*）、红云杉（*P. rubens*）、北美乔松（*P. strobus*）。

分布 中国、阿尔及利亚、埃及、利比亚、摩洛哥、突尼斯、印度、日本、韩国、尼泊尔、巴基斯坦、土耳其、奥地利、比利时、捷克、斯洛伐克、丹麦、英国、芬兰、法国、德国、希腊、匈牙利、意大利、立陶宛、卢森堡、荷兰、挪威、波兰、葡萄牙、罗马尼亚、西班牙、瑞典、瑞士、俄罗斯、爱沙尼亚、拉脱维亚、加拿大、美国、前南斯拉夫。

（三十五）矮小蠹属 *Dolurgus* Eichhoff，1868

属征 体长1.6～1.9mm，体长为体宽的2.7倍；额凸，简单；眼长椭圆形，具深的内凹；柄节非常短，索节3节，触角棒小，具有3条无隔膜后弯曲的缝；前胸背板长大于宽，侧缘圆钝；胫节非常宽，端部1/4处最宽，具一些粗糙的齿。

该属世界已知仅有1种，其原始分布区为新北区，目前主要分布于北美。

⑰① 侏儒矮小蠹 *Dolurgus pumilus*（Mannerheim）

鉴定特征 体长1.6～2.0mm；额强凸起，口上片上方扁平，表面具网纹和刻点；触角索节为3节；触角棒具3条近横切状的缝；前胸背板前部很窄，表面密被刻点；鞘翅陷沟刻点大而规则；沟间部有1单列短刚毛；斜面凸，无饰物。

寄主 冷杉属（*Abies* spp.）、苞冷杉（*Abies bracteata*）、恩氏云杉（*Picea engelmanni*）、西加云杉（*P. sitchensis*）、扭叶松（*Pinus contorta*）、加州沼松（*p. muricata*）、辐射松（*P. radiata*）、中美洲松（*P. attenuata*）。

分布 加拿大、美国。

图98 侏儒矮小蠹背面观、侧面观

七、毛小蠹族 Dryocoetini Lindemann, 1877

族征 额具有雌雄二型现象，雄性的凹陷，雌性有时具鬃毛，眼微凹至内凹（或完全分离，如非洲的某些属）；触角索节4～5节，触角棒端部平截或后缘的缝非常明显的延伸至端部；前胸背板的前部具稍微或正常的倾斜坡和颗瘤，侧缘圆钝；前足基节相连；斜面刻纹简单。

目前该族世界已知22属470余种，其原始分布区及其物种数如下：非洲区115种、东洋区137种、澳洲区75种、古北区81种、新热带区49种、新北区10种，尚有10种不清楚其原始分布区。我国口岸主要截获该族的6属13种。

毛小蠹族分属检索表

1 前足胫节侧缘着生有5个或更多的镶嵌齿（极少数减少1或2个，且触角棒前缘的缝向前弯曲，在*Dolurgocleptes*中只存在2个齿）；触角棒后缘只显现1条缝（在*Taphrorychus*中一些种类为2条），前缘的缝或者向前弯曲或者触角棒倾斜平截，第1条缝通常在端半部…………2

前足胫节侧缘具有2～4个镶嵌齿；触角棒后缘具2条缝，前缘的第1条缝通常在基部1/3处，两条缝平直或向后弯曲；前胸背板侧缘通常至少在基部尖锐或者近尖锐隆起（一些种除外）…………15

2 触角索节4或6节；前胸背板无颗瘤，如果有颗瘤则最多位于前缘1/4处倾斜区；眼深凹至完全分离；雄虫额适度或强烈凹陷…………3

触角索节2～5节；前胸背板前半部分倾斜且着生有颗瘤（在*Thamnurgus*属中轻微倾斜且无颗瘤）…………5

3 触角索节6节；前胸背板长明显大于宽，轻微倾斜的区域短于前半部；前足基节窄的分离；体长1.4～5.5mm…………***Tiarophorus***

触角索节4节，触角棒如果有缝，则平直或轻微向后弯曲；前胸背板轻微或适度倾斜的区域大于前部1/3区域；前足基节相连…………4

4 眼完全分离；前足胫节十分宽阔，边缘仅具2个镶嵌齿；触角棒膜状且具柔毛，在前缘和后缘的中间处具1条缝；前胸背板光滑，整体光亮，前半部稍微倾斜；刻点沟不凹陷，刻点小、成行，很少大于沟间部刻点；体长1.9mm…………***Dolurgocleptes***

眼前缘波状；前足胫节侧缘着生有4或5个镶嵌齿；刻点沟刻点通常较大、较

深，明显大于沟间部上的刻点；体长1.2mm……………………………………… ***Triotemnus***

5 前足胫节至少端半部分更加宽阔而扁平，侧缘着生有7个或者更多镶嵌齿；雄虫额不同程度的凹陷，雌虫额扁平至凸起，刻纹有或无；触角棒上的缝适度或深度向前弯曲，在一些*Thamnurgus*中为向后弯曲；小盾片非常小，不扁平；取食葫芦科或大戟科的茎……………………………………………………………………6

前足胫节端部1/3部分稍微扁平，侧缘着生有5个齿（极少数为3～6个）；雄虫额凸起（极少数浅凹），雌虫额多变化且具有鬃毛；触角棒的缝向后弯曲、平直、向前弯曲或退化；小盾片非常大，扁平；寄生于树木或灌木的木质部或韧皮部………10

6 后足胫节后缘接收跗节的凹槽不发达，短小，短于端部部1/3的长度；分布于欧洲、亚洲和非洲………………………………………………………………………………7

后足胫节凹槽明显，长于端部3/4长度；分布于美国和加那利群岛 ……………………9

7 前胸背板在前部1/3区域不明显倾斜，前缘有刻点，刻点边缘轻微或较为粗糙；触角棒十分小，缝平直或向后弯曲；雄虫额轻微凹陷；分布于欧洲、西南亚和北非；主要寄主为大戟科；体长2.0～3.0mm……………………………… ***Thamnurgus***

前胸背板前部1/3区域较为粗糙，刻点在粗糙区域退化………………………………8

8 触角棒短于柄节，长是宽的1.3倍，触角缝微弱向前弯曲；雄虫额强烈凹陷；分布于欧洲东南部；寄主为铁线莲；体长1.8～2.0mm…………………… ***Taphronurgus***

触角棒明显长于柄节，更加宽圆，触角缝十分微弱至强烈向前弯曲；雄虫额明显凹陷；分布于欧洲南部和非洲；寄主为葫芦科等；体长2.0～2.7mm
…………………………………………………………………………………… ***Xylocleptes***

9 触角棒缝模糊，强烈向前弯曲，触角棒基部角质的；身体更加细长，着生有颗瘤，通常局限在前半部分；分布于美洲；寄主为葫芦科；体长1.2～2.7mm
……………………………………………………………………………… ***Dendrocranulus***

触角棒缝在前1/4处，向后弯曲，触角棒基部3/4变厚、角质；身体十分粗壮；颗瘤延伸至前胸背板基部；分布于加那利群岛；寄主为龙血树；体长1.8～2.0mm……………………………………………………………………… ***Dactylotrypes***

10 触角索节4节，触角棒缝强烈向前弯曲；雄虫额浅显至适中凹陷，雌虫额不明显凹陷；身体细长，鞘翅平面刻点杂乱；部分为食木种；分布于北美洲、北亚和欧洲；体长1.6～2.0mm…………………………………………………… ***Lymantor***

触角索节5节（很少几个新几内亚种和印尼种为2、3或4节），触角棒缝向前或不向前弯曲；雄虫额通常凸起，雌虫额常常具柔毛………………………………11

11 前胸背板具有峰，在中间部分明显隆起，通常在峰后具有1个适中的、横的凹陷；触角棒十分扁平，基部轻微为角质的，第1条缝明显，平直或明显双曲，其基部末端达到基部1/4，中间部分从不超过触角的中部，第2条缝在后面；中足胫节和后足胫节较为细长；前胸背板和鞘翅具毛，通常不很长；分布于欧洲和亚洲；寄主为阔叶树；体长1.8～3.2mm ·········· ***Taphrorychus***

前胸背板背部轮廓呈均匀拱形，峰不明显或在基部1/4处；触角棒基部区域不明显扁平，较为角质化，若不角质化则触角棒缝退化且柔毛延伸至基部；中胸和后胸胫节通常更加宽阔扁平；前胸背板和鞘翅刚毛长度较为正常 ·········· 12

12 触角索节2节，触角棒向前弯曲的角质区域超过基部区域的3/4；前基节连续；分布于新几内亚至新不列颠岛；体长1.2～1.4mm ·········· ***Dendrographus***

触角索节3、4或5节；通常个体较大 ·········· 13

13 身体较为粗壮，体长是体宽的2.0～2.1倍；前胸背板基部具有十分粗糙的颗瘤，峰在基部1/4；触角棒或者无缝，或者在基部1/4处具1条缝，几乎平直，除了在边缘处向后弯曲；前基节窄窄的分离；鞘翅斜面强烈拱起，凸形，顶端1/4超过垂直的和从下部切开的中央区域；分布于新几内亚至婆罗洲；体长1.6～1.8mm ·········· ***Peridryocoetes***

身体更加细长；前胸背板通常至少在基部一般具有刻点，峰不明显，不在基部1/4处 ·········· 14

14 触角棒第1条缝微弱至强烈向前弯曲，几乎无缝缺失以及基部柔毛；小种群索节少至3节（大多数为4或5节）；前足基节窄地分离，内基节片很少纵向顶端微凹；大体上鞘翅斜面腹外侧边缘轻微隆起或具颗瘤；分布于密克罗尼西亚至欧洲；大部分寄主为非针叶树；体长1.3～3.0mm ·········· ***Cyrtogenius***

触角棒索节第1条缝向后弯曲，通常存在，基部无柔毛；前基节连续，内基节片通常纵向顶缘微凹或缺失；鞘翅斜面腹外侧边缘不会强烈隆起或具特别的颗瘤；分布于北美洲、亚洲、欧洲和北非；主要寄主为针叶树；体长1.5～5.1mm ·········· ***Dryocoetes***

15 前足胫节端部十分宽阔，侧端角截形的（几乎是90°），此角上有1个齿，在端缘上另有1个，在侧缘距距端角胫节长度1/4处具第3个齿；索节4节，触角棒在具部分隔膜的第1条缝处缢缩（实际不会倾斜地平截），第2条缝由刚毛组成；体型类似毛小蠹属（*Dryocoetes*），单列的沟间部刚毛在斜面上几乎为鳞状，鞘翅斜面十分陡峭；陷线的刻点粗糙，较深；分布于巴西；体长1.7mm ·········· ***Chiloxylon***

前足胫节近端部狭窄，外端角非截形；索节4节，触角棒无隔膜，倾斜地平截或近乎如此……16

16 前足基节窄地至适度分离；前胸背板前缘通常着生有锯齿列；前胸背板通常在前部区域较为粗糙，其峰较为明显且接近中部；分布于印度和斯里兰卡至菲律宾；寄主为阔叶树；体长1.7～3.5mm……***Dryocoetiops***

前足基节相连，内基节片纵向切刻或缺失；前胸背板前缘无颗瘤，前胸背板通常更加粗糙至前缘无颗瘤，其峰不十分明显并且通常在中部之后……17

17 前胸背板侧缘仅在基部不明显或稍尖锐的隆起；额无聚集的颗瘤；前胸背板前半部通常明显倾斜并具颗瘤；鞘翅斜面或者在中部区域适度凹陷并且沟间部具齿瘤，或者鞘翅背盘刻点排列混乱；中足基节近乎相连的，被与触角柄节等宽的距离分离；分布于印度尼西亚、马来西亚至斐济；寄主为阔叶树；体长3.3～5.5mm……***Ozopemon***

前胸背板侧缘在超过基半部处急剧的隆起；额通常具聚集的颗瘤；前胸背板前半部分倾斜或不倾斜；鞘翅斜面通常凸起，很少凹陷，颗瘤缺失或不明显；中足基节被柄节宽度2倍或更多倍的距离宽阔分离；鞘翅背盘上刻点排列成行；寄主为阔叶树和棕榈果；体长1.3～3.7mm……***Coccotrypes***

（三十六）核小蠹属 *Coccotrypes* Eichhoff，1878

属征 体长1.2～2.5mm，体长是体宽的2.1～2.5倍；体色红褐色或几乎为黑色；圆柱形，尾端略尖；额部有纵向的条纹和竖立的鬃毛；前胸背板的纵剖面弓曲显著；背板表面只有颗瘤，全无刻点，鬃毛较多，分布遍及整个背板，鞘翅的刻点，沟中与沟间相等。雄虫较雌虫小。

目前该属世界已知130余种，其原始分布区及物种数量如下：非洲区30种、东洋区57种、澳洲区24种、古北区5种、新热带区7种，尚有6种不清楚其原始分布区。多数来自非洲、亚洲南部及其附属岛屿。其他地方的种类通过贸易已扩散开来。我国港口截获该属2种记录，危害海枣和槟榔等。

172 果菌核小蠹 *Coccotrypes carpophagus*（Hornung）

鉴定特征 体长1.6mm，体长为体宽的2.2倍；体色深棕色；前胸背板的前缘呈窄的圆弧状，具有明显的齿列，前胸背板的颗瘤较大，排列紧密，前缘的颗瘤大于背板的颗瘤；鞘翅刻点沟刻点小而浅；鞘翅刻点沟鬃呈近倒伏状，斜面沟间部的鬃较背盘上的鬃变短。

寄主 番荔枝（*Annona squamosa*）、假槟榔（*Archontophoenix alexandrae*）、槟榔（*Areca catechu*）、糖棕（*Borassus flabellifer*）、大果铁刀木（*Cassia grandis*）、袖珍椰子（*Chamaedorea elegans*）、散尾葵属（*Chrysalidocarpus* spp.）、银扇葵（*Coccothrinax argentea*）、柿属（*Diospyros* spp.）、油棕（*Elaeis guineensis*）、鸡冠刺桐（*Erythrina crista-gall*）、乌墨（*Syzygium cumini*）、球形真蕨（*Euterpe globosa*）、海枣（*Phoenix dactylifera*）、腺叶暗罗（*Polyalthia simiarum*）、比查椰子（*Pritchardia thurstonii*）、灰绿箬棕（*Sabal mauritiiformis*）、菜棕（*S. palmetto*）、娑罗双（*Shorea robusta*）、可可（*Theobroma cacao*）、丝葵（*Washingtonia filifera*）、几内亚叉干棕（*Hyphaene guineensis*）、印尼铁线子（*Manikara kauki*）、罗林果（*Rollinia octopetala*）。

分布 中国台湾、安哥拉、亚速尔群岛、喀麦隆、加那利群岛、乍得、埃塞俄比亚、几内亚、科特迪瓦、利比里亚、尼日利亚、塞内加尔、塞舌尔群岛、塞拉利昂、南非、苏丹、坦桑尼亚、乌干达、刚果民主共和国、安的列斯群岛、百慕大群岛、古巴、格林纳达、瓜德罗普、牙买加、蒙特塞拉特、波多黎各、多米尼加、特立尼达和多巴哥、维尔京群岛、缅甸、柬埔寨、孟加拉国、尼科巴群岛、印度、日本、韩国、斯里兰卡、泰国、越南、澳大利亚、英国、法国、夏威夷群岛、印度尼西亚、马达加斯加、密克罗尼西亚、墨西哥、萨尔瓦多、危地马拉、洪都拉斯、美国、菲律宾群岛、留尼汪岛、萨摩亚群岛、巴西、法属圭亚那、哥伦比亚、秘鲁、苏里南。

图99 果菌核小蠹背面观、侧面观

173 棕榈核小蠹 *Coccotrypes dactyliperda*（Fabricius）

鉴定特征 体长2.4mm；体色黑色，有光泽；前胸背板突起较高，上面仅有颗瘤，而无刻点；鞘翅刻点沟刻点和沟间部刻点形状、大小和疏密完全相同；前足胫节外缘具4齿。

寄主 槟榔（*Areca catechu*）、竹棕属（*Chamaedorea* spp.）、锡兰肉桂（*Cinnamomum zeylanicum*）、椰子属（*Cocos* spp.）、银榈属（*Coccothrinax* spp.）、王家棕（*Dictyosperma album*）、油棕（*Elaeis guineensis*）、蒲葵属（*Livistona* spp.）、木犀榄（*Olea europaea*）、鳄梨属（*Persea* spp.）、海枣属

图100　棕榈核小蠹背面观、侧面观

（*Phoenix* spp.）、象牙果（*Phytelephas macrocarpa*）、斐济棕（*Pritchardia pacifica*）、射叶椰子属（*Ptychosperma* spp.）、百慕大箬棕（*Sabal bermudana*）、丝葵（*Washingtonia filifera*）、大叶油树（*Elaeocarpus oblongus*）、香露兜树（*Freycinetia arborea*）。

分布　中国、沙特阿拉伯、缅甸、印度、以色列、日本、约旦、马来西亚、泰国、喀麦隆、埃及、赤道几内亚、埃塞俄比亚、肯尼亚、马拉维、摩洛哥、莫桑比克、塞内加尔、南非、苏丹、坦桑尼亚、乌干达、马达加斯加、澳大利亚、巴布亚新几内亚、新西兰、所罗门群岛、法国、希腊、意大利、葡萄牙、西班牙、马耳他、匈牙利、美国、巴哈马群岛、古巴、牙买加、波多黎各、阿根廷、巴西、智利、哥伦比亚、厄瓜多尔、法属圭亚那、秘鲁、乌拉圭、委内瑞拉。

（三十七）额毛小蠹属 *Cyrtogenius* Strohmeyer，1910

属征　触角索节4节；触角棒上的缝向后弯曲、平直、向前弯曲或退化；前足基节窄窄地分离，内基节片很少纵向顶端微凹；大体上鞘翅斜面腹外侧边缘轻微隆起或具微刺；前胸背板背部轮廓呈均匀拱形，顶点不明显或在基部1/4处；前胸背板和鞘翅刚毛长度较为正常：前足胫节在前1/3处不十分扁平，侧缘着生有5个齿（极少数为3～6个）；小盾片很大，扁平。

该属世界已知106种，其中非洲区24种、东洋区40种、澳洲区41种、古北区1种。我国口岸曾截获其中的2种。

174 短翅额毛小蠹 *Cyrtogenius brevior*（Eggers）

鉴定特征　体长1.7～2.4mm，体长为体宽的2.7倍；体色棕色；前胸背板的前缘阔圆；端部具微小而密的颗瘤，后半部光亮具粗糙的稀疏的深的刻点；背板的峰不明显；鞘翅背盘刻点沟凹陷不明显，近斜面的第1、第2刻点沟明显凹陷，刻点大而深，沟间部宽度大于刻点沟宽度；斜面上第1、第2和第3刻点沟在端部弯向鞘翅缝，第1、第2和第3沟间部斜面宽大于背盘宽。

寄主　门齿罗汉果（*Artocarpus incisa*）、*A. kunstleri*。

分布 缅甸、安达曼群岛、印度、日本、韩国、马来西亚、泰国、俾斯麦岛、斐济、印度尼西亚（爪哇）、密克罗尼西亚、菲律宾群岛、萨摩亚群岛。

图101 短翅额毛小蠹背面观、侧面观

175 黄翅额毛小蠹 *Cyrtogenius luteus*（Blandford）

鉴定特征 体长1.7～2.3mm；体色黄色至褐色；前胸背板前缘弓突呈狭窄的圆弧，前半部具有波浪形颗瘤，后半部具有刻点，刻点圆大且浅；鞘翅刻点沟宽阔，刻点沟刻点圆大深陷，排列紧密；沟间部狭窄平坦，具1列圆的、小且浅的刻点；鞘翅斜面沟间部中有颗瘤；斜面下半部有缘边，缘边上排列着颗瘤；体表毛疏短，鞘翅的鬃毛主要分布在斜面上。

寄主 高山松（*Pinus densata*）、思茅松（*P. khasya*）、马尾松（*P. massoniana*）、油松（*P. tabulaeformis*）、云南松（*P. yunnanensis*）。

分布 中国、日本、韩国、缅甸、菲律宾群岛。

图102 黄翅额毛小蠹背面观、侧面观

（三十八）毛小蠹属 *Dryocoetes* Eichhoff，1864

属征 体长1.7～4.4mm，体长是体宽的2.3～2.6倍；圆柱形，较粗壮，体表多毛，全无鳞片；眼呈肾形；触角棒节侧面扁平，正面圆形，共分3节；索节5节；额面遍生刻点或颗粒；前胸背板侧面观自前向后均匀隆起，成为弧线；背板表面遍生颗瘤，后半部的中部有少许刻点；背板的鬃毛甚多，遍布全板面；鞘翅刻点沟与沟间部各有1列刻点；鞘翅的鬃毛起自刻点中心，1点1毛，排列规则，鬃毛舒长而稠密；鞘翅斜面简单弓曲，无纵沟、翅盘等特殊结构；翅缝及第1沟间部时常突起，其余沟间部高低一致，斜面沟间部的刻点有时突成小颗粒。

目前该属世界已知37种，其原始分布区及物种数量如下：东洋区2种、澳洲区1种、古北区27种、新北区6种、世界性分布种类1种。

所有种类都蛀食树皮。针叶树和阔叶树都可受到危害，如针叶树中的松属、云杉属、落叶松属和冷杉属等，阔叶树中的柳属等。我国口岸主要截获该属的9种。

176 美云杉毛小蠹 *Dryocoetes affaber*（Mannerheim）

鉴定特征 体长2.3～3.1mm，体长为体宽的2.6倍；体色黄色至红棕色；鞘翅刻点沟不凹陷，刻点小而深；沟间部光亮，宽度为刻点沟的2倍，沟间部的刻点稍小于刻点沟刻点，但非常深，呈单列排列；鞘翅斜面陡峭，呈阔凸起，第2沟间部微微凹陷，第1沟间部正常隆起，沟间部的颗瘤非常小。

寄主 弗雷泽冷杉（*Abies fraseri*）、落叶松属（*Larix* spp.）、恩氏云杉（*Picea engelmannii*）、白云杉（*P. glauca*）、黑云杉（*P. mariana*）、红云杉（*P. rubens*）、西加云杉（*P. sitchensis*）、加州山松（*Pinus monticola*）、脂松（*P. resinosa*）、北美乔松（*P. strobus*）、异叶铁杉（*Tsuga heterophylla*）。

分布 加拿大、美国。

177 桤毛小蠹 *Dryocoetes alni*（Georg）

鉴定特征 体长2.0～2.3mm；体色棕色至棕黑色；前胸背板的长与宽相同，无光滑的纵向线区域；鞘翅的刻点沟和沟间部具有细小而稀疏的刻点。

寄主 灰赤杨（*Alnus incana*）、欧洲桤木（*A. glutinosa*）、绿桤木（*A. viridis*）、欧洲榛（*Corylus avellana*）、东方山毛榉（*Fagus orientalis*）。

分布 土耳其、奥地利、比利时、保加利亚、捷克、斯洛伐克、丹麦、英国、芬兰、法国、德国、匈牙利、意大利、挪威、波兰、罗马尼亚、苏格兰、瑞典、俄罗斯。

178 肾点毛小蠹 *Dryocoetes autographus*（Ratzeburg）

鉴定特征 体长3.0～4.0mm；鞘翅的刻点、沟中与沟间大小差别悬殊；鞘翅斜面弓突，侧面观成一弧形曲面，斜面部分翅缝及各沟间部高低平匀；斜面沟间部的刻点变成颗粒；体表的鬃毛短小疏少。

图103 肾点毛小蠹背面观、侧面观

寄主 冷杉属（*Abies* spp.）、美洲落叶松（*Larix laricina*）、恩氏云杉（*Picea engelmannii*）、白云杉（*P. glauca*）、红云杉（*P. rubens*）、云杉属（*Picea* spp.）、加州山松（*Pinus monticola*）、西黄松（*P. ponderosa*）、北美乔松（*P. strobus*）、花旗松（*Pseudotsuga menziesii*）、异叶铁杉（*Tsuga heterophylla*）。

分布 中国、阿尔及利亚、马德拉岛、日本、韩国、奥地利、白俄罗斯、比利时、保加利亚、捷克、斯洛伐克、丹麦、英国、芬兰、法国、德国、希腊、匈牙利、意大利、荷兰、挪威、波兰、罗马尼亚、西班牙、瑞典、瑞士、俄罗斯、加拿大、美国、墨西哥、巴西。

179 落叶松毛小蠹 *Dryocoetes baikalicus*（Reitter）

鉴定特征 体长2.0～2.9mm；体色黄褐色至褐色；鞘翅刻点沟微微凹陷，刻点沟刻点圆大较密；沟间部较宽，具有1列刻点，略小于刻点沟刻点，疏密与刻点沟刻点相同；鞘翅斜面刻点与背盘刻点的大小疏密相同；整个鞘翅沟间部无颗瘤；鞘翅斜面部分翅缝不突起。

寄主 红松（*Pinus koraiensis*）、落叶松属（*Larix* spp.）。

分布 中国、日本、俄罗斯。

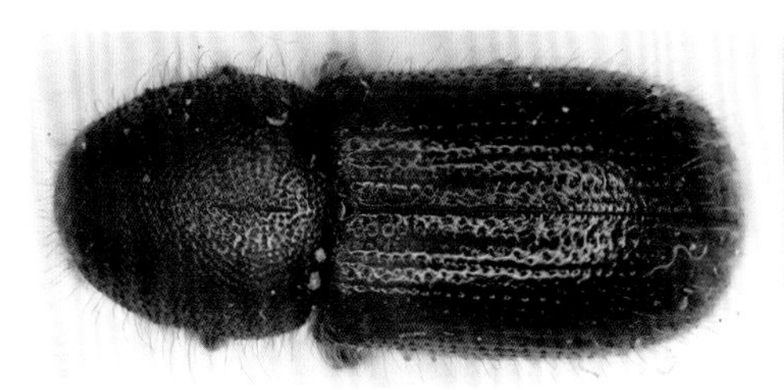
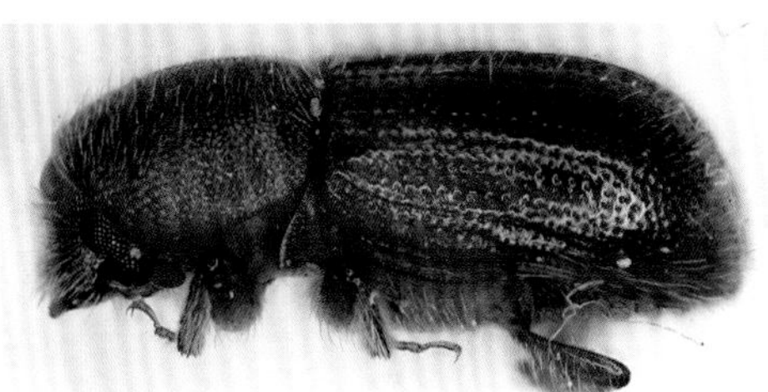

图104 落叶松毛小蠹背面观、侧面观

180 桦毛小蠹 *Dryocoetes betulae* Hopkins

鉴定特征 体长2.8～4.5mm；额宽，隆起，表面具颗瘤，雌虫额面具环形浓密的淡黄色毛状刷，雄虫额面具稀疏的毛；前胸背板两侧明显呈弓形，除了前胸背板的中线区外前胸背板表面粗糙；刻点沟刻点大，明显凹陷；鞘翅斜面隆起，第1和第3沟间部微微隆起，具颗瘤，第2沟间部凹。

图105 桦毛小蠹背面观、侧面观

寄主 黄桦（*Betula lutea*）、北美白桦（*B. papyrifera*）、黑桦（*B. lenta*）、北美枫香（*Liquidambar styraciflua*）、北美水青冈（*Fagus grandifolia*）。

分布 加拿大、美国。

⑱ 混点毛小蠹 *Dryocoetes confusus* Swaine

鉴定特征 体长3.2～4.3mm，体长是体宽的2.3倍；体色红暗褐色，具光泽，圆筒形，体表多毛，无鳞片；眼呈肾形；触角鞭节5节；额面从口上片至头顶宽隆起，额面较窄，刻点较小，几乎不具颗粒，上颚不伸长；前胸背板长是宽的1.1倍，最大宽度在中后部，后缘突圆，背面均匀隆起，粗糙区延伸至基部的中域。鞘翅长是宽的1.5倍，为前胸背板长的1.6倍；第1刻点沟微弱，其他刻点沟不下陷，刻点小而深，沟间部平滑，有光泽，宽是刻点沟的3～4倍，刻点深，略比刻点沟的刻点小，第2沟间部刻点混乱，而第3沟间部刻点更混乱。斜面平坦，第2沟间部宽阔，但刻痕略较明显，第1沟间部较明显隆起，颗粒粗。

雌成虫与雄虫相似，但额面微凸，表面刻点密而细，无颗粒。表面密布毛刷型红毛，毛长接近口上片，略比眼宽短，近头顶明显较长。

寄主 冷杉属（*Abies* spp.）、落基山冷杉（*A. lasiocarpa*）、温哥华冷杉（*A. amabilis*）、白冷杉（*A. concolor*）、恩氏云杉（*Picea engelmannii*）、扭叶松（*Pinus contorta*）。

分布 加拿大、美国。

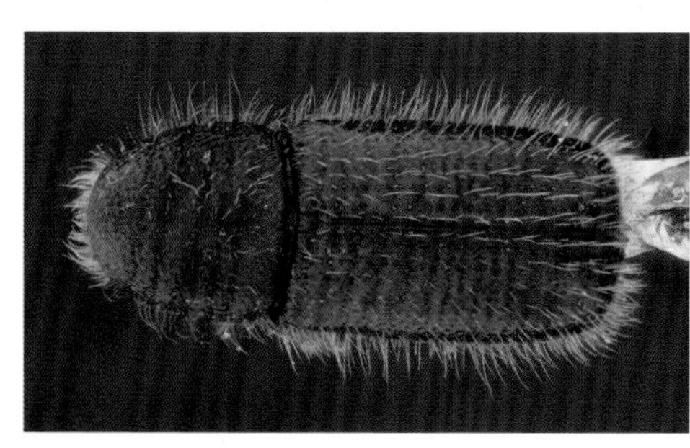

图106　混点毛小蠹背面观、侧面观

⑱ 云杉毛小蠹 *Dryocoetes hectographus* Reitter

鉴定特征 体长3.8～4.8mm；鞘翅刻点、沟中与沟间大小有别，差别不悬殊；鞘翅斜面平直倾斜，不弓曲；斜面部分翅缝及第1沟间部略微隆起，第2沟间部轻微平陷；沟间部有圆小的颗粒，第2沟间部的颗粒消失；体表的鬃毛短小疏少。

寄主 云杉属（*Picea* spp.）、青海云杉（*P. crassifolia*）、松属（*Pinus* spp.）、红松（*P. koraiensis*）、冷杉属（*Abies* spp.）。

分布 中国、日本、保加利亚、捷克、斯洛伐克、芬兰、法国、匈牙利、挪威、波兰、瑞典、俄罗斯、爱沙尼亚、拉脱维亚。

图107 云杉毛小蠹背面观、侧面观

183 冷杉毛小蠹 *Dryocoetes striatus* Eggers

鉴定特征 体长2.4～2.7mm；前胸背板呈洋梨形；鞘翅两侧从基部至端部逐渐加宽；鞘翅沟间部无论翅前或斜面均无颗粒；斜面翅缝突起。

寄主 辽东冷杉（*Abies holophylla*）、臭冷杉（*A. nephrolepis*）、萨哈林冷杉（*A. sachalinensis*）。

分布 中国、日本、俄罗斯。

图108 冷杉毛小蠹背面观、侧面观

184 密毛小蠹 *Dryocoetes uniseriatus* Eggers

鉴定特征 体长2.5～3.0mm；前胸背板后部有刻点区；鞘翅的刻点，沟中与沟间大小相等；鞘翅斜面沟间部中有颗粒；斜面的下部没有缘边；全体密被长毛，鞘翅的长毛翅前部与斜面上同等稠密。

寄主 华山松（*Pinus armandii*）、赤松（*P. densiflora*）。

分布 中国、日本。

185 批毛小蠹 *Dryocoetes villosus*（Fabricius）

鉴定特征 体长2.5～3.2mm；前胸背板红棕色；鞘翅刻点沟明显凹，刻点沟刻点强烈，沟间部宽度窄于刻点直径。

寄主 东方山毛榉（*Fagus orientalis*）、矮桤木（*Alnus mandshurica*）、欧洲桤木（*A. glutinosa*）、槭属（*Acer* spp.）。

分布　土耳其、阿尔及利亚、加那利群岛、马德拉岛、突尼斯、奥地利、比利时、保加利亚、丹麦、英国、法国、德国、希腊、意大利、苏格兰、瑞典、瑞士、俄罗斯、拉脱维亚。

（三十九）细毛小蠹属 *Taphrorychus* Eichhoff，1878

属征　体长1.5～2.6mm；体色棕色至黑色，触角和足浅棕色；触角索节5节，触角棒扁平，圆形，具有3条弯曲缝；前胸背板的长与宽相同，前缘缢缩，具有成排的小颗瘤；雄虫鞘翅斜面扁平，雌虫鞘翅斜面圆钝。

目前该属世界已知19种，其原始分布区及物种数如下：东洋区1种、古北区18种。目前主要分布于亚洲（如日本、韩国和印度等）、非洲和欧洲。

186 两色细毛小蠹 *Taphrorychus bicolor*（Herbst）

鉴定特征　体长1.6～2.3mm；体色深棕色；触角和足浅棕色；具稀疏的长而亮的白色鬃；鞘翅缝具有隆脊，鞘翅斜面具10或11个小颗瘤；第1和第2刻点沟不明显；沟间部具小的不规则排列的刻点。

寄主　东方山毛榉（*Fagus orientalis*）、欧洲水青冈（*F. silvatica*）、欧洲桤木（*Alnus glutinosa*）。

分布　日本、韩国、印度、土耳其、奥地利、比利时、保加利亚、捷克、斯洛伐克、丹麦、英国、法国、德国、匈牙利、意大利、荷兰、挪威、波兰、罗马尼亚、西班牙、瑞典、瑞士、前南斯拉夫。

图109　两色细毛小蠹背面观、侧面观

（四十）木窃小蠹属 *Xylocleptes* Ferrari，1867

属征　体长1.5～3.4mm；触角索节5节；触角棒扁平，圆形，棒节具有3条弯曲的缝；前胸背板前部具颗瘤，后面具粗糙的刻点；鞘翅斜面具有光亮凹沟，雄虫凹沟的沟缘具齿瘤，雌虫的凹沟的沟缘具颗瘤。

目前该属世界已知26种，其原始分布区及物种数量如下：非洲区22种、东洋区1种、古北区3种。目前主要分布于非洲区。

187 双刺木窃小蠹 *Xylocleptes bispinus*（Duftschmid）

鉴定特征 体长2.3～3.4mm；体色棕色，光亮，具有灰色的鬃毛；足红棕色，触角和跗节浅棕色；雄虫的鞘翅斜面圆钝，具有侧向的尖瘤，鞘翅后缘凹；雌虫的鞘翅斜面具有沟，以及成排的颗瘤，鞘翅斜面缝沟间部呈隆脊状，具颗瘤。

寄主 东方铁线莲（*Clematis orientalis*）、小叶栲（*Castanopsis cuspidata*）。

分布 土耳其、阿尔及利亚、埃及、利比亚、摩洛哥、突尼斯、奥地利、比利时、保加利亚、捷克、斯洛伐克、丹麦、英国、法国、德国、希腊、匈牙利、意大利、荷兰、波兰、罗马尼亚、西班牙、西伯利亚、俄罗斯、前南斯拉夫。

八、根小蠹族 Hylastini LeConte，1876

族征 头部明显具有短喙；额无雌雄二型现象；眼相对小，完整；触角索节7节，触角棒圆锥状，具明显的缝，第1节通常与其余节之和等长；鞘翅基部的锯齿不明显；前胸前基节区域相当大，其侧缘从前缘向基节强烈隆起。

目前该族世界已知3个属55种，其原始分布区及物种数如下：古北区28种、新北区27种。我国口岸主要截获其中的2属13种。

根小蠹族分属检索表

1 前足基节分开的非常宽；其宽度至少等于基节的一半；鞘翅毛被从不具有鳞片鬃；第9和第10刻点沟与沟间部在后足基节前明显分离；鞘翅两侧向后渐宽……… ***Scierus***

前足基节几乎相连；鞘翅平面表被通常具有一些鳞片鬃；第10刻点沟在后足基节后退化，仅第9刻点沟继续向尾部延伸；鞘翅两侧几乎平行……………………………2

2 鞘翅背盘的表面被有厚的圆形倒伏的鳞片状鬃；奇数的沟间部具有明显的缘脊，在斜面上尤其明显；前胸背盘上大刻点之间的空间上具有密的小刻点；中胸腹板的基间前缘突尖，明显的向前延伸……………………………… ***Pachysquamus***

鞘翅背盘的表面被有稀疏或厚的倒伏的毛状鬃；奇数的沟间部明显凸起；前胸背盘上大刻点之间的空间上无刻点或具中等大小刻点；中胸腹板的基间前缘突圆钝或直，不向前延伸……………………………………………………………………3

3 第3跗节宽是第2跗节的1.3～1.7倍，第5跗节端部加宽；胸背盘上大刻点之间的空间上具中等大小刻点；额中部横凹通常明显…………………………… ***Hylurgops***

第3跗节宽是第2跗节的1.0～1.1倍，第5跗节端部不加宽；胸背盘上大刻点之间的空间上无刻点；额中部横凹通常不明显或缺失 ……………………………… ***Hylastes***

（四十一）根小蠹属 *Hylastes* Erichson，1836

属征 体长2.1～6.0mm，体长是体宽的2.6～3.2倍；形状狭长，头尾稍尖，黑褐色，体表有短刚毛，有时鞘翅斜面有鳞片；复眼长椭圆形；触角基部与眼前缘分离，有触角沟，索节7节，棒节棍棒状，顶端尖锐，形如纺锤，分为4节，节间有横直毛缝；额部狭长，有短阔的喙；前胸背板长大于宽，侧板自基向端逐渐变窄，前缘附近没有明显的横向缢缩；背板表面平滑，有背中线；鞘翅基缘横直，有粗糙的皱褶；刻点沟不凹陷，刻点明显，沟间部低平；斜面沟间部有颗粒，斜面上刚毛有时变鳞片；第3跗节不宽。

2009年世界名录记载该属世界已知32种，其原始分布区及物种数如下：古北区16种、新北区16种。世界各地理区均有分布。所有种类在松科植物的韧皮部组织中取食危害；多数在立木的根部、端部和残株中危害，少数在倒木接近地表的树干中危害；有时幼苗也可以受到侵害。我国口岸主要截获该属6个种类。

188 欧洲根小蠹 *Hylastes ater*（Paykull）

鉴定特征 成虫体长3.5～4.5mm；体色黑色，刚羽化时浅褐色；前胸背板显著延长，两侧边缘平行，基部后半部分生有1明显的黑色且无刻点的隆脊；鞘翅行间暗淡且在刻点间组成精细的网状。

寄主 赤松（*P. densiflora*）、松属（*Pinus* spp.）、云杉属（*Picea* spp.）、欧洲红豆杉（*Taxus baccata*）、花旗松（*Pseudotsuga menziesii*）。

分布 中国、日本、韩国、土耳其、亚速尔群岛、奥地利、比利时、保加利亚、丹麦、英国、芬兰、法国、德国、希腊、意大利、荷兰、挪威、波兰、葡萄牙、西班牙、瑞典、瑞士、俄罗斯、拉脱维亚、智利、前南斯拉夫。

图110 欧洲根小蠹背面观、侧面观

189 云杉根小蠹 *Hylastes cunicularius* Erichson

鉴定特征 体长约4.5mm；前胸背板的刻点粗密，常连接成串；鞘翅刻点沟刻点圆，大小适中；沟间部宽于刻点沟；沟间部刻点微小，排列混乱；鞘翅的鬃毛翅基部明显，翅中部以后变粗大；斜面沟间部无竖立刚毛。

寄主 挪威云杉（*Picea excelsa*）、新疆云杉（*P. obovata*）、鱼鳞云杉（*P. jezoensis*）、欧洲赤松（*Pinus sylvestris*）、红松（*P. koraiensis*）、欧洲落叶松（*Larix europaea*）。

分布 中国、日本、土耳其、奥地利、比利时、保加利亚、丹麦、英国、芬兰、法国、德国、希腊、匈牙利、意大利、挪威、波兰、瑞典、瑞士、俄罗斯、爱沙尼亚、拉脱维亚、苏格兰。

190 纤毛根小蠹 *Hylastes gracilis* LeConte

鉴定特征 体长约为3.4mm；体色褐色至黑色；额具有1中央横弓刻痕，并密生刻点；中隆脊从口上片延伸至横刻痕；前胸背板生有中等大小的刻点，前缘区刻点分布密集；鞘翅刻点中等；沟间部有细的皱刻点，鞘翅斜面具单粒的颗瘤。

寄主 松属（*Pinus* spp.）、杜兰戈松（*P. durangensis*）、可食松（*P. edulis*）、单叶果松（*P. monophylla*）、山松（*P. montezumae*）、西黄松（*P. ponderosa*）、白冷杉（*Abies concolor*）。

分布 美国、加拿大、墨西哥。

图111 纤毛根小蠹背面观、侧面观

191 墨根小蠹 *Hylastes nigrinus*（Mannerheim）

鉴定特征 体长3.8～4.9mm，体长为体宽的2.7倍；前胸背板的刻点非常粗糙、深而密，刻点间的距离小于刻点的半径，前胸背板的中线区域无刻点，无毛；鞘翅刻点沟深凹，刻点粗糙且深，沟间部与刻点沟同宽，沟间部光亮，刻点小而密，排列混乱；斜面刻点沟更深，稍微窄于沟间部。

寄主 松属（*Pinus* spp.）、西黄松（*P. ponderosa*）、辐射松（*P.radiata*）、云杉

图112 墨根小蠹背面观、侧面观

属（*Picea* spp.）、花旗松（*Pseudotsuga menziesii*）、落叶松属（*Larix* spp.）、冷杉属（*Abies* spp.）、铁杉属（*Tsuga* spp.）。

分布 加拿大、美国。

192 红松根小蠹 *Hylastes obscurus* Chapuis

鉴定特征 体长2.5～3.1mm；前胸背板有横向缢迹，背板底面有网状密纹，上面刻点稠密；鞘翅沟间部狭于刻点沟；沟间部上有短刚毛，从翅基至翅端始终显著。

寄主 红松（*Pinus koraiensis*）、赤松（*P. densiflora*）、挪威云杉（*Picea excelsa*）、卵果鱼鳞云杉（*P. ajanensis*）、新疆云杉（*P. obovata*）、鱼鳞云杉（*P. jezoensis*）、臭冷杉（*Abies nephrolepis*）。

分布 中国、日本、韩国、芬兰、瑞典、俄罗斯。

193 黑根小蠹 *Hylastes parallelus* Chapuis

鉴定特征 体长3.4～4.5mm；前胸背板表面刻点较疏，从不连接；鞘翅前半部毛被细弱不明；沟间部宽于刻点沟；在第2沟间部，刻点直径小于刻点间距。

寄主 松属（*Pinus* spp.）、华山松（*P. armandii*）、赤松（*P. densiflora*）。

分布 中国、日本、韩国、俄罗斯。

194 细根小蠹 *Hylastes tenuis* Eichhoff

鉴定特征 体长2.1～2.7mm，体长为体宽的3.0倍；前胸背板表面除了中线区域其他均为网纹状，具有粗糙的刻点，刻点深；鞘翅第1刻点沟微凹，其他刻点沟无凹陷；刻点大而深；沟间部与刻点沟同宽，每个沟间部具有单列的小而圆的颗瘤，颗瘤底部着生刚毛；沟间部具有短似毛状的鬃，斜面的鬃较长。

寄主 云杉属（*Picea* spp.）、松属（*Pinus* spp.）、湿地松（*P. elliottii*）、长叶松（*P. palustris*）、西黄松（*P. ponderosa*）、辐射松（*P. radiata*）、火炬松（*P. taeda*）、矮松（*P. virginiana*）、花旗松（*Pseudotsuga menziesii*）。

分布 墨西哥、美国、海地、多米尼加。

（四十二）干小蠹属 *Hylurgops* LeConte，1876

属征 体长3.1～5.7mm，体长是体宽的2.4～2.8倍；体形宽阔粗壮，黑褐色，稍有光泽；眼长椭圆形；触角柄节粗长，索节7节，棒节棍棒状，顶端尖锐，形如纺锤，由4节构成，节间边缘有毛缝；额部狭长，有短阔的喙；前胸背板长小于宽，背板侧缘基半部强烈向外侧弓突，端半部急剧收缩，亚前缘有横向缢缩；背板表面遍布刻点，有背中线；鞘翅基缘各自前突，成为并列的双突弧线，基缘本身低平，上面有微弱的锯齿，鞘翅基缘宽于前胸背板基缘，翅面宽阔，尾端略尖；

刻点沟不凹陷，沟中的刻点圆大深陷，点心无毛；沟间部宽阔，从翅基至翅端逐步变化，端部生圆形颗粒；沟间部的毛被从基到端由弱渐强、从若有若无的小毛经刚毛至鳞片，在颗粒后面有竖立刚毛；第3跗节宽阔，呈双页形。

目前该属世界上已知21种，其原始分布区及物种数量如下：古北区12种、新北区9种。目前主要分布于北美洲、非洲、欧洲和亚洲。所有种在松科植物的韧皮组织中取食危害；多数寄生于立木的根部、端部和残株中、一些原木中，也可能出现灌木中。我国口岸（张家港）曾多次截获该属种类。

新世界干小蠹属分种检索表

1 前胸背板宽大于长，前缘明显缢缩；体色红棕色至深棕色，无漆黑色……………2
　前胸背板的长稍大于宽，前缘不缢缩但圆滑的变尖；体色深红棕色至漆黑……5

2 体型小，体长2.5～3.3mm；鞘翅斜面端部向上翘；刻点沟非常明显的凹陷；颗瘤较大；体色棕色至红棕色……………………………………………………***H. palliatus***
　体型较大，体长3.71～5.56mm；鞘翅斜面圆钝，不向上翘；刻点沟不明显凹陷；斜面颗瘤较小；体色棕色至黑色……………………………………………………3

3 背表面暗淡；前胸背板的间隙粗糙，刻点较深；体色棕色至黑色…***H. planirostris***
　背部表面光泽至半光泽；前胸背板间隙光滑，刻点浅；体色红棕色至深红棕色……………………………………………………………………………………………4

4 前胸背板的间隙具明显的、浅的网纹，较大刻点的直径不到较小刻点直径的2倍；体长平均短，约4.15mm……………………………………………***H. rugipennis***
　前胸背板的间隙光滑至颗瘤，较大刻点的直径是较小刻点直径的2倍；体长平均较长，达4.55mm………………………………………………………***H. pinifex***

5 前胸背板具明显的、长的、直立的、似毛状鬃……………………………………6
　前胸背板具不明显的、短的、倒伏状的、似毛状鬃………………………………7

6 前胸背板与鞘翅基部几乎一样宽，刻点丰富、浅的、较大的刻点直径是较小刻点直径的2倍；似毛状的鬃黄色至黄红色……………………………***H. incomptus***
　前胸背板窄于鞘翅基部，刻点缺少，较大的刻点直径大于较小刻点直径的2倍；似毛状的鬃白色…………………………………………………………***H. longipennis***

7 前胸背板具丰富的、大小相同的刻点，较大的刻点直径不超过小刻点直径的2倍；腹部的覆盖物短……………………………………………………………***H. knausi***
　前胸背板具较少的、大小不同的刻点，较大刻点直径是较小刻点直径的2倍；腹部覆盖物较长…………………………………………………………………………8

8 鞘翅表面暗淡、整体具有明显的网纹状；前胸背板较长，体长为体宽的1.07倍；身体长度平均较长……………………………………………………………… ***H. reticulatus***

鞘翅表面光滑，鞘翅基部1/3区域具颗瘤至网纹；前胸背板短，体长为体宽的1.03倍；身体长度平均较短……………………………………………………………… ***H. porosus***

195 皱纹干小蠹 *Hylurgops eusulcatus* Tsai and Huang

鉴定特征 体长3.7～4.5mm；额底面呈细网状，额下部低平，有中隆线，上部突起，两眼之间为突起高点；前胸背板底面细网状，上面只有1种刻点，形小粗浅，边缘含混，疏密不均，彼此纵横连贯，构成浅弱的点沟和条纹；在斜面上沟间部有圆形颗粒，等距间隔，各有1列；沟间部的毛被先弱后强，在翅面上逐渐变化，由光秃变为含混的小毛、清晰的刚毛、最后成为短小的鳞片，铺遍鞘翅斜面，将刻点沟遮盖起来，各沟间部横向7～8枚；斜面第2沟间部凹陷无瘤。

寄主 苍山冷杉（*Abies delavayi*）、云杉（*Picea asperata*）。

分布 中国。

196 宽条干小蠹 *Hylurgops glabratus*（Zetterstedt）

鉴定特征 体长4.2～5.0mm；额底面呈细网状，额下部底平，中部有弓曲的弧线形凹陷，上部突起；额面的刻点浅大，稠密，普遍散布；前胸背板底面前1/3呈细网状，后2/3光平；背板的刻点深陷，边缘不明，稠密散布，后部的刻点常相互连通，成为点串和凹沟，方向横斜不定；鞘翅刻点沟凹陷，沟间部极宽阔；沟间部的鬃毛从翅基部至翅端部由小渐大，由疏渐密，始终明显，起初为小刚毛，各沟间部横向3～5枚，在斜面上变为小鳞片，各沟间部横向7～8枚，鞘翅鳞片的发生，起自斜面上缘；第2沟间部不下陷，但上面的颗瘤消失。

图113 宽条干小蠹背面观、侧面观

寄主 松属（*Pinus* spp.）、瑞士五针松（*P. cembra*）、山地松（*P. montana*）、欧洲山松（*P. mugo*）、欧洲赤松（*P. sylvestris*）、冷杉属（*Abies* spp.）、欧洲冷杉（*A. alba*）、雪松属（*Cedrus* spp.）、落叶松属（*Larix* spp.）、挪威云杉（*Picea excelsa*）、鱼鳞云杉（*P. jezoensis*）、红皮云杉（*P. koraiensis*）、新疆云杉（*P. obovata*）。

分布 中国、日本、韩国、奥地利、捷克、斯洛伐克、丹麦、芬兰、法国、德国、希腊、匈牙利、意大利、挪威、西班牙、瑞典、瑞士、俄罗斯、爱沙尼亚、拉脱维亚。

197 红松干小蠹 *Hylurgops interstitialis*（Chapuis）

鉴定特征 体长4.2～4.7mm；前胸背板的刻点有大小2种，刻点底粗糙，刻点间平滑，2种刻点交混散布，稠密而不交合，刻点直径大于刻点间隔；鞘翅前半部的毛被稍多；斜面沟间部的颗粒较小。

寄主 松属（*Pinus* spp.）、红松（*P. koraiensis*）、赤松（*P. densiflora*）、日本五针松（*P. parviflora*）、辽东冷杉（*Abies holophylla*）、鱼鳞云杉（*Picea jezoensis*）、红皮云杉（*P. koraiensis*）。

分布 中国、日本、韩国、俄罗斯。

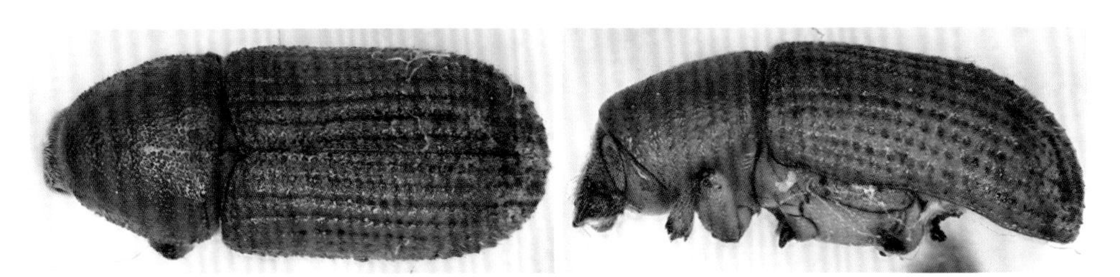

图114　红松干小蠹背面观、侧面观

198 长毛干小蠹 *Hylurgops longipilus*（Reitter）

鉴定特征 体长3.3～4.1mm；额底面呈细网状，额面下半部低平，有中隆线，额面刻点平浅圆大，点底粗糙，遍布全额面和颅顶；鞘翅前半部的鬃毛起自翅基部，但含混模糊；鞘翅斜面第2沟间部不凹陷；斜面各沟间部的竖立刚毛长直显著。

图115　长毛干小蠹背面观、侧面观

寄主 华山松（*Pinus armandii*）、红松（*P. koraiensis*）、马尾松（*P. massoniana*）、油松（*P. tabuliformis*）、鱼鳞云杉（*Picea jezoensis*）。

分布 中国、日本、韩国、俄罗斯。

199 大干小蠹 *Hylurgops major* Eggers

鉴定特征 体长5.3～5.9mm；两性额部相同，上部突起，中下部凹陷，突起与凹陷断然分开，成为弓曲的交界弧线；额面刻点正圆，稠密不交合，遍布额面与颅顶；鞘翅斜面的颗粒较大；斜面第2沟间部凹陷，上面的颗粒依然存在；鞘翅毛被稀少。

寄主 华山松（*Pinus armandii*）、马尾松（*P. massoniana*）、油松（*P. tabuliformis*）、云南松（*P. yunnanensis*）。

分布 中国。

200 细干小蠹 *Hylurgops palliatus*（Gyllenhal）

鉴定特征 体长2.3～3.2mm；额部底面呈细网状，下部低平，有中隆线，上部突起，两眼之间为突起高点；沟间部窄于刻点沟；鞘翅前半部自翅基起即有贴伏于翅表的短刚毛，各沟间部横向2～3个；鞘翅鳞片开始发生于翅中部；鞘翅斜面第2沟间部不凹陷。

寄主 欧洲冷杉（*Abies alba*）、高加索冷杉（*A. nordmanniana*）、欧洲白冷杉（*A. pectinata*）、挪威云杉（*Picea excelsa*）、红皮云杉（*P. koraiensis*）、鱼鳞云杉（*P. microsperma*）、松属（*Pinus* spp.）、落叶松属（*Larix* spp.）、雪松属（*Cedrus* spp.）。

分布 中国、日本、韩国、土耳其、阿尔及利亚、奥地利、比利时、保加利亚、捷克、斯洛伐克、丹麦、英国、芬兰、法国、德国、爱尔兰、意大利、荷兰、挪威、波兰、西班牙、瑞典、瑞士、俄罗斯、爱沙尼亚、匈牙利、拉脱维亚、立陶宛、美国、前南斯拉夫。

图116 细干小蠹背面观、侧面观

201 粗干小蠹 *Hylurgops porosus*（LeConte）

鉴定特征 体长3.5mm；体色红褐色至黑色；口上片具有深而宽的横刻痕，并被一明显的中隆脊分开，中隆脊仅延伸至横的弓形刻痕；前胸背板的刻点大，深而密；鞘翅刻点粗糙，沟间部皱至颗瘤混生。

寄主 松属（*Pinus* spp.）、中美洲松（*P. attenuata*）、扭叶松（*P. contorta*）、柔枝松（*P. flexilis*）、黑材松（*P. jeffreyi*）、西黄松（*P. ponderosa*）、辐射松（*P. radiata*）、很少寄生于云杉属（*Picea* spp.）。

分布 加拿大、美国。

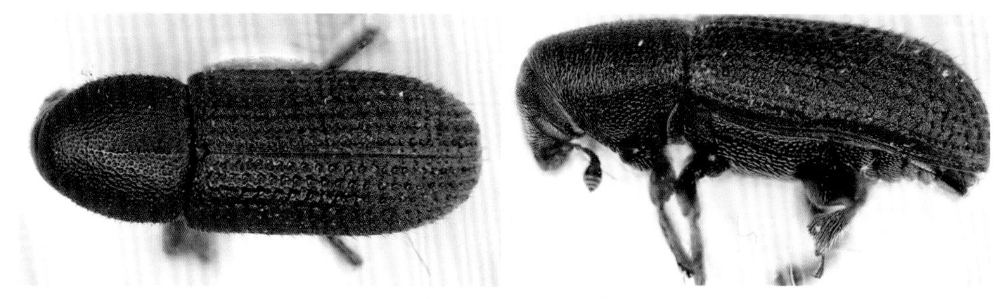

图117 粗干小蠹背面观、侧面观

202 松红褐干小蠹 *Hylurgops rugipennis*（Mannerheim）

鉴定特征 雄虫体长3.6～4.8mm，体长为体宽的2.44倍；体色红褐色；额部两复眼上缘之间有1横向凹陷；额上半部凸起较明显，下半部较平，口上片上缘略有凹陷；口上片较宽阔，不向前延伸；额部表面光亮平滑，有明显的纵中线，其上刻点较深，排列紧密不规则；额部表被长短不一的刚毛；前胸背板长为宽的0.9倍，最宽处在靠近基部的1/3处，前胸背板中前方两侧狭缩，前端呈半圆形；背板表面光亮，表被细小鬃毛，其上刻点较深，排列相当紧密；鞘翅长为宽的1.7倍，长度为前胸背板长度的2.1倍；鞘翅基部2/3两侧平直且近乎平行，后端呈半圆形，鞘翅在中后方略宽；刻点沟轻微凹陷，沟中刻点深陷；沟间部宽度与刻点沟宽度相等，沟间部凸起，有颗粒，不规则，其上刻点细小含混。鞘翅斜面较陡峭，刻点沟较鞘翅背面刻点沟狭窄；第1与第9沟间部微隆起，第2沟间部微下陷；沟间部有横卧的窄至宽的扁平鳞毛且颗粒较多。雌虫与雄虫外形相似。

寄主 冷杉属（*Abies* spp.）、恩氏云杉（*Picea engelmannii*）、西加云杉（*P. sitchensis*），加州山松（*Pinus monticola*）、中美洲松（*P. attenuata*）、加州沼松

图118 松红褐干小蠹背面观、侧面观

（*P. muricata*）、辐射松（*P. radiata*）、花旗松（*Pseudotsuga menziesii*）、异叶铁杉（*Tsuga heterophylla*）。

分布 加拿大、美国。

九、海小蠹族 Hylesinini Erichson，1836

族征 额不明显至正常的雌雄二型现象；眼完整或微微内凹；触角索节6～7节，触角棒对称，圆锥状至正常扁平，具明显的缝；前足基节相连至非常窄的分离；前胸背板具有少量颗瘤。

目前该族世界上已知13属164种，其原始分布区及物种数量如下：非洲区69种、东洋区13种、澳洲区11种、古北区31种、新热带区30种、新北区10种，我国口岸主要截获其中的2属9种。

海小蠹族分属检索表

1 触角棒近圆锥形至强扁平，具3条明显的缝，索节6～7节（在一些*Hylesinopsis*中为5节）；前足胫节后面扁平至微凸，平滑，光洁，侧缘具有微刺或根本无瘤，侧缘具有镶嵌齿；雌虫前胸背板无明显的菌孔；体型较小，体长很少大于5.0mm…………2

触角棒圆锥形，或者无缝，或者有1～2条微弱的缝，索节7节；前足胫节后面适中至强烈凸起，相当粗糙，近乎具瘤，侧缘无镶嵌齿；雌虫前胸背板或前胸侧板具有1个显著的菌孔；体型稍大，热带种，体长5.0～16.0mm…………11

2 触角棒近圆锥形，伸长的，长大于等于宽的1.5倍，缝平直至微向前弯；眼较短，长小于等于宽的3倍（*Hylastinus*为3.3倍）；第10内陷线在鞘翅后1/3处不显现；身体通常较为细长…………3

触角棒十分扁平，粗壮，长小于宽的1.5倍，缝微弱或显著向前弯曲（若几乎平直的话，则小盾片不可见），有些种有4条或以上的缝；眼细长，长大于等于宽的4倍；第10内陷线在鞘翅后1/3处通常狭窄且成隆线状，身体通常粗壮；分布于非洲…………10

3 雌虫和雄虫的额均凸起，无雌雄二型现象，有时具1平滑的中隆线；触角索节6节（在*Hylastinus*中为7节）；其前胸背板无微刺…………4

雄虫额适度或强烈深陷，雌虫额凸起（在*Neopteleobius*中为深陷），中隆线缺失或不明显；前胸背板通常具有微刺…………6

4 额矩形，长明显大于宽；前胸背板无微刺；触角索节7节；鞘翅平面上生有短的十分强壮的毛状表被（近羽状）；分布于欧洲至西亚，几乎已经被引入全球；寄主为草本植物或灌木豆类；体长2.0～2.5mm……………………………… ***Hylastinus***

额矩形，宽明显大于长；前胸背板前外侧区域生有一些规则的微刺；触角索节6节；鞘翅平面毛被为羽状或鳞状刚毛……………………………………………………5

5 额具有1条平滑的、长的中隆线；鞘翅平面广泛着生短的、羽状刚毛，颜色均匀；前胸背板较为细长，体长是体宽的0.95倍；分布于欧洲、北非和西亚；体长2.0～2.2mm……………………………………………………………… ***Kissophagus***

额无隆线；鞘翅平面毛被为丰富的鳞片，为全缘，通常组成深浅不一的颜色；前胸背板粗壮，体长小于等于体宽的0.86倍；分布于欧洲、北非和西亚；寄主为榆属、花楸属等；体长1.8～2.2mm……………………………………… ***Pteleobius***

6 雄虫额十分强烈地凹陷，直到眼上方；雄虫鞘翅斜面平截，且其上和其下着生有大的、钝圆的凸起；雄虫索节的顶节每个着生有1个或者多个的十分长的、粗糙的刚毛；分布于非洲；体长2.3～2.5mm……………………… ***Cryptocurus***

雄虫额的凹陷不延伸，几乎不延伸到眼部；鞘翅斜面凸起，具1或多个内陷线，有时隆起且着生有效的刺突…………………………………………………………7

7 索节6节；雄虫和雌虫额均凹陷，雄虫凹陷更深，雌虫凹陷适中，凹陷不延伸至眼上方；眼浅浅微凹，鞘翅平面表被鳞状，前缘近顶部逐渐减少；分布于东亚；体长2.2～2.8mm…………………………………………… ***Neopteleobius***

索节7节；雌虫额扁平至微凹；雄虫额若深凹，则延伸至眼上方；眼微弱或者不微凹…………………………………………………………………………………8

8 眼全缘，椭圆形，长小于宽的3倍；前足胫节顶端4节侧缘着生有6个或者更多的紧密连接的镶嵌齿；身体较为粗壮；鞘翅斜面逐渐下降倾斜度较小，腹部明显上升至接触到鞘翅顶端；鞘翅表被长度均匀，大部分为鳞状（除了在*crenatus*中近乎光滑）；几乎全世界均有分布；寄主为梣属和其他木犀科植物；体长1.7～4.8mm……………………………………………………… ***Hylesinus***

眼浅浅微凹，有些延长，长至少是宽的3.3倍；前足胫节着生有2～5个镶嵌齿；身体更加细长；鞘翅斜面较短，更加陡峭，腹部是水平的，不会上升接触到鞘翅顶端；鞘翅表面覆盖毛被，为短毛或鳞片，内陷线更长，具有竖起的鬃……9

9 雄虫额微弱的浅凹；前足胫节具有5个镶嵌齿，外端角仅仅适度的尖锐；触角棒更近似近圆锥形；鞘翅表面毛被的刚毛近羽状；分布于日本至北美洲西部；寄主为桤木属；体长2.1～3.4mm…………………………………… ***Alniphagus***

雄虫额适中至极度凹陷；前足胫节着生不超过4个镶嵌齿，外端角尖锐；触角棒十分扁平，其顶部不太狭圆；鞘翅表面毛被刚毛未分开，大量至缺失；分布于澳大利亚至中国、日本；寄主为无花果属，几乎没有其他寄主；体长1.6～5.0mm……………………………… ***Ficicis***

10 前胸背板近三角形，小盾片较小或缺失；索节5、6或7节；刻点沟通常凹陷，刻点通常较大；分布于非洲；体长1.3～3.0mm……………… ***Hylesinpsis***

前胸背板近正方形，小盾片很大；索节6节；陷线通常弱微凹，狭窄，刻点细小或退化不明显；分布于非洲；体长1.5～4.5mm……………… ***Rhopalopselion***

11 触角棒具2缝（通常是不明显的）；雌虫前胸前侧片具有1个大的、生有1根毛的菌孔；后基节可以收回到胫节窝中；分布于美洲中部和南部；体长5.0～10.0mm……………………………… ***Phloeoborus***

触角棒无缝；雌虫前胸背板前1/3处具有1个中央的、横截的、裂缝状的菌孔；后基节不能收回，胫节窝缺失；分布于非洲、东南亚和菲律宾；体长6.0～14.0mm……………………………… ***Dactylipalpus***

（四十三）胸刺小蠹属 *Alniphagus* Swaine，1918

属征 体长2.1～3.4mm；触角索节7节；触角棒圆锥形，略扁平，具3条缝；复眼长椭圆形，前缘微凹；前胸背板的前侧缘具有颗瘤；前足基节分开，第3跗节阔凹；鞘翅斜面第1、第3沟间部隆起。

该属世界已知3种，其原始分布区及物种数量如下：新北区2种，古北区（日本）1种。我国口岸曾截获其中1种。

203 粗颈胸刺小蠹 *Alniphagus aspericollis*（LeConte）

鉴定特征 体长2.5～3.2mm；口上片上方具有1横的刻痕；鞘翅刻点沟刻点大

图119 粗颈胸刺小蠹背面观、侧面观

小中等；沟间部宽为刻点沟的1.5～2.0倍；斜面第1、第3沟间部明显隆起，具大而尖的颗瘤；鬃毛短而稀疏。

寄主 红桤木（*Alnus rubra*）、细叶桤木（*A. tenuifolia*）、*A. rhombifolia*。

分布 加拿大、美国。

（四十四）榕小蠹属 *Ficicis* Lea，1910

属征 体长2.5～3.7mm；眼长椭圆形，前缘微凹；触角索节7节，触角棒圆锥状，具有明显的3条缝；前胸背板的前侧缘具有颗瘤；前足基节分离；前足腿节细长；前足胫节着生不超过4个镶嵌齿；鞘翅表面被短毛或鳞片。

该属世界已知14种，其中东洋区6种，澳洲区8种，我国口岸曾截获其中的4种。

204 疏榕小蠹 *Ficici despectus*（Walker）

鉴定特征 体长2.8mm；体色黑色；前胸背板具光亮中线，无凹坑；前缘两侧具粗糙的颗瘤，刻点沟凹陷具明显刻点；沟间部凸，稍宽于刻点沟（尤其背盘明显）；第1、3、7、9沟间部相交于端末，第2、4、5、6不达端末。

寄主 榕属（*Ficus* spp.）、波罗蜜（*Artocorpus* spp.）、榆绿木属（*Anogeissus* spp.）、杧果（*Mangifera indica*）、苹婆（*Sterculia monosperma*）、檀香属（*Santalum* spp.）、山様子（*Buchanania sessilifolia*）。

分布 缅甸、安达曼群岛、印度、越南、澳大利亚、斐济、印度尼西亚、印度尼西亚（爪哇）、苏门答腊、巴布亚新几内亚、菲律宾群岛、萨摩亚群岛。

图120 疏榕小蠹背面观、侧面观

205 脊榕小蠹 *Ficici porcatus*（Chapuis）

鉴定特征 体长2.0mm；体色黑色；前胸背板具光滑亮中线，中线两侧平坦，无凹坑；前缘两侧具粗糙的颗瘤；鞘翅背盘沟间部宽于刻点沟宽度；斜面上沟间部几乎等宽于刻点沟。

寄主 榕属（*Ficus* spp.）、波罗蜜属（*Artocarpus* spp.）等。

分布 中国台湾、日本、菲律宾、印度尼西亚、巴布亚新几内亚、澳大利亚、太平洋岛屿等。

图121　脊榕小蠹背面观、侧面观

206 纵沟榕小蠹 *Ficici sulcinodis*（Schedl）

鉴定特征　体长2.5mm；体色黑色；前胸背板中部具光亮线，线两侧中部具凹坑；前缘两侧具明显的齿瘤及鳞片鬃；鞘翅沟间部形成明显的隆脊，脊明显窄于刻点沟宽度；鞘翅刻点沟的沟深而宽；沟间部的脊明显而窄，后面的鳞片更长，稍密。

寄主　无记录。

分布　巴布亚新几内亚。

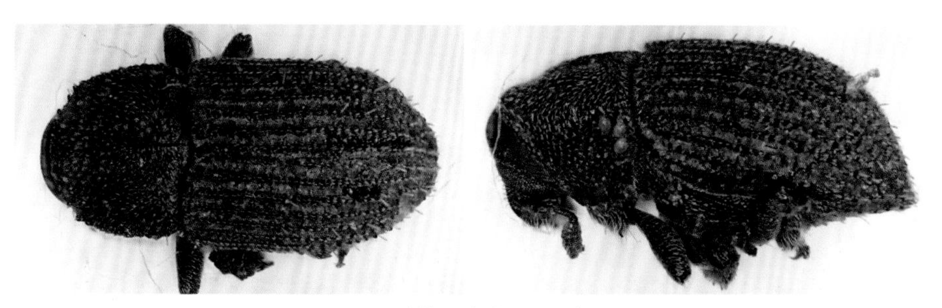

图122　纵沟榕小蠹背面观、侧面观

207 华莱士榕小蠹 *Ficici wallacei*（Blandford）

鉴定特征　体长2.8mm；体色棕红色；前胸背板前缘两侧具明显角状齿瘤；

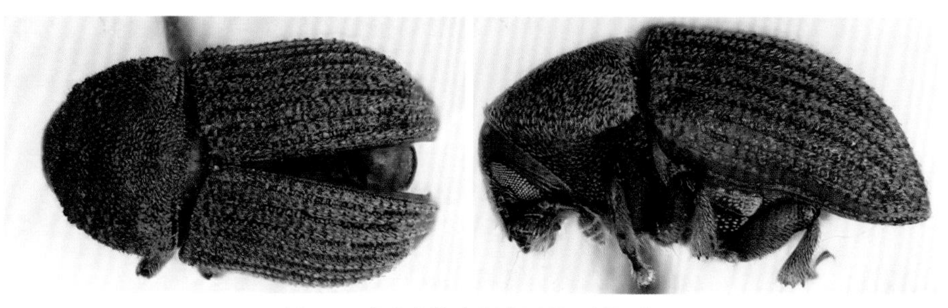

图123　华莱士榕小蠹背面观、侧面观

鞘翅背盘沟间部平坦而宽，约为刻点沟的2倍；斜面上沟间部明显凸起，刻点沟深而窄，沟间部仍然明显宽于刻点沟。

寄主 榕属（*Ficus* spp.）、杧果人面子（*Dracontomelum mangiferum*）。

分布 新加坡、印度尼西亚、巴布亚新几内亚。

（四十五）精灵小蠹属 *Hapalogenius* Hagedorn，1912

属征 触角棒长椭圆形或卵形，端部圆，有时具隔，通常具有4～7个与缝线不相对应的紧邻的环形毛；触角索节6或7节，后面1～2节比基部节的横向比强烈；眼通常微凹缺。前足基节的前缘脊延伸至前胸背板的前腹缘；前足胫节的端半部加宽，具有5～9个小的紧密的小齿；前足胫节的前面发达，无毛跗槽，前跗节缩入槽。

精灵小蠹属（*Hapalogenius*）是Hagedorn于1912年建立，该属与海眼小蠹属（*Hylesinopsis* Egger）及*Rhopalopselion* Hagedorn是近似属。目前该属世界上已知32种，主要分布于非洲区。该属几乎所有种类主要危害韧皮部，其雌雄性比为一雌一雄型，其中有寄主危害记录的有16种，主要危害各种合欢树。我国口岸（张家港）曾多次截获该属种类。

精灵小蠹属及近似属的分属检索表

1 触角索节7节，触角棒圆形至卵圆形，具有几圈紧密排列的环形毛；前胸背板近方形，近端部没有缢缩，前角呈明显的刺状，具有粗糙的颗粒；小盾片较大，方形；第5腹板具有1似三角形的中突……………………***Rhopalopselion***

触角索节6或7节，触角棒较细长，触角棒环形毛等于或少于节数；前胸背板梯形，前端窄，近端部缢缩，前角无明显的刺状，颗粒不显著；小盾片小或不可见；第5腹板无中突……………………2

2 触角棒长椭圆形或蛋形，端部圆形，有时具隔膜，通常具有4～7圈与棒节缝不对应的紧密排列的环形毛；触角索节6或7节，至少最后1～2节比其他基部几节更宽；眼通常稍稍内凹；前足胫节的端半部宽，凸形的外缘至端部圆形，具有5～9根小的紧密排列的齿；前足胫节的前缘具有发育好的光洁的跗节沟，前面跗节收缩进沟内……………………***Hapalogenius***

触角棒长，端部稍微尖状，基部的缝通常部分或完全分离，在外缘最多具有3列鬃毛；触角索节6节，端部的节不会明显加宽，通常比基部几节稍微宽些；眼完整；前足胫节的外缘在端半部不呈突圆状，无1列小齿，端部延伸形成向后指向的刺，基部外缘最多3个小齿，端缘平截，具有1～3个较小的齿；前足胫节前缘具有非常短的跗节沟，跗节不收缩………………………………… ***Hylesinopsis***

208 非洲精灵小蠹 *Hapalogenius africanus*（Eggers）

鉴定特征 体长1.5～2.2mm；体色棕黄色；触角索节6节，前胸背板的前缘具有6或8个齿；鞘翅上的鬃毛排列紧密；鞘翅斜面在沟间部具有明显凹陷。

寄主 无记录。

分布 安哥拉、博茨瓦纳、莫桑比克、赞比亚、津巴布韦。

209 凹额精灵小蠹 *Hapalogenius atakorae*（Schedl）

鉴定特征 身体红棕色，体长2.5mm，体长约是体宽的2倍；额短，自口上缘深凹，凹陷区域从眼延伸至眼上部，下部的凹陷区较宽，具有稀疏而短的浅色鳞状鬃；前胸背板宽大于长，二者比35∶20，前胸背板的最宽处位于基部，自基部2/3处两侧以弧形线的趋势逐渐会合，在端部呈窄的圆形状，具有明显的缢缩。小盾片小，近方形，凹陷状。鞘翅稍宽，鞘翅长大于前胸背板的2倍长，鞘翅从基部至中部两侧近乎平行，此后向后呈圆弧状延伸。鞘翅盘上的刻点沟具有深的刻点，刻点排列紧密。每个沟间部被有3列密的黄色至棕色的短鳞片鬃，中间列的鳞片鬃相对更直立和长。鞘翅斜面上左侧鞘翅沿翅缝隆起光亮的波浪状缝脊，第2沟间部在斜面中部位置开始深深凹陷，凹陷区域表面光亮无毛，第3沟间部再次隆起，但不如第1沟间部隆起的高，上面具有较大的颗瘤和明显的鳞片鬃。

寄主 无记录。

分布 贝宁、多哥、加纳。

图124 凹额精灵小蠹头部、背面观、侧面观

210 长椭圆精灵小蠹 *Hapalogenius oblongus*（Eggers）

鉴定特征 体色棕红色；触角索节6节；前胸背板和鞘翅背盘上的鳞毛较稀疏；鞘翅斜面上的鳞毛排列浓密，鞘翅两侧在近末端变窄，鞘翅斜面沟间部无明显的凹陷。

寄主 金合欢属（*Acacia* spp.）、巴豆属（*Croton* spp.）、桉属（*Eucalyptus* spp.）。

分布 肯尼亚、乌干达。

（四十六）海小蠹属 *Hylesinus* Fabricius，1801

属征 体长为2.0～2.5mm，体长是体宽的2.2倍，中大型种类，体型粗阔椭圆；眼长椭圆形；触角棒节扁平，纵向椭圆，共分3节，节间内有几丁质嵌隔，索节7节，柄节粗长；雄虫额部凹陷；雌虫额部沿口上片有1条横沟，横沟以上额面微突，两性额面均遍生刻点和短毛；前胸背板长小于宽，背板基缘中部向后延伸成角，基缘两侧前凹成弧，恰与前突的翅基吻合；背板前侧方常有颗瘤等粗糙结构，背板的刻点粗大，有时相互连通成沟陷，刻点中心各生1毛，全部顺向后方，有时有鳞片；鞘翅表面由前向后逐渐下倾，腹部腹面则逐渐上升，侧面观虫体呈锥形；两翅基缘各自前突，合成并列的双突弧线，基缘本身突起，上有1列锯齿，小盾片处锯齿中断；刻点沟规则凹陷，沟间部隆起，粗糙，上面的刻点变成颗粒；沟间部的毛被从基至端由无渐有，由少渐多，排成多列；部分种类鳞片色调不一，在翅面上组成花式斑纹，少数种类鞘翅无鳞片，只有刚毛。

目前该属世界上已知37种，其原始分布区及物种数量如下：东洋区5种、澳洲区3种、古北区19种、新热带区2种、新北区8种。现主要分布于北美洲、南美洲、欧洲、非洲、亚洲和大洋洲等。所有种类都蛀食阔叶树的树皮，在白蜡属、胡桃属、榛属及其他木犀科的寄主种类中很普遍。我国口岸曾多次截获该属种类。

211 长海小蠹 *Hylesinus cholodkovskyi* Berger

鉴定特征 体长3.9～4.8mm；长椭圆形，体形狭长；雄虫额部狭长凹陷，额底面有网状印纹，刻点细小稠密，均匀散布；前胸背板前侧无颗瘤列；鞘翅沟间部上有2种毛被：刚毛和鳞片。

寄主 水曲柳（*Fraxinus mandschurica*）。

分布 中国、俄罗斯。

212 黑胸海小蠹 *Hylesinus crenatus*（Fabricius）

鉴定特征 体长4.0mm，体宽2.0mm；体色棕黑色；前胸背板和鞘翅无鳞片鬃或毛，光秃；前胸背板中后部刻点圆而大，两侧具粗糙的角状颗瘤；鞘翅刻点沟深，沟间部具角片状颗瘤；斜面第2沟间部凹陷，第1、3沟间部相对凸起。

寄主 梣属（*Fraxinus* spp.）、欧梣（*F. excelsior*）、水曲柳（*F. mandshurica*）、美洲黑

核桃（*Juglans nigra*）、欧丁香（*Syringa vulgaris*）、栎属（*Quercus* spp.）、椴属（*Tilia* spp.）。

分布 阿尔及利亚、摩洛哥、奥地利、比利时、捷克、斯洛伐克、丹麦、英国、芬兰、法国、德国、希腊、匈牙利、意大利、卢森堡、挪威、波兰、罗马尼亚、西班牙、瑞典、瑞士、俄罗斯、爱沙尼亚、拉脱维亚、前南斯拉夫。

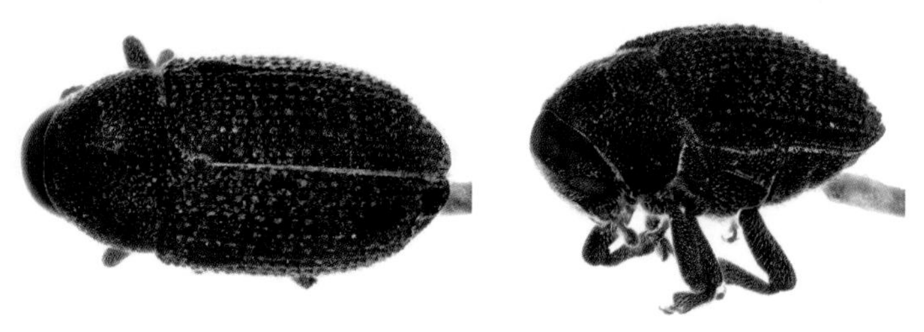

图125 黑胸海小蠹背面观、侧面观

213 花海小蠹 *Hylesinus eos* Spessivtsev

鉴定特征 体长2.6～3.4mm；椭圆形，有花斑；前胸背板黑褐色，中部有横向浅色条带，鞘翅底面黄褐色，上面杂生深褐色的斑纹；雄虫额部狭长深陷，额底面呈细网状，刻点圆小浅平，刻点间隔微突；前胸背板的颗粒分布于前胸背板的前半部；鞘翅的鳞片两色杂生，构成大理石样的花纹。

寄主 欧梣（*Fraxinus excelsior*）、水曲柳（*F. mandshurica*）、核桃楸（*Juglans mandshurica*）。

分布 中国、日本、俄罗斯。

214 圆海小蠹 *Hylesinus laticollis* Blandford

鉴定特征 体长3.0～4.0mm，体型短阔椭圆，雄虫额部狭长凹陷，表面平坦，有网状细密印纹，刻点浅大稠密，均匀散布，额面下半部有宽阔低平的中隆线；前胸背板前侧各有鳞状瘤3～4枚，左右排成对称的八字行列；鞘翅翅面上只有1种毛被，宽阔竖立的黑色鳞片。

寄主 梣属（*Fraxinus* spp.）、花曲柳（*F. rhynchophylla*）、水曲柳（*F. mandshurica*）、象蜡树（*F. spaethiana*）、鬼胡桃（*Juglans sieboldiana*）。

分布 中国、日本、俄罗斯。

215 托兰海小蠹 *Hylesinus toranio*（Danthione）

鉴定特征 体长1.9～2.8mm；体色深棕色；身体具浅色和深棕色的混合毛被；鞘翅具有12个大的基部齿瘤；鞘翅刻点沟窄，非常深的凹陷，沟间部是刻点沟的2～3倍。

寄主 欧梣（*Fraxinus excelsior*）、花白蜡树（*F. ornus*）、水青冈属（*Fagus* spp.）、木犀榄（*Olea europaea*）、丁香属（*Syringa* spp.）。

分布 阿尔及利亚、摩洛哥、以色列、日本、土耳其、奥地利、比利时、保加利亚、捷克、斯洛伐克、丹麦、英国、法国、德国、希腊、匈牙利、意大利、挪威、波兰、西班牙、瑞典、瑞士、俄罗斯、阿根廷、前南斯拉夫。

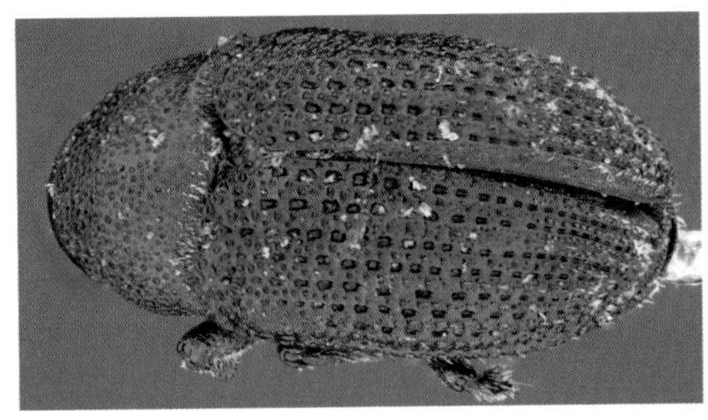
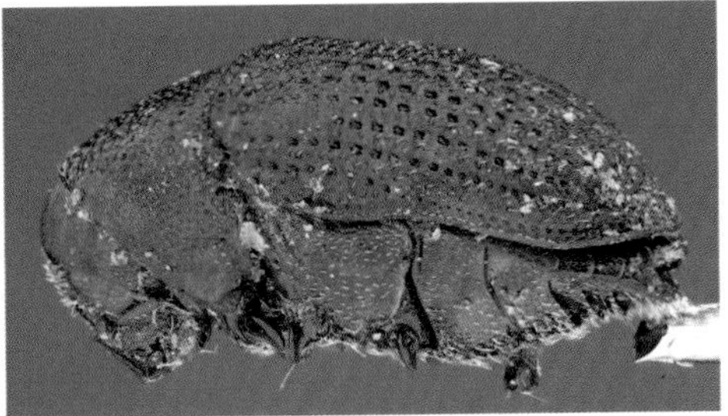

图126　托兰海小蠹背面观、侧面观

216 水曲柳海小蠹 *Hylesinus varius*（Fabricius）

鉴定特征　体长2.8mm，体宽1.5mm；体色土黄色；额平凹，着生许多细长的毛；前胸背板中后部周缘具黑色鳞片鬃；鞘翅具黑色不规则的鳞片鬃斑；鞘翅沟间部具单列黑色颗瘤；前胸背板的两侧具角片状颗瘤；鞘翅被浓密的土黄色和黑色鳞片鬃。

寄主　梣属（*Fraxinus* spp.）、水曲柳（*F. mandshurica*）、木犀榄属（*Olea* spp.）、胡桃属（*Juglans* spp.）、栎属（*Quercus* spp.）、刺槐属（*Robinia* spp.）。

分布　中国、土耳其、伊朗、阿尔及利亚、摩洛哥、突尼斯、奥地利、比利时、保加利亚、捷克、斯洛伐克、丹麦、英国、芬兰、法国、德国、希腊、匈牙利、意大利、卢森堡、挪威、波兰、罗马尼亚、西班牙、瑞典、瑞士、俄罗斯、马耳他、爱沙尼亚、拉脱维亚、前南斯拉夫。

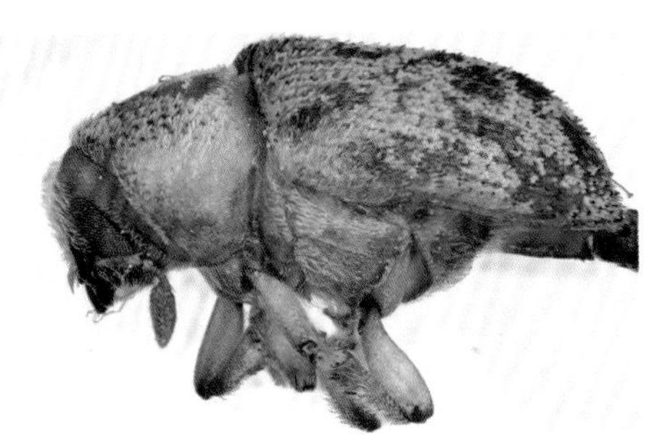

图127　水曲柳海小蠹背面观、侧面观

217 瓦赫特尔海小蠹 *Hylesinus wachtli orni* Fuchs

鉴定特征　体长2.5mm，体宽1.3mm；前胸背板为黑色，鞘翅为红棕色；前胸背板黄色鳞片鬃，中部具棕色鳞片鬃，延伸至基部仅两侧缘棕色，中部黄色鳞片鬃；鞘翅中部（缝两侧）基半部光秃，无鳞片鬃或毛，其他区域被土黄色鳞片鬃和黑色鳞片鬃斑纹；着生鳞片鬃的区域，沟间部具单列明显的黑色、尖圆形颗瘤。

寄主 水曲柳（*Fraxinus mandschurica*）。

分布 法国、希腊、意大利、罗马尼亚、西班牙、瑞士。

图128 瓦赫特尔海小蠹背面观、侧面观

十、孔小蠹族 Hypoborini Nuesslin, 1911

族征 大部分种类的额无雌雄二型现象（北美的*Liparthrum*具雌雄二型现象，雄虫额凸或扁平，雌虫的额凹陷）；雄虫的额凹陷，雌虫的额扁平至凸；眼完整；触角索节4～5节；前胸背板通常具有附属物；前足基节相连；第3跗节细长；小盾片不可见；鞘翅基缘的锯齿向侧缘延伸不超过第5刻点沟。

目前该族世界上已知8属74种。所有种类为单配型（一雌一雄），韧皮部小蠹。我国口岸主要截获该族的1属1种。

孔小蠹族分属检索表

1 触角索节6节，触角棒小，圆锥状，具有2条直的缝 ······ ***Zygophloeus***

触角索节3～5节，触角棒扁平，缝存在或缺失 ······ 2

2 前足胫节非常扁平，非常宽，端半部的侧缘具有1排排列紧密的齿（7～10个）；前胸背板上的颗瘤在侧面1/3区域聚成2～3对成簇的颗瘤区，每簇颗瘤区具有1～5个齿；触角索节5节，触角棒具有明显的3条缝 ······ ***Chaetophloeus***

前足胫节细长，侧缘具有4个或更稀疏的齿；前胸背板的颗瘤大多聚集在中部1/3处区域；触角索节3～5节 ······ 3

3 触角索节5节，触角棒非常宽，缝非常阔的向前弯曲；前足胫节细长，在外端角具有1个大的刺，侧缘具4个小的齿；鞘翅基缘的齿瘤弱小 ······ ***Glochiphorus***

前足胫节除了在外端角具有1大的刺，无任何其他齿；触角多变；鞘翅局鬃 ······ 4

4 触角索节4或5节，触角棒具有模糊的缝，触角棒阔椭圆形 ······ 5

触角索节3节，触角棒通常缝细长 ······ 7

5　触角索节4节，触角棒无缝；鞘翅的基缘具有连续的缘脊，单个齿瘤非常弱小；前胸背板前半部具有颗瘤；刻点沟不凹陷，刻点粗糙且深，刻点沟宽于沟间部……***Cryphyophthorus***

　触角索节4或5节，鞘翅基缘上的颗瘤明显；刻点沟刻点较小；前胸背板通常具有颗瘤，但不明显……6

6　触角索节4节，触角棒无缝；中后足胫节细长，与前足胫节等长……***Liparthrum***

　触角索节5节，触角棒具有3条模糊的缝；中后足胫节非常扁平，比前足胫节宽、具有粗糙的齿……***Hypoborus***

7　触角棒具有3条明显的缝；中后足胫节细长，与前足胫节等长……***Styracoptinus***

　触角棒长而细，缝不明显；柄节具有1簇长毛；在雄虫鞘翅第2沟间部背盘的基部1/4处具1非常大的齿瘤，在第3沟间部的斜面后半部和上半部具有4枚齿瘤……***Dacryostactus***

（四十七）戟翅小蠹属 *Styracoptinus* Wood，1962

属征　眼具凹缘；触角索节3节；触角棒长椭圆形或卵形，通常具有3条明显的缝；前胸背板宽大于长；小盾片缺失；前足基节分离距离非常窄；中后足胫节细长，几乎与前足胫节等长。

戟翅小蠹属是Wood于1962年修订的属名，该属原属名*Styracopterus*，与1890年发表的化石鱼的属名相同，Wood于1962年修订属名为*Styracoptinus* Wood，模式种为*Styracopterus murex* Blandford，1896。目前，戟翅小蠹属包括4种，凹翅戟翅小蠹（*Styracoptinus cavipennis*）、大戟戟翅小蠹（*Styracoptinus euphorbiae*）、尖石戟翅小蠹（*Styracoptinus murex*）和费雷拉戟翅小蠹（*Styracoptinus ferreirai*），该属种类仅分布于非洲区，中国未有该属种类记录。此外，该属昆虫主要危害的寄主植物为大戟科。

戟翅小蠹属分种检索表

1　鞘翅光滑，无戟状齿瘤……***S. euphorbiae***

　鞘翅在沟间部具有戟状齿瘤……2

2　鞘翅仅在第2沟间部具有隆起的齿瘤……***S. ferreirai***

　鞘翅除了在第2沟间部具有齿瘤，其他沟间部也具有齿瘤……3

3　鞘翅斜面自翅缝至第5沟间部具有隆起的细小锯齿瘤，第3和第4沟间部的齿瘤

较大 ………………………………………………………………………………………… *S. cavipennis*

鞘翅第2沟间部与第5沟间部近基部分别具有3个与2个排列紧密的小齿瘤，第3沟间部近中部区域具有4个排列稀疏的粗大的戟状齿瘤；第6沟间部基半部区域具有1列齿瘤；沿第8沟间部至翅缝具有1圈齿瘤 ……………………………… *S. murex*

218 尖石戟翅小蠹 *Styracoptinus murex*（Blandford）

鉴定特征 成虫体长1.4mm，体宽约1.0mm，体长约是体宽的1.4倍；体色棕红色，被浓密的灰白色圆形鳞片；触角基节末端膨大区域着生一簇黄色的细长鬃毛，鬃毛长于索节和棒节之和；索节3节；触角棒长椭圆形，具有3条明显的缝线，缝鬃长度明显短于两缝之间的距离；额自口上缘深凹，具有浓密的浅色鳞状鬃；前胸背板宽大于长；前胸背板的前半部、侧缘和鞘翅的侧缘具有浅色的毛形鳞片长鬃；小盾片缺失。鞘翅宽等于鞘翅长；鞘翅盘上的刻点沟具有深的刻点，刻点排列紧密，鞘翅被浓密的圆形浅色鳞片鬃；鞘翅基部具有1列横向齿瘤；鞘翅第2沟间部近基部具有3个排列紧密的齿瘤，第3沟间部近中部区域具有4个排列稀疏的粗大的齿瘤；第5沟间部近基部具有2个排列紧密的齿瘤；第6沟间部基半部区域具有1列齿瘤（一般8个齿瘤）；沿第8沟间部至翅缝具有1圈齿瘤。

寄主 金合欢属（*Acacia* spp.）、螺穗木（*Spirostachys africana*）。

分布 莫桑比克、南非、坦桑尼亚、津巴布韦。

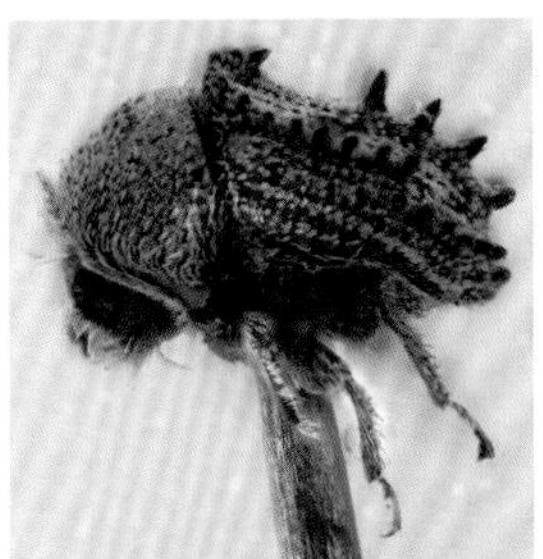

图129 尖石戟翅小蠹背面观、侧面观、头部

十一、肤小蠹族 Phloeosinini Nuesslin, 1912

族征 额通常具雌雄二型现象，雄性额凹陷，雌性额扁平至凸；眼多变，完整至内凹或完全分离；触角索节5～7节，触角棒扁平，稍微至明显不对称，缝存在或缺失；前胸背板无附属物；第3跗节粗壮，双叶型（*Chramesus*属细长）；小盾片可见，后胸背板与后背板愈合。

目前该族世界上已知15属242种。我国口岸主要截获其中的2属10种。

肤小蠹族分属检索表

1 眼完整……………………………………………………………………………………………2

眼内凹或完全分离………………………………………………………………………………10

2 前足胫节细长，具有3个明显非嵌入式齿，内爪形突非常大和长，向外缘弯曲……3

前足胫节宽阔，侧缘只要具有4个大小相同的嵌入式齿，内爪形突短，指向尾部或接近直形…………………………………………………………………………………………4

3 前足的胫节外顶角具2个紧邻的、突出的镶嵌齿，在侧缘有1个较小的齿；鞘翅基缘的齿列延伸至肩角区；沟间部表被有似毛状鬃或鳞片 …………… ***Phloeoditica***

前足胫节具2个等大的侧齿和1个正中的小齿；鞘翅基缘的齿列延伸至第5沟间部；表被缺失 ……………………………………………………………………… ***Microditica***

4 触角索节5节 ……………………………………………………………………………………5

触角索节6或7节 ………………………………………………………………………………7

5 触角棒对称；鞘翅基缘的齿列仅1列…………………………………………… ***Asiophilus***

触角棒非常不对称；鞘翅基缘的齿列非常接近小盾片…………………………………6

6 触角棒缝强烈向前弯曲，其上有明显的刚毛和凹槽…………………… ***Pseudochramesus***

触角棒无缝 …………………………………………………………………………… ***Chramesus***

7 触角索节7节 ……………………………………………………………………………………8

触角索节6节 ……………………………………………………………………………………9

8 小盾片可见；鞘翅基部强烈向前弯曲；前足基节非常宽的分离……… ***Dendrosinus***

小盾片不可见；鞘翅基部微弱向前弯曲；前足基节相连……………………… ***Hyleops***

9 身体纤细，长是宽的2.1倍；触角棒几乎对称……………………………… ***Carphotoreus***

身体粗壮，长为宽的1.6倍；触角棒强烈不匀称…………………………… ***Catenophorus***

10 触角索节5或6节；触角棒近球形；前足基节相连 …………………… ***Cladoctonus***

触角索节5节；触角棒较长；前足基节分离……11

11 第10内纵刻线连续至鞘翅斜面（至可见第3腹板水平）；鞘翅肩角向头部轻微伸长，在肩角上具最大的小圆齿……***Phloeocranus***

第10内纵刻线在后足基节水平后不连续；前足胫节侧顶角不延长（除*Phloeoditica*外）……12

12 前胸背板表面粗糙，具颗瘤；触角棒第1、2条缝横切；眼表面粗糙，前缘浅显、宽阔的微凹……***Phloeosinopsoides***

前胸背板光滑；触角棒第1、2条缝倾斜；眼表面光滑，凹陷深度至少为眼宽度的1/3或完全分离……13

13 眼通常完全分离或深裂；第3跗节细长……***Hyledius***

眼通常凹陷小于一半；第3跗节宽大，凹陷至完全分离……***Phloeosinus***

（四十八）木质小蠹属 *Hyledius* Sampson，1921

属征 眼通常完全分离或深裂；前胸背板光滑；触角索节5节；触角棒较长，触角棒第1、2条缝倾斜；鞘翅第10内纵刻线在后足基节水平后不连续；前足基节分离；第3跗节细长。

目前该属世界上已知24种，其中东洋区22种、澳洲区2种。我国口岸曾截获该属其中1种类。

219 光胸木质小蠹 *Hyledius nitidicollis*（Motschulsky）

鉴定特征 体长2.5mm，体宽1.4mm；体型粗壮；体色棕黑色；前胸背板光亮，具正常大小刻点，无颗瘤；鞘翅背盘刻点沟深凹，刻点圆、大而深，排列紧密；沟间部具粗糙褶皱；沟间部宽为刻点沟宽的3倍；鞘翅斜面刻点沟浅凹；第2和第4沟间部明显凹，第1和第3沟间部明显凸；第1、3、5、7沟间部具大的圆

图130 光胸木质小蠹背面观、侧面观

钝状颗瘤。

寄主 菲律宾肉豆蔻（*Myristica philippinensis*）、肉豆蔻（*M. fragrans*）、多玛木姜子（*Litsea domarensis*）。

分布 老挝、马来西亚、斯里兰卡、印度尼西亚、巴布亚新几内亚、菲律宾。

（四十九）肤小蠹属 *Phloeosinus* Chapuis，1869

属征 体长1.5～4.1mm，体长是体宽的1.8～2.1倍，中小型种类，短阔粗壮；体色赤褐色、褐色或黑色；眼肾形，眼前缘中部有角形凹陷；触角棒节长饼状，共3节，节间斜向，中间夹有黑色几丁质嵌隔；索节5节；雄虫额部狭长凹陷，雌虫额部短阔平隆，均有中隆线，额面有刻点和鬃毛，均匀散布；前胸背板表面平坦，只有刻点和毛鳞，无颗粒结构。两翅基缘各自前突成弧，基缘本身突起，上有1列锯齿；刻点沟凹陷清晰；沟间部宽阔，刻点细小多列，点心生刚毛或鳞片；鞘翅斜面奇数沟间部突起，偶数下陷；第1与第2沟间部直通翅端，第3沟间部与环翅缘绕行的第沟间部在翅端汇合，连成一弧形角区，将第4、5、6、7、8沟间部断截在此区内；突起的沟间部上常有大型颗瘤，排成纵列，雄性较雌性强大。

目前该属世界上已知80种，主要分布北美洲、欧洲、非洲、大洋洲和亚洲及附近岛屿。所有种类都蛀食树皮。多数危害针叶树，尤其是柏木。我国口岸曾多次截获该属种类。

220 柏肤小蠹 *Phloeosinus aubei*（Perris）

鉴定特征 体长2.1～2.5mm；体型粗大；头、前胸背板黑色，鞘翅红棕色；额面、前胸背板底面平滑；鞘翅具稀疏的扁平状刚毛；斜面刚毛较少，尤其第2沟间部光亮；鞘翅的沟间部较粗糙，上面着生刚毛横排3～4枚；雄虫鞘翅斜面奇数沟间部有大的颗瘤，偶数沟间部平坦，第1沟间部具5～6个颗瘤，第3沟间部具7～8个颗瘤，第5及其以外的各沟间部颗瘤细小稀疏。

寄主 杉木（*Cunninghamia lanceolata*）、侧柏（*Platycladus orientalis*）。

分布 中国、俄罗斯、保加利亚、德国、法国、意大利、西班牙、前南斯拉夫。

图131　柏肤小蠹背面观、侧面观、鞘翅斜面

㉑ 鳞肤小蠹 *Phloeosinus camphoratus* Tsai and Yin

鉴定特征 体长2.2～2.4mm；前胸背板遍生鳞片，没有毛状鬃；鞘翅只有1种褐色的鳞片；鞘翅斜面奇数、偶数沟间部的高低差别不大，两性的斜面完全相同。

寄主 樟（*Cinnamomum camphora*）、大叶桂（*C. iners*）。

分布 中国、泰国。

222 美柏肤小蠹 *Phloeosinus cupressi* Hopkins

鉴定特征 体长2.0～3.6mm；雄虫的额适度至深度凹陷，雌虫的额凸，混生细至粗糙的颗瘤、刻点，雄虫的中部隆脊几乎缺失，雌虫的中部隆脊强烈隆起；前胸背板具密而深的刻点；鞘翅沟间部具皱纹颗粒；雄虫斜面第1沟间部仅在顶端具锯齿，第3沟间部具有很粗糙的暗的锯齿；雌虫第1和3沟间部具有小或大的锯齿和颗瘤，第1沟间部的较小，并延伸至翅端部；表被具发状刚毛或鳞片。

寄主 黄扁柏（*Chamaecyparis nootkatensis*）、美国扁柏（*Cupressocyparis lawsoniana*）、柏木属（*Cupressus* spp.）、大果柏（*C. macrocarpa*）、沙地柏（*C. sargentii*）、西藏柏木（*C. torulosa*），北美乔柏（*Thuja plicata*）、北美红杉（*Sequoia sempervirens*）。

分布 澳大利亚、新西兰、加拿大、美国、巴拿马。

223 齿肤小蠹 *Phloeosinus dentatus*（Say）

鉴定特征 体长1.8～2.8mm，体长为体宽的2.0倍；体色深棕色，前胸背板的颜色深于鞘翅的；前胸背板刻点之间底面光滑、光亮；鞘翅沟间部为刻点沟的2～4倍宽；鞘翅第1沟间部具8个稀疏排列的小齿瘤，第2沟间部近端部具有2个小瘤，第3沟间部具有9个以上的小齿瘤；第4沟间部无颗瘤。

寄主 美国尖叶扁柏（*Chamaecyparis thyoides*）、杉木（*Cunninghamia lanceolata*）、利兰桧（*Cupressocyparis leylandii*）、北美刺柏（*Juniperus virginiana*）、北美香柏（*Thuja occidentalis*）、森林刺柏（*Juniperus silvicola*）、刺柏（*Juniperus ashei*）。

分布 加拿大、美国。

图132 齿肤小蠹背面观、侧面观、鞘翅斜面

224 微肤小蠹 *Phloeosinus hopehi* Schedl

鉴定特征 体长1.5mm；额面、前胸背板底面平滑；鞘翅刻点沟狭窄浅，刻点细小疏散，沟间部平滑光亮，无鬃毛（稀少）；鞘翅第1、3沟间部具7～8个大的齿瘤，第2、4沟间部无齿瘤，其他具有较少的小齿瘤。

寄主 侧柏（*Platycladus orientalis*）、圆柏（*Sabina chinensis*）。

分布 中国。

图133 微肤小蠹背面观、侧面观、鞘翅斜面

225 罗汉肤小蠹 *Phloeosinus perlatus* Chapuis

鉴定特征 体长2.4～3.4mm；额几乎扁平，具纵向隆脊，具小而密的刻点；前胸背板长等于宽，自前缘至后缘具1条由密的刻点构成的纵向线；鞘翅刻点沟强烈凹陷，沟间部宽，具有毛和微小的颗瘤，第2沟间部在端部稍微扁平和窄；鞘翅的毛在基部细，向端部延伸逐渐加粗，斜面具密的鳞片状短毛；斜面上的颗瘤要大于背盘上的，前足胫节在基部稍微宽，中部之后急剧加宽。

寄主 杉木（*Cunninghamia lanceolata*）、扁柏属（*Chamaecyparis* spp.）、柳杉属（*Cryptomeria* spp.）、刺柏属（*Juniperus* spp.）、圆柏（*Sabina chinensis*）、红豆杉属（*Taxus* spp.）、罗汉柏属（*Thujopsis* spp.）。

分布 中国、日本、韩国。

226 刻点肤小蠹 *Phloeosinus punctatus* LeConte

鉴定特征 体长2.0～3.4mm；雄虫额微凹，雌虫额凸，表面光泽，具密而细的颗瘤和刻点，具1明显的纵向隆脊；前胸背板的刻点密而深；鞘翅沟间部具有光泽，褶皱或颗瘤状；鞘翅斜面第1和3沟间部具有1列锯齿或颗瘤；表被具鳞片鬃至刚毛，疏密多变。

寄主 黄扁柏（*Chamaecyparis nootkatensis*）、美国西部刺柏（*Juniperus occidentalis*）、北美翠柏（*Calocedrus decurrens*）、北美香柏（*Thuja occidentalis*）、北美乔柏（*T. plicata*）、异叶铁杉（*Tsuga heterophylla*）、巨杉（*Sequoia gigantea*）、北美红杉（*S. sempervirens*）。

分布 加拿大、美国。

227 红杉肤小蠹 *Phloeosinus sequoiae* Hopkins

鉴定特征 体长3.0～4.3mm，体长为体宽的2.0倍；体色深棕色至黑色，鞘翅颜色通常浅，呈红棕色。鞘翅第1、2沟间部无齿瘤，第3沟间部具有9～10个大的齿瘤，其中5～6个齿瘤较大，端部圆钝状，第4、6、8沟间部无齿瘤，第5、7、9沟间部具3个左右明显的齿瘤；第1沟间部具有2列金黄色透明状鳞片鬃、第2沟间部具有1列金黄色透明状鳞片鬃，鬃长稍稍大于鬃宽。

寄主 美国扁柏（*Chamaecyparis lawsoniana*）、黄扁柏（*C. nootkatensis*）、大果柏（*Cupressus macrocarpa*）、北美翠柏（*Calocedrus decurrens*）、北美乔柏（*Thuja plicata*）、北美红杉（*Sequoia sempervirens*）。

分布 加拿大、美国。

图134 红杉肤小蠹背面观、侧面观、鞘翅斜面

228 齿列肤小蠹 *Phloeosinus serratus*（LeConte）

鉴定特征 体长2.3～3.7mm；雄虫额横凹或刻痕，雌虫均匀凸起，褶皱颗瘤，具模糊的纵向隆脊；前胸背板具密而深的刻点；鞘翅沟间部皱，具颗瘤和刻点；雌虫的斜面第1、2和3沟间部具1排锯齿或颗瘤（10个齿瘤）；雄虫斜面第1和3沟间部具1排粗糙的锯齿（10个齿瘤），第2沟间部的颗瘤较小（一般4个）或缺失，第2沟间部光滑，第4沟间部无颗瘤，第5、7、9沟间部具有4个左右的齿瘤；鞘翅表被金黄色透明状稀疏的鳞片鬃。

寄主 刺柏属（*Juniperus* spp.）、墨西哥圆柏（*Juniperus deppeana*）、北美樱桃核桧（*J. monosperma*）、北美西部圆柏（*J. occidentalis*）、骨籽圆柏（*J. osteosperma*）、落基山桧（*J. scopulorum*）、绿干柏（*Cupressus arizonica*）。

分布 牙买加、墨西哥、美国。

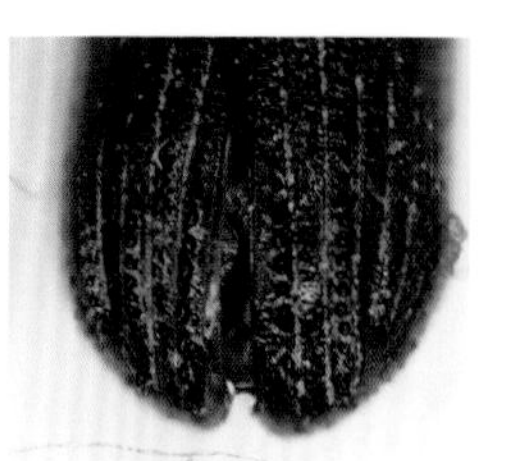

图135 齿列肤小蠹背面观、侧面观、鞘翅斜面

229 桧肤小蠹 *Phloeosinus shensi* Tsai and Yin

鉴定特征 体长2.2～2.9mm，体型狭长；鞘翅沟间部平滑，上面鬃毛横排2～3根；鞘翅斜面颗瘤较小，鞘翅斜面奇数沟间部隆起，偶数凹陷，第2、4沟间部无颗瘤，其余沟间部均有小瘤，第1沟间部具6～7个颗瘤，第3沟间部具有4个颗瘤，第5及其他各沟间部1～2个颗瘤。

寄主 圆柏（*Sabina chinensis*）。

分布 中国。

230 杉肤小蠹 *Phloeosinus sinensis* Schedl

鉴定特征 体长2.0～3.8mm；鞘翅毛被只有1种，既像刚毛，又像鳞片，即刚毛状的鳞片；鞘翅斜面沟间部上的颗瘤排列稠密，第1、3沟间部的颗瘤均在10个以上，第2沟间部6～7个；第1、3沟间部隆起，第2沟间部低平。

寄主 杉木（*Cunninghamia lanceolata*）。

分布 中国。

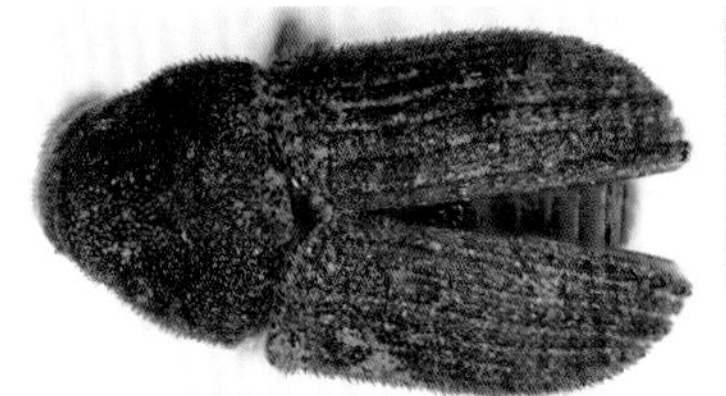

图136 杉肤小蠹背面观、侧面观、鞘翅斜面

十二、皮小蠹族 Phloeotribini Chapuis, 1869

族征 额具有雌雄二型现象，雄性凹陷，雌性扁平至凸；眼完整；触角索节5节，触角棒非常不对称，深分成可动的3节；前足基节相连；前胸背板的侧缘圆钝；前胸背板上的颗瘤存在或缺失；后胸背板和后背板愈合。

目前该族世界已知3属107种。我国口岸主要截获1属2种。

皮小蠹族分属检索表

1 触角棒第1节对称的波浪形；前足胫节的侧缘无齿；前胸背板的侧缘具颗瘤……
……………………………………………………………………………………… *Aricerus*

触角棒第1节不对称；前足胫节的侧缘具一些齿；前胸背板的侧缘圆钝，无

颗瘤……………………………………………………………………………………2

2　触角索节第2节长于索节第3～5节之和；前胸背板的前缘倾斜；鞘翅斜面具有鳞片和长鬃……………………………………………………***Dryotomicus***

触角索节第2节短于索节第3～5节之和；前胸背板的前缘扁平；鞘翅斜面仅具有长鬃……………………………………………………***Phloeotribus***

（五十）皮小蠹属 *Phloeotribus* Latreille，1797

属征　体长1.2～4.0mm，体型细长或非常粗壮；体色黑褐色至黑色；前额性二型，雄性变化大，下陷到中突；雌性中突；复眼完整；触角柄节长，索节5节；棒节被分为3节，中间微弱或强烈的延伸；前胸背板宽大于长，齿有或无；小盾片小，可见；每个鞘翅基部有9～16个粗糙的圆齿状皱褶；刻点沟微弱或强烈下陷；沟间部通常具粗糙的刻纹；斜面中突，陡峭，刻纹固定；胫节宽，着生有几个小齿；第3跗节细长或深二裂。

目前该属世界上已知104种，主要分布于南美洲、北美洲、中美洲、欧洲、非洲和澳大利亚。所有种类都蛀食树皮，如藤黄属、栎属、李属、朴属、饱食桑属、罗汉松属、冷杉属和云杉属等。我国口岸曾多次截获该属种类。

231　樱梳皮小蠹 *Phloeotribus liminaris*（Harris）

鉴定特征　雄虫体长1.9～2.3mm，体长为体宽的1.9倍；体型圆柱形，鞘翅的两侧较平行；额扁平；触角具有非常长的基节；触角索节5节，触角棒长，具有3节呈扇叶状，触角棒的第1节长为宽的3～4倍；前胸背板宽大于长，长为宽的0.8倍；前胸背板的边缘无颗瘤；鞘翅长为宽的1.3～1.4倍；鞘翅后端非常阔圆；鞘翅每侧基部具有10～11枚齿瘤；鞘翅仅具有较长的、直立的、浓密的黄色鬃毛；鞘翅斜面上的鬃要长于背盘鬃；鬃的长度约为沟间部宽的1～2倍；鞘翅刻点沟和沟间部一样宽，具明显的刻点。雌虫相似于雄虫，但额凸，鞘翅斜面上的颗瘤明显较小。

寄主　橙桑（*Maclura pomifera*）、美洲李（*Prunus americana*）、酸樱桃（*P. cerasus*）、野黑樱桃（*P. serotina*）、李属（*Prunus* spp.）、桃（*Amygdalus persica*）。

分布　加拿大、美国、意大利。

232　螬形韧皮小蠹 *Phloeotribus scarabaeoides*（Bernard）

鉴定特征　雄虫体长1.8～2.5mm；体型椭圆形；鞘翅的侧面不是直线形，仅基部2/3区域两侧较平行；额扁平；触角具有非常长的基节；触角索节5节，触角棒长，具有3节呈扇叶状，触角棒的第1节长为宽的7倍；前胸背板的前侧缘具有微小颗瘤；鞘翅具有细的、直立的鬃毛，和浓密的浅色鳞片；鞘翅的刻点沟非常窄，窄于沟间部，刻点小，不明显。

寄主 木犀榄（*Olea europaea*）、乳香黄莲木（*Pistacia lentiscus*）。

分布 以色列、叙利亚、土耳其、阿尔及利亚、摩洛哥、突尼斯、保加利亚、塞浦路斯、法国、希腊、匈牙利、意大利、西班牙、瑞士、马耳他、前南斯拉夫。

十三、四眼小蠹族 Polygraphini Chapuis, 1869

族征 额具雌雄二型现象，雄性凹陷，雌性扁平至凸，通常具有毛；眼内凹至完全分离；触角索节5或6节，触角棒不对称，扁平，缝存在或缺失；前足基节相连，第3跗节细长；前胸背板无附属物，小盾片不可见，鞘翅基缘的齿列向侧面延伸至肩胛区。

目前该属世界上已知9属155种。我国口岸主要截获多其中的2属8种。

四眼小蠹族分属检索表

1 鞘翅的基缘具有连续的缘脊；前足胫节细长，侧缘仅具有1个齿…………***Serrastus***

鞘翅的基缘具有齿列；前足胫节阔扁，侧缘具有一些嵌入式小齿……………………2

2 触角索节5或6节；雄虫的额在接近眼上部具有1对中瘤；表被丰富的鳞片………3

触角索节6节；眼从不分离成两部分；雄虫的额无中瘤；表被毛状鬃，如果具鳞片鬃，则非常稀疏……………………………………………………………8

3 眼完全分离；触角棒非常扁平，不对称，无缝……………………………………4

眼内凹宽度不超过眼宽的一半；触角棒对称，具有明显的缝…………………………5

4 胫节侧缘具有2个以上的齿（如果具有2个齿，则小盾片可见）………***Polygraphus***

胫节侧缘仅具有2个齿，小盾片不可见……………………………………***Dolurgocleptes***

5 触角棒的缝前弯曲；表被稀疏，沟间部仅单列排列……………………………………6

触角棒的缝直或接近直；表被非常丰富……………………………………………………7

6 触角棒具有3条微微前弯曲的缝，端部明显的渐尖；表被稀疏，斜面单列排列；斜面第2沟间部凹陷，无附属物，第1和第3沟间部具小的颗瘤……………***Halystus***

触角棒缝1微微前弯曲，缝2正常前弯曲；刻点沟的刻点非常小……***Cardroctonus***

7 雄虫的额具浅的凹陷，雌虫额通常凸；表被具丰富的鳞片；触角棒正常大，

扁平 …………………………………………………………………………………… *Carphoborus*

雄虫的额具非常深的凹陷，雌虫凹陷，但不如雄虫的明显；触角棒小，圆锥状；仅在斜面或近斜面沟间部具有一些鬃 ……………………… *Bothinodroctonus*

8　触角棒对称，具有3条横向的缝；表被丰富，似毛状 ……………………… *Carphobius*

触角棒非常不对称，仅具有1条明显倾斜的缝；通常仅斜面具有鳞片状鬃 ………………………………………………………………………………………… *Chortastus*

（五十一）粉小蠹属 *Carphoborus* Eichhoff，1864

属征　体型较小，触角索节5节，触角棒扁椭圆至细长形，具有3条明显的直缝；眼长椭圆形，前缘具有明显的内凹，但不断开；雄虫额浅的凹陷，雌虫额通常凸；鞘翅基缘隆起，密被鳞毛。

233 双角粉小蠹 *Carphoborus bicornis* Wood

鉴定特征　体长1.3～1.6mm，体长为体宽的2.5倍；体色深棕色，被浅色鬃毛；额凸，下部2/3区域扁平，表面网纹状，眼下区域具1对明显宽阔分离的角状齿；鞘翅斜面第3沟间部具隆起较宽的峰，齿瘤较多，明显混乱排列。

寄主　沙松（*Pinus clausa*）、矮松（*P. virginiana*）。

分布　美国。

图137　双角粉小蠹背面观、侧面观、鞘翅斜面

（五十二）四眼小蠹属 *Polygraphus* Erichson，1836

属征　体长1.8～3.1mm，体长是体宽的2.0～2.4倍；圆柱形，体色黑褐色，有稠密的鳞片；眼自前缘中部断开，分为上下两半，两半的后缘仍相接；触角棒节鳃片状，无节间和毛缝，索节5～6节；雄虫额面中部两眼之间突起，当中有1对小瘤，瘤下方凹陷，由窄渐宽，有如扇面；额面有刻点和短毛；雌虫额面无瘤，平或凹陷，额面遍布刻点额毛较长，直向竖立，额周外缘的鬃毛更长；前胸背板平坦无瘤，只有刻点，有毛状鬃和鳞片，横向而生；鞘翅基缘平直，两翅基连合，

构成统一的直线；基缘本身稍隆起，上有细小的锯齿，小盾片两侧齿列不中断；刻点沟不凹陷；沟间部宽阔，有多列刻点和鳞片，沟间部中常有1列小颗粒，自翅中部起开始显著，终于翅端，颗粒后各随1鳞，较竖立；鞘翅斜面翅缝及第1沟间部略突起。

目前该属世界上已知101种，主要分布于北美洲、亚洲及其附属岛屿、欧洲、非洲和马达加斯加群岛。所有种类都蛀食树皮，大部分危害针叶树，如松属、云杉属、冷杉属等，极少种类危害阔叶树，如枫杨属。我国口岸曾多次截获该属种类。

234 毛额四眼小蠹 *Polygraphus major* Stebbing

鉴定特征 体长3.1～3.5mm，触角索节6节，触角棒长而大，顶端较尖锐；雄虫额面微微浅凹，雌虫的额面凹陷，周缘环生长毛；前胸背板毛鳞间生，以鳞为主；鞘翅鳞片灰黄色，形状椭圆顶尖，形如花瓣；鞘翅刻点沟刻点和沟间部刻点大小相等。

寄主 乔松（*Pinus griffithii*）、雪松（*Cedrus deodara*）、冷杉（*Abies fabri*）、长叶云杉（*Picea smithiana*）、*Picea gerardiana*。

分布 中国、不丹、印度、尼泊尔。

235 云杉小四眼小蠹 *Polygraphus polygraphus*（Linneaus）

鉴定特征 体长2.4～3.2mm；触角索节6节，触角棒占触角的比例较短，末端尖锐；前胸背板只有鳞片鬃，无毛状鬃；鞘翅短阔，其长度最多为前胸背板的2.5倍；鞘翅体表鳞片灰黄色，极其稠密；鞘翅刻点沟刻点和沟间部刻点大小相等。

寄主 云杉属（*Picea* spp.）。

分布 中国、日本、南非、奥地利、保加利亚、捷克、斯洛伐克、丹麦、英国、芬兰、法国、德国、希腊、匈牙利、意大利、卢森堡、挪威、波兰、罗马尼亚、瑞典、瑞士、俄罗斯、前南斯拉夫。

图138 云杉小四眼小蠹背面观、侧面观

236 冷杉四眼小蠹 *Polygraphus proximus* Blandford

鉴定特征 体长2.2～2.9mm；体型短阔；触角索节6节，棒节大小适中，顶端圆钝；雌虫额毛分布于全额面，短小直立；前胸背板鳞片和毛状鬃相间而生；鞘翅鳞片颜色金黄色，形状长方；鞘翅刻点沟刻点和沟间部刻点大小相等。

寄主 冷杉属（*Abies* spp.）、臭冷杉（*A. nephrolepis*）、萨哈林冷杉（*A. sachalinensis*）、鱼鳞云杉（*Picea jezoensis*）、红皮云杉（*P. koraiensis*）、松属（*Pinus* spp.）、落叶松（*Larix gmelinii*）。

分布 中国、日本、韩国、俄罗斯。

图139 冷杉四眼小蠹背面观、侧面观

237 红翅四眼小蠹 *Polygraphus rufipennis*（Kirby）

鉴定特征 体长2.1～3.1mm；额平至凹，雌虫具长鬃毛，雄虫在额瘤下凹陷；触角棒端部狭窄圆，前胸背板具浅黄色的鳞片鬃；鞘翅具有浅色的鳞片鬃；斜面第1、第3沟间部隆起，第3沟间部光滑无毛或具有小颗瘤。

寄主 恩氏云杉（*Picea engelmannii*）、白云杉（*P. glauca*）、蓝叶云杉（*P. pungens*）、红皮云杉（*P. rubra*）、弗雷泽冷杉（*Abies fraseri*）、美洲落叶松（*Larix laricina*）、北美乔松（*Pinus strobus*）。

分布 加拿大、美国、南非。

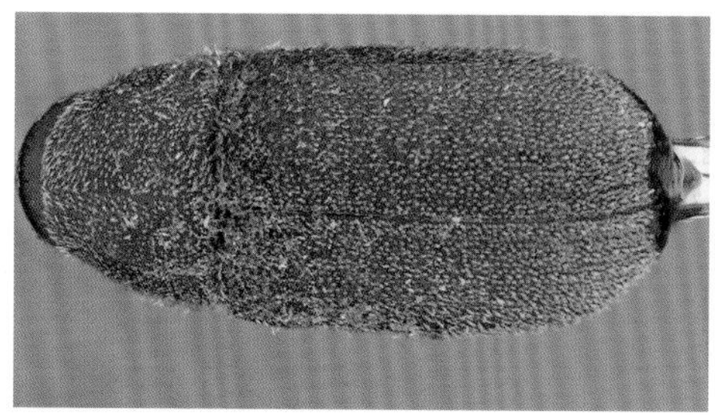
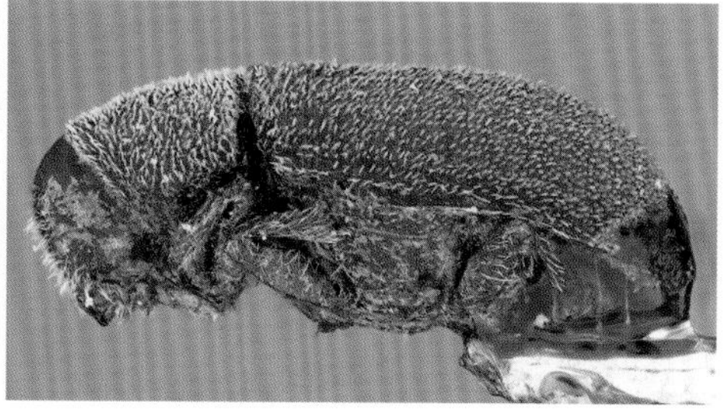

图140 红翅四眼小蠹背面观、侧面观

238 东北四眼小蠹 *Polygraphus sachalinensis* Eggers

鉴定特征 体长2.0～2.6mm，体型较小；触角索节6节；雌虫额面刻点较粗大稀疏；前胸背板仅具有鳞片，无鬃毛；鞘翅刻点沟刻点和沟间部刻点大小相等。

寄主 红松（*Pinus koraiensis*）、新疆云杉（*Picea obovata*）、鱼鳞云杉（*P.*

jezoensis）、红皮云杉（*P. koraiensis*）、落叶松（*Larix gmelinii*）。

分布 中国、日本、俄罗斯。

图141 东北四眼小蠹背面观、侧面观

239 油松四眼小蠹 *Polygraphus sinensis* Eggers

鉴定特征 体长2.4～3.4mm；触角索节6节，触角棒较大；前胸背板具有鳞片和毛状鬃间生；以鳞为主；鞘翅刻点沟刻点远大于沟间部刻点。

寄主 华山松（*Pinus armandii*）、油松（*P. tabulaeformis*）。

分布 中国。

图142 油松四眼小蠹背面观、侧面观

240 小四眼小蠹 *Polygraphus subopacus* Thomson

鉴定特征 体长1.6～2.4mm；触角索节5节，触角棒扁平，端部尖；前胸背

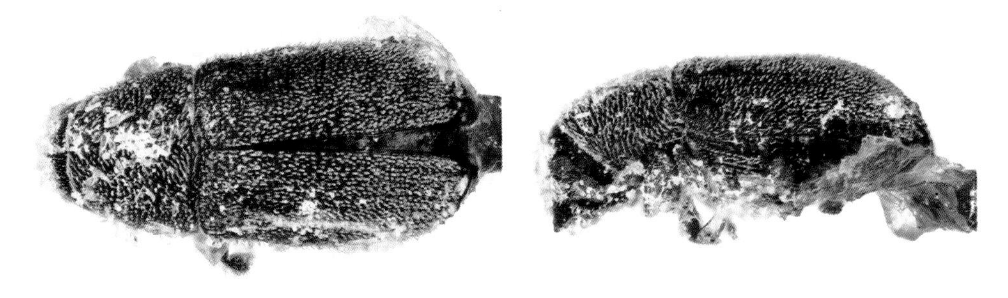

图143 小四眼小蠹背面观、侧面观

板仅有鳞片，无毛状鬃；鞘翅刻点沟刻点和沟间部刻点大小相等；刻点沟刻点大，沟间部具有鳞片和微小颗瘤。

寄主 松属（*Pinus* spp.）、云杉属（*Picea* spp.）、西伯利亚冷杉（*Abies sibirica*）。

分布 中国、日本、韩国、奥地利、捷克、斯洛伐克、芬兰、法国、匈牙利、挪威、波兰、瑞典、瑞士、俄罗斯、爱沙尼亚、拉脱维亚。

十四、小蠹族 Scolytini Latreille, 1804

族征 额具有明显雌雄二型现象，雄性凹陷，雌性扁平至凸，通常具有毛；眼完整；触角索节7节；前胸背板无附属物，侧缘具缘，前足胫节侧缘无齿，仅端缘外端角具有刺齿；大多数种类的腹部腹缘陡峭。

目前该族世界已知6属220余种，分布于世界各个动物地理区系，除了*Camptocerus*属以外，该族的大部分种类均为取食形成层的树皮小蠹。我国口岸截获1属15种。

小蠹族分属检索表

1 小盾片与鞘翅基部齐平；鞘翅基缘有1条隆起的脊；腹部的腹面轮廓逐渐上升……2

小盾片扁平，近似三角形，顶部（后面的）尖锐；鞘翅基部在小盾片区域扁平，在中间区域微凹；腹部腹面轮廓通常在第2节急剧上升……5

2 触角棒明显具2或3条缝，上着生刚毛；中后足胫节除了内侧和外侧刺外，通常在前端生有小齿瘤……3

触角棒最多有1条缝，由1个内部的膈形成；中后足胫节在顶部前边具尖锐的边缘，没有齿……4

3 触角棒明显具2条缝……***Cnemonyx***

触角棒明显具3条同心向上弯曲的缝；触角索节2～7节宽大于长；中后足胫节端缘具有1～2个齿……***Loganius***

4 触角索节2～7节，腹缘具成簇鬃，长为索节长的1.5倍；背缘具有似毛状鬃，长度为腹缘鬃的一半；触角棒的前缘具微毛，具有端部隔膜……***Camptocerus***

触角棒明显不对称，具有短的掌状鬃；触角缝具部分隔膜，沿缝无鬃；触角索节每节无簇状鬃，在腹缘和背缘具2～4根鬃……***Ceratolepis***

5 鞘翅前缘基部深深地、广阔地切除，后胸前侧片显著地扩入进这个凹槽；腹部急剧向上折入第2节后缘……*Scolytopsis*

鞘翅前缘正常（平直）且覆盖过后胸前侧片；腹部从第2节前缘向前弯曲……*Scolytus*

（五十三）小蠹属 *Scolytus* Geoffroy，1762

属征 体长1.5～5.2mm，体长是体宽的2.0～2.4倍；体色红褐色或黑色；背面平直，腹部腹面由基向端逐渐上收，侧面观形如船尾，从背面可见头部；复眼纵椭圆形；触角索节7节，棒节不分节，上面有V形毛缝；前胸背板似梯形，基缘和侧缘有缘边；表面光滑无颗粒，只有刻点；鞘翅翅面平直，无斜面；刻点沟和沟间部各有1列刻点；腹部腹板上有瘤齿等结构，雄强雌弱；各足胫节外缘无齿列，胫节末端各有1强大的端距，向里面弯曲。

目前该属世界上已知127种，主要分布北美洲、中美洲、南美洲、亚洲、欧洲和非洲北部。所有种类均食树皮。寄主广泛，针叶树和阔叶树均可受到危害，如榆属、柳属、杨属、蔷薇科的多个属、云杉属、落叶松属和松属等。我国口岸曾多次截获该属种类。

新北区小蠹属分种检索表

1 鞘翅端部窄圆形……*S. rugulosus*

鞘翅端部近四方形或阔圆形……2

2 额侧面观明显扁平或凹陷……3

额侧面观凸……23

3 第3和（或）第4腹板端缘在侧面和（或）中部具齿或刺……4

第3和第4腹板无任何齿或刺……7

4 第3和第4腹板具有侧齿或刺……5

第3和第4腹板无侧齿或刺……6

5 第3腹板的端缘具有3个尖刺（2个侧面和1个中部）；第4腹板的端缘具1个中齿；第1腹板的端部下降，第2腹板陡凹陷，基缘生成具1中瘤……*S. quadrispinosus*（雄）

第3和第4腹板的端缘各具有2个侧齿；第1腹板端部下降，第2腹板凸，在基缘

具有钝的中瘤 ………………………………………………………………… *S. multistriatus*（雄）

6 第4腹板的端缘具有1尖的中齿；第2和第3腹板的端缘各具有1较小的中齿………
……………………………………………………………………………… *S. dentatus*（雄）

第4腹板的端缘加厚形成1宽阔的脊具有1钝的中瘤；第2 和第3腹板的端缘无任何齿或刺突 ………………………………………………………………… *S. silvaticus*（雄）

7 第2～4腹板具有大量直立的长的似毛状鬃 ………………………………………………8

第2～4腹板光秃或具微小的表面覆盖物或具短的、稀疏的、倒伏状似毛或似鳞片状鬃 ……………………………………………………………………………………10

8 额在侧面和背面具似毛状的鬃较厚、较长，向上弯曲，额剩余的大部分区域无鬃毛；额具明显纵向的针状纹 ……………………………………………… *S. muticus*

额具有均匀分布的似毛状的鬃；额具有微弱至正常的纵向针状纹或微弱的针状纹和刻点……………………………………………………………………………………9

9 鞘翅的端缘在第1和第2沟间部之间形成，在第3沟间部深深内凹，在第4沟间部形成，在第4刻点沟深深内凹；第2腹板具有侧面的扁长形的瘤，瘤自第2腹板的端缘延伸至腹板的3/4处；额具微弱的纵向针状纹，强壮的刻点；唇基具强壮内凹 ……………………………………………………………… *S. aztecus*（雄）

鞘翅的端缘在第3沟间部稍微内凹；第2腹板的端缘具有1中齿；额具有正常的纵向针状纹；几乎无刻点；唇基无或浅的内凹………………………… *S. mundus*（雄）

10 第1腹板的端缘圆形；第2腹板的基缘扁平或具有1弱的隆脊；第2腹板的表面凸，通常具有1刺或瘤 ……………………………………………………………………11

第1腹板的端缘加厚或沿第2腹板的基缘在腹部和侧缘形成唇状隆脊，在*S. monticolae*和*S. tsugae*中隆脊通常弱；第2腹板表面扁平至凹陷………………………19

11 额仅在唇基之上凹陷或中部凹陷，具明显的纵向针状纹…………………………12

额扁平，具微弱至适中的纵向针状纹或粗糙的刻点 ………………………………15

12 第2腹板无刺或齿；鞘翅表面光亮或光秃无毛……………………… *S. mali*（雄）

第2腹板具有1个刺；鞘翅表面暗淡，具有稀疏的鬃（*S. schevyrewi*第2腹板的齿或刺缺失）……………………………………………………………………………13

13 刺基部着生于第2腹板的端缘；额具明显纵向针状纹 ……………… *S. laricis*（雄）

刺基部不是着生于第2腹板的端缘；额具褶皱和刻点 ……………………………14

14 刺圆锥状，窄；鞘翅总是同一色；鞘翅背盘光亮无毛；第5腹板的端部隆脊位于距离端部1/2处 ……………………………………………………… *S. piceae*（雄）

刺阔圆锥状，端部钝圆；鞘翅通常具有不同色条带；第5腹板的端部隆脊仅位于第5节结束之前的位置……………………………………………………***S. schevyrewi***（雄）

15 第2腹板具有1圆形刺齿……………………………………………………………………16

第2腹板无任何刺齿………………………………………………………………………17

16 第2腹板上的刺齿自端缘延伸至腹节的3/4处；第2腹板的表面光亮……***S. fiskei***（雄）

第2腹板上的刺齿自端缘延伸至腹节的1/2处；第2腹板表面暗淡………………………………………………………………………………………***S. unispinosus***（雄）

第5腹板的长度在中部要长于或等长于第3和第4腹板之和；第5腹板在近基部无横向隆脊………………………………………………………………………………………18

第5腹板的长度在中都短于第3和第4腹板之和；第5腹板在近基部具有横向的隆脊，隆脊可以或不是反折的（变化的）……………………***S. reflexus***（雄）

17 额具颗瘤或浅的纵向的针状纹；额具有统一分布的鬃，在侧缘和背缘鬃较少、较短、较细；鞘翅光秃无毛（除了鞘翅斜面）；第5腹板无刺齿……***S. fagi***（雄）

额具适中的纵向针状纹，在侧缘和背缘主要具长的、细的、向上弯曲的鬃，中部鬃较少、较短和较细；鞘翅具微小的表被………………***S. quadrispinosus***（雌）

18 第1腹板的端缘适中的发育，沿第2腹板的基部未形成1个明显的唇突…………20

第1腹板的端缘明显加厚，发育完好，沿第2腹板的基部形成1个唇突…………21

19 第2腹板的表面光亮但具微小的网纹；鞘翅刻点沟不凹陷；第2腹板的基缘更明显的侧向发育；鞘翅刻点沟刻点小，刻点间的距离是刻点直径的2～3倍………………………………………………………………………………………***S. monticolae***（雄）

第2腹板的表面不透明；鞘翅背盘刻点沟凹陷；第2腹板的基缘连续均匀隆起；鞘翅刻点沟刻点大，刻点间的距离为刻点直径的1～2倍……………***S. tsugae***（雄）

20 第1腹板端缘明显加厚，最多稍微超越第2腹板的基部…………………………………22

第1腹板的端缘强烈的急剧发育，沿第2腹板的基部形成1个唇突，第2腹板的表面呈现凹陷状……………………………………………………………***S. robustus***（雄）

21 第2腹板的基部明显加厚；第2腹板的表面通常在基部之上具微弱的中凹陷；第2腹板的端缘无刺齿……………………………………………………***S. oregoni***（雄）

第2腹板的基部微弱的隆起；第2腹板的表面扁平；第2腹板的端缘稍微隆起具有1中部齿…………………………………………………………………***S. ventralis***（雄）

22 鞘翅的端缘在第1和第2沟间部之间发育完好，在第3沟间部深深内凹，在第4沟间部发育完好，在第4刻点沟深深内凹………………………………***S. aztecus***（雌）

鞘翅的端缘发育完整或仅在第3沟间部稍微内凹……24

23 第2腹板表面或端缘具有1个刺或较低中间肿突……25

第2腹板无任何刺或突……35

24 第2腹板的表面具有1个圆形的、龙骨形的或阔的尖刺，刺长至少与刺基部宽度相同……26

第2腹板的端缘表面具有1个较低的中间肿突或小齿……30

25 第2腹板的刺基部着生于此节的基缘；第3和第4腹板的端缘分别具有2个侧齿……***S. multistriatus*（雌）**

第2腹板的刺基部不着生于此节的基缘；第3和第4腹板的端缘无刺齿……27

26 刺基部不着生于第2腹板的端缘……28

刺基部着生于第2腹板的端缘……29

27 刺圆锥状，窄；鞘翅总是同一色；鞘翅背盘光亮无毛；第5腹板上近端部隆脊位于距离端部1/5处……***S. piceae*（雌）**

刺阔圆锥状，端部钝；鞘翅通常具有不同色的条带；第5腹板近端部隆脊位于第5腹节结束之前……***S. schevyrewi*（雌）**

28 第2腹板具有粗壮的阔的尖锐刺，自端缘延伸至腹节的1/2处，没有纵向的隆脊……***S. fiskei*（雌）**

第2腹板具有纵向的隆脊和钝的瘤，呈龙骨状，或较低的中部纵向隆脊……***S. praeceps*, in part**

29 第1腹板的端缘发育完好，沿第2腹板基缘形成隆脊唇；第2腹板呈凹陷状……31

第1腹板的端缘圆形；第2腹板的基缘扁平或具微弱的隆脊；第2腹板的表面凸……34

30 第2腹板的端缘微微纵向肿突，不呈尖锐状……***S. praeceps*（雄）**

第2腹板的端缘具有小的中齿……32

31 第1腹板的端缘稍微隆起；第2腹板呈现凸形；第2腹板的端缘中齿宽阔，阔尖……***S. mundus*（雌）**

第1腹板的端缘发育强壮、尖锐，沿第2腹板的基部形成1个唇，第2腹板的表面呈凹陷状；第2腹板端缘的中齿窄，急剧尖锐状……33

32 第2腹板的刻点丰富，小和正常的凹陷，显著；第2腹板近不透明……***S. obelus***

第2腹板的刻点稀疏，小和浅，几乎不明显；第2腹板呈明显透明状……***S. subscaber*（雄）**

33 额具有浅的纵向针状纹和刻点；第1与第2腹板的基部钝圆地相连，第2腹板的基部不浅凹，同第1腹板齐平……………………………………***S. unispinosus***（雌）

额正常或粗糙的纵向针状纹和刻点；第1腹板圆形覆于第2腹板表面上，不形成钝角，第2腹板的基部浅凹……………………………………***S. laricis***（雌）

34 唇基突缺失……………………………………36

唇基突存在，可能不明显……………………………………37

35 额具微弱的纵向针状纹，强壮的刻点，具统一分布的长鬃毛；鞘翅刻点沟微微凹陷……………………………………***S. fagi***（雌）

额具小的纵向针状纹和光秃无毛或微小的毛；鞘翅刻点沟不凹陷··***S. mali***（雌）

36 额上的鬃长至少是眼中部宽度的1.5倍……………………………………38

额上的鬃长与眼中部宽度等长……………………………………42

37 第2～5腹板光亮；胸部和鞘翅的端缘和侧缘具有长的似毛状的鬃，其长度约为第3和第4腹板之和，具有尖的端部……………………………………39

第2～5腹板透明状；胸部具有鬃，鬃长与第3腹板的长相同，具方形端部……41

38 唇基突发育较弱，具平坦的中凹……………………………………***S. hermosus***（雌）

唇基突发育完好，具强烈的中凹……………………………………40

39 第1腹板的端缘生成，沿第2腹板的基部形成1个唇状隆脊，其唇状隆脊为一半厚……………………………………***S. silvaticus***（雌）

第1腹板的端缘生成，沿第2腹板的基部形成1个唇状隆脊，其唇状隆脊为2倍厚……………………………………***S. hermosus***（雄）

40 额具明显的、正常的、纵向针状纹，微弱的刻点；第1腹板的端缘微弱生成，沿第2腹板的额基缘形成1个微弱的唇状隆脊……………………***S. subscaber***（雌）

额具不明显的、微弱的纵向针状纹，强壮的刻点；第1腹板的端缘同第2腹板的基缘齐平，呈圆形……………………………………***S. ventralis***（雌）

41 第1腹板的端缘圆形；第2腹板的表面褶皱，光亮，粗糙刻点和凸起……………………………………***S. reflexus***（雌）

第1腹板的额端缘具有厚的唇，不是圆形的；第2腹板的表面光滑、扁平………43

42 第1腹板端缘加厚至第2腹板的表面上，几乎与第2腹板表面齐平……………………………………***S. oregoni***（雌）

第1腹板的端缘不加厚或至第2腹板的表面……………………………………44

43 第2腹板上具微小的、浅的刻点……………………………………45

	第2腹板上具明显大的、深的刻点	47
44	第1腹板的端缘具不均等的、连续的隆脊	***S. praeceps*, in part**（雌）
	第1腹板的端缘具有不均等的隆脊，在第2腹板的每侧侧向的形成尖突	46
45	鞘翅背盘刻点沟不凹陷；第2腹板光亮	***S. monticolae***（雌）
	鞘翅背盘刻点沟凹陷，鞘翅呈波纹状；第2腹板透明，暗淡	***S. tsugae***（雌）
46	第2腹板光亮	***S. robustus***（雌）
	第2腹板透明，暗淡	48
47	唇基突发育强壮，明显；额均匀的凸	***S. dentatus***（雌）
	唇基突发育稍弱，几乎不明显；额扁平或凸，具有中凹	*S. praeceps*

241 角胸小蠹 *Scolytus butovitschi* Stark

鉴定特征 体长2.2～2.6mm；头和前胸背板黑色，鞘翅褐色；体表光泽，少毛；鞘翅尾端收缩不明显，整个翅端的翅面呈平截状；鞘翅刻点沟不凹陷，刻点沟刻点圆形较大，刻点间距离等于刻点直径；沟间部宽度适中，具1列圆小且浅的刻点，与刻点沟刻点有明显差别；腹部急剧收缩，第1与第2腹板构成直角腹面，雄虫的第2腹板具有1瘤，瘤身扁窄，端头膨大如球；腹部腹面被小的鳞片鬃。

寄主 榆树（*Ulmus pumila*）、春榆（*U. davidiana*）。

分布 中国、俄罗斯。

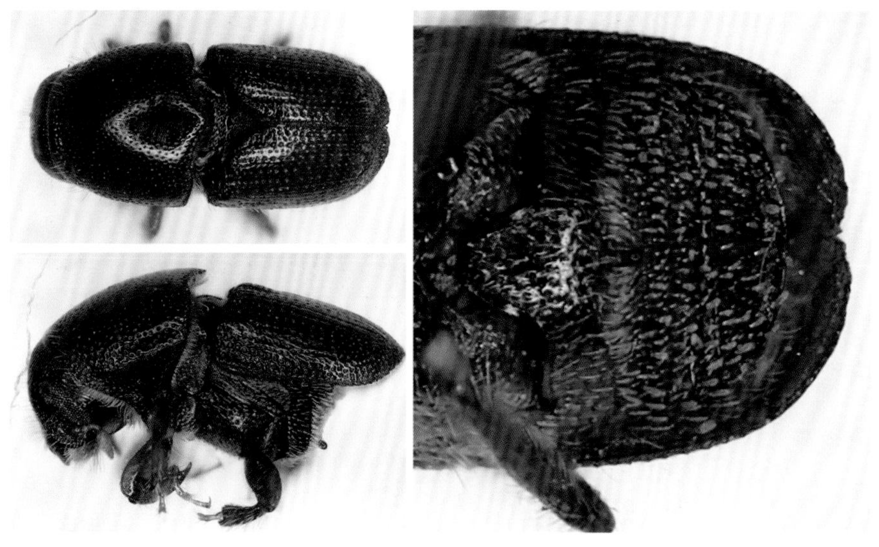

图144 角胸小蠹背面观、侧面观、腹面观

242 微脐小蠹 *Scolytus chikisanii* Niisima

鉴定特征 体长3.4～4.0mm；体色黑褐色；有光泽，少毛；鞘翅尾端收缩不明显，整个翅端的翅面呈平截状；鞘翅刻点沟明显凹陷，刻点沟刻点纵向椭圆，深陷稠密；沟间部宽阔，刻点圆小细浅，有1条细窄的沟线将刻点连串起来，纵贯沟间部，刻点沟刻点明显大于沟间部刻点；腹部急剧收缩，第1与第2腹板构成直角腹面，雄虫第2腹板无瘤，第3、第4腹板后缘各具有1齿瘤。

寄主 榆树（*Ulmus pumila*）、春榆（*U. davidiana*）。

分布 中国、日本、俄罗斯。

图145 微脐小蠹背面观、侧面观、腹面观

243 橡木小蠹 *Scolytus intricatus*（Ratzeburg）

鉴定特征 体长2.5～3.5mm；体色黑色，鞘翅红棕色；雄虫额部比雌虫平，且密生短毛；此外，雄虫头壳前缘两侧有2束较长的毛。前胸背板具小的、圆形的刻点，排列紧密；鞘翅刻点小，刻点分布很密，排列成行；腹部缓慢收缩，第1和第2腹板联合弓曲，构成圆弧状腹面；第1和第2腹板无任何齿瘤。

寄主 栎属（*Quercus* spp.）、大红栎（*Q. coccifera*）、冬青栎（*Q. ilex*）、桦木属（*Betula* spp.）、水青冈属（*Fagus* spp.）、鹅耳枥属（*Carpinus* spp.）、铁木属（*Ostrya* spp.）。

分布 摩洛哥、突尼斯、土耳其、伊朗、奥地利、比利时、保加利亚、捷克、斯洛伐克、丹麦、英国、芬兰、法国、德国、希腊、匈牙利、意大利、卢森堡、荷兰、挪威、波兰、罗马尼亚、西班牙、瑞典、瑞士、俄罗斯、爱沙尼亚、拉脱维亚、前南斯拉夫。

244 果树小蠹 *Scolytus japonicus* Chapuis

鉴定特征 体长2.0～2.5mm；头部黑色，前胸背板和鞘翅黑褐色；前胸背板的刻点深大，排列密；鞘翅后部狭窄，尾端圆钝；鞘翅刻点沟不凹陷，刻点沟刻点圆形，略稀疏，鞘翅前部伸达，后部渐浅小；沟间部狭窄，具有1列刻点，刻点沟刻点与沟间部刻点大小相同，间隔较远；腹部收缩缓慢，第1与第2腹板连合弓曲，呈弧形腹面；腹部没有特殊结构。

寄主　榆属（*Ulmus* spp.）、李属（*Prunus* spp.）、梨属（*Pyrus* spp.）、梣属（*Fraxinus* spp.）、苹果（*Malus pumila*）、色木槭（*Acer mono*）。

分布　中国、日本、朝鲜、俄罗斯。

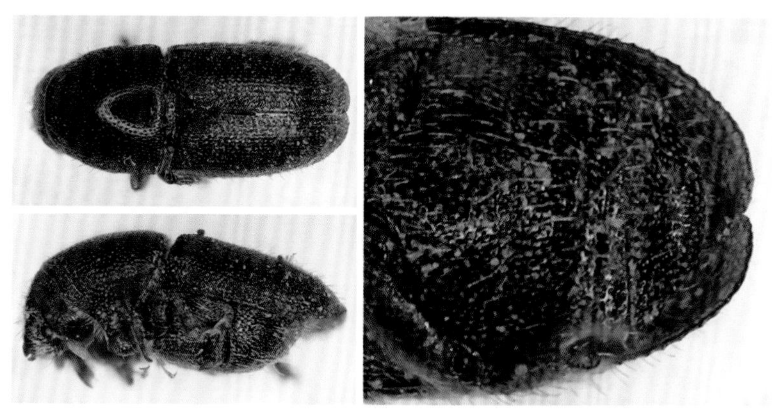

图146　果树小蠹背面观、侧面观、腹面观

245 基氏黑小蠹 *Scolytus kirschi* Skalitzky

鉴定特征　体长2.0～2.7mm；前胸背板暗褐色，前缘和基部呈微红色；鞘翅褐红色，无光泽；雌虫的额比雄虫平，两性的额皆被有鬃毛，但雌虫较少；前胸背板背盘刻点较大；鞘翅长于前胸背板，有浅黑色斑点或在中部有1条带；雌虫在第2腹节中央有1朝后的瘤状圆钝小齿，雄虫无；第3和第4腹节既无突起，又无膨大；两性的腹部皆被有短而竖起的鬃毛。

寄主　榆属（*Ulmus* spp.）、李属（*Prunus* spp.）、欧梣（*Fraxinus excelsior*）、银白杨（*Populus alba*）。

分布　伊拉克、土耳其、奥地利、保加利亚、捷克、斯洛伐克、法国、德国、意大利、波兰、西班牙、俄罗斯、巴西、前南斯拉夫。

246 平瘤小蠹 *Scolytus laevis* Chapuis

鉴定特征　体长3.5～4.5mm；体色黑色，鞘翅红棕色；额没有纵向的脊；前胸背板的刻点小；鞘翅刻点沟刻点大，紧密排列成行；沟间部刻点细小，排列稀疏；第1和第2腹节无突起；第3腹节后缘或者完全光滑。

寄主　榆属（*Ulmus* spp.）、欧洲白榆（*U. laevis*）、槭属（*Acer* spp.）、桤木属（*Alnus* spp.）、榛属（*Corylus* spp.）、水青冈属（*Fagus* spp.）、苹果属（*Malus* spp.）、栎属（*Quercus* spp.）、椴属（*Tilia* spp.）。

分布　奥地利、保加利亚、捷克、斯洛伐克、丹麦、法国、德国、希腊、匈牙利、挪威、波兰、西班牙、瑞典、俄罗斯、爱沙尼亚、拉脱维亚、前南斯拉夫。

247 苹果小蠹 *Scolytus mali*（Bechstein）

鉴定特征 体长3.2～4.1mm；头部和前胸背板深红棕色，鞘翅棕色至红棕色；额具针状纹，刻点小、稀疏；前胸背板光亮，刻点浅而小；鞘翅光亮，具钝圆状端部，端部在翅缝处微凹；刻点沟刻点明显，沟间部刻点单列，小于刻点沟刻点；沟间部宽大于2倍刻点沟宽；腹部收缩缓慢，第1与第2腹板连合弓曲，呈弧形腹面；腹部没有特殊结构。

寄主 苹果（*Malus* spp.）、樱桃（*Prunus* spp.）、榆树（*Ulmus* spp.）、梨（*Pyrus* spp.）、花楸属（*Sorbus* spp.）。

分布 加拿大、美国。

图147 苹果小蠹背面观、侧面观、腹面观

248 欧洲榆小蠹 *Scolytus multistriatus*（Marsham）

鉴定特征 体长1.9～3.8mm，体长约体宽的2.3倍，体红褐色，鞘翅常有光泽。雄虫额稍凹，表面有粗糙的斜皱纹，刻点不清晰，额毛细长而稠密，环聚在额周缘，雌虫额明显突起，额毛较稀而短；触角棒节有明显的角状缝，呈铲状，不分节，触角索节7节。眼椭圆形，无缺刻；前胸背板方形，表面光亮，刻点较粗、深陷，相距很近，相距约刻点直径的2倍，表面光滑无毛；鞘翅长为宽的1.3倍，刻点沟中等凹陷，刻点沟刻点单行排列，很小，中等凹陷，相距较近；沟间刻点常较刻点沟刻点稍小；表面光滑，鞘翅末端不向下方弓曲，不构成斜面；腹部第1与第2腹板相夹形成直角状折曲的削面，第2腹板前缘当中有1向后突起的圆柱形粗直大瘤，瘤身向体后水平延伸，第2、3、4腹板后缘两侧各有1极小的刺状瘤，第3、4腹板后缘当中有1极小的瘤，两性腹部形态基本相同，但雌虫第2、3、4腹板后缘的刺状瘤较小，第3、4腹板后缘当中光平无瘤。

寄主 主要寄主为榆属（*Ulmus* spp.），很少寄生于其他植物。

分布 阿尔及利亚、摩洛哥、伊朗、土耳其、澳大利亚、印度尼西亚、巴布亚新几内亚、阿塞拜疆、俄罗斯、奥地利、比利时、保加利亚、捷克、斯洛伐克、丹麦、英国、法国、德国、希腊、匈牙利、爱尔兰、卢森堡 、荷兰、挪威、波兰、葡萄牙、罗马尼亚、意大利、西班牙、瑞典、瑞士、爱沙尼亚、拉脱维亚、加拿大、美国、墨西哥、阿根廷、巴西、智利、前南斯拉夫。

图148　欧洲榆小蠹背面观、侧面观、腹面观

249 毛脐小蠹 *Scolytus pilosus* Yin and Huang

鉴定特征　体长2.4～4.0mm；头部黑色，前胸背板与鞘翅黑褐色；额面遍布纵向针状纹，刻点散布在针纹之间；前胸背板的刻点细小，排列稀疏，具有光滑无刻点的背中线；鞘翅刻点沟深凹，刻点纵向椭圆，大而深凹，排列紧密；沟间部宽阔，具1列圆小且浅的刻点，沟间部刻点远远小于刻点沟刻点；腹部急剧收缩，第1和第2腹部构成直角腹面，雄虫第2腹板的前缘具1短粗的瘤，第4腹板的后缘中部加厚，呈宽扁的弧形瘤，雌虫的第2腹板有瘤，第4腹板无瘤；腹部腹面仅具浓密的毛，无鳞片鬃。

寄主　无记录。

分布　中国。

图149　毛脐小蠹背面观、侧面观、腹面观

250 头状小蠹 *Scolytus praeceps* LeConte

鉴定特征　体长1.8～3.2mm；体色红棕色至黑色，前胸背板的颜色一般深于鞘翅；额面具有针状纹和小而粗糙的刻点；前胸背板光亮，刻点小而浅；鞘翅背盘光亮，无毛，刻点沟无凹陷，沟间部宽度大于刻点沟的2倍，刻点单列，沟间部刻点小

于刻点沟刻点；腹部急剧收缩，第1和第2腹板成直角或钝角，第2腹板的端缘无中瘤。

寄主 白冷杉（*Abies concolor*）、落基山冷杉（*A. lasiocarpa*）、北美冷杉（*A. grandis*）、苞冷杉（*A. bracteata*）。

分布 加拿大、美国。

 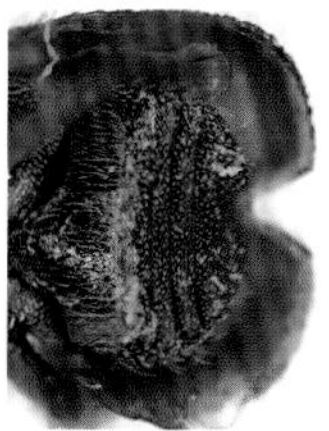

图150 头状小蠹背面观、腹面观

251 多瘤小蠹 *Scolytus quadrispinosus* Say

鉴定特征 体长2.8～4.8mm；体色红棕色至深棕色；额扁平状，具有密而粗糙的针状纹和刻点；前胸背板的刻点小而浅，排列紧密；鞘翅刻点沟凹陷，刻点大，沟间部宽度为刻点沟的2倍，沟间部刻点小于刻点沟刻点；腹部急剧收缩，第1和第2腹板成直角或钝角，第2腹板具有中瘤，第3腹板的端缘具有3个尖锐的齿瘤，分别位于两侧和中部；第4腹板的端缘具有1中齿瘤。

寄主 山核桃属（*Carya* spp.）。

分布 加拿大、美国。

252 欧桦小蠹 *Scolytus ratzeburgi* Janson

鉴定特征 体长4.5～6.5mm；头部和前胸背板黑色，鞘翅红褐色；额面遍布纵向针状条纹，有狭窄锐利的中隆线；前胸背板刻点极小，中部稀疏，周缘紧密，有平滑无刻点的背中线；鞘翅刻点沟深凹，刻点纵向椭圆形，排列规则紧密；沟间部宽阔，刻点浅，正圆形，第2沟间部排列成双列，其余沟间部均为单列；腹部急剧收缩，第1和第2腹板成直角或钝角，雄虫第3腹板后缘中部具2柱状瘤，粗壮圆滑，第4腹部后缘生1双弧状瘤；雌虫腹部无瘤。

寄主 垂枝桦（*Betula pendula*）、*B. litwinowii*。

分布 中国、日本、韩国、土耳其、俄罗斯、奥地利、比利时、保加利亚、捷克、斯洛伐克、丹麦、英国、芬兰、法国、德国、希腊、匈牙利、意大利、卢森堡、荷兰、挪威、波兰、罗马尼亚、西班牙、瑞典、瑞士、爱沙尼亚、拉脱维亚、前南斯拉夫。

253 皱小蠹 *Scolytus rugulosus*（Muller）

鉴定特征 体长2.3～2.8mm；头部黑色，前胸背板前部和鞘翅红褐色，前胸背板后部黑色；两性额部相同，额部表面有细针状底纹；额部刻点纵椭圆形；前胸背板刻点较深，排列紧密，没有背中线，没有鬃毛；鞘翅刻点沟微凹，刻点沟刻点正圆形，大而深，排列紧密；沟间部狭窄，沟间部刻点形状和排列与刻点沟刻点相同；腹部收缩缓慢，第1和第2腹板连合弓曲，构成弧线形的腹面；腹面散布着平齐竖立的刚毛。

寄主 唐棣属（*Amelanchier* spp.）、栒子属（*Cotoneaster* spp.）、山楂属（*Crataegus* spp.）、苹果属（*Malus* spp.）、李属（*Prunus* spp.）、梨属（*Pyrus* spp.）、花楸属（*Sorbus* spp.）、榅桲（*Cydonia oblonga*）、欧楂属（*Mespilus* spp.）

分布 中国、阿尔及利亚、摩洛哥、突尼斯、印度、伊朗、以色列、巴基斯坦、叙利亚、土耳其、乌兹别克斯坦、亚美尼亚、奥地利、比利时、保加利亚、法国、塞浦路斯、捷克、斯洛伐克、丹麦、英国、芬兰、法国、德国、希腊、匈牙利、爱尔兰、意大利、卢森堡、荷兰、挪威、波兰、葡萄牙、罗马尼亚、西班牙、瑞典、瑞士、俄罗斯、爱沙尼亚、拉脱维亚、乌克兰、格鲁吉亚、前南斯拉夫。

254 脐腹小蠹 *Scolytus schevyrewi* Semenov

鉴定特征 体长3.0～3.8mm；头和前胸背板黑色，背板前缘和鞘翅黄褐色；鞘翅中部黑褐色横带，深色部分沿翅缝自中带向翅前后延伸；小盾片两侧各有1枚黑褐色圆斑，带斑的有无和深浅在不同个体中有差异；体表有光泽，少毛；雄虫额部狭长平凹，有额周棱角，额面上密覆纵向针状条纹，额上缘条纹散放，下缘集向口上片中部，条纹之间散布着刻点；额毛细长，环绕在额周缘上，拢向额心；雌虫额部短阔平突，纵向条纹较细窄匀密，额下部刻点较稠密，上部略疏，额毛细短疏少，全面均匀散布；前胸背板刻点大小适中，中部疏散细小，两侧和前缘渐变粗大稠密；鬃毛甚少，只在背板亚前缘上有几枚长毛竖立，其余全部板面光秃；鞘翅翅面接近矩形；刻点沟浅凹，沟中刻点长椭圆形，大小适中；沟间部狭窄，有1列刻点，大小和疏密与沟中刻点相似，两类刻点紧密地排在翅面上，难辨沟中与沟间；腹部急剧收缩，第1与第2腹板构成钝角腹面，在第2腹板中部两性均有1瘤，瘤身侧扁，端头膨大；瘤的位置固定，瘤的宽狭、长短在不同个体中有变化；雄虫第7背板后部有1对大刚毛。

寄主 胡颓子属（*Elaeagnus* spp.）、锦鸡儿属（*Caragana* spp.）、李属（*Prunus*

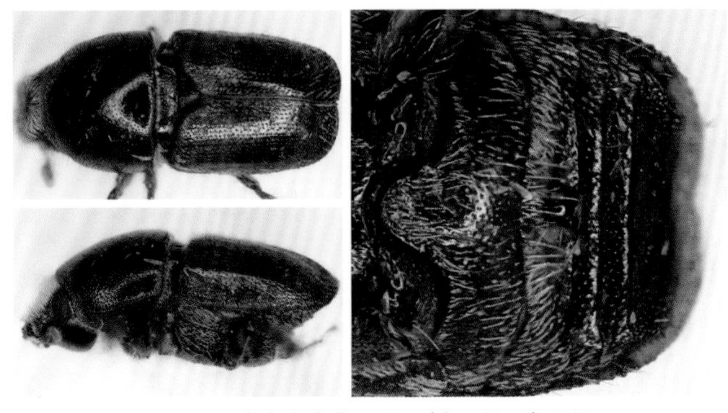

图151 脐腹小蠹背面观、侧面观、腹面观

spp.)、梨属（*Pyrus* spp.）、柳属（*Salix* spp.）、榆属（*Ulmus* spp.）。

分布 中国、韩国、蒙古、土库曼斯坦、哈萨克斯坦、俄罗斯、美国、加拿大、墨西哥。

255 欧洲大榆小蠹 *Scolytus scolytus*（Fabricius）

鉴定特征 体长3.5～5.5mm；头和前胸背板、后胸为黑色，鞘翅、足、腹部红褐色；雄成虫额面狭窄平直，表面具颗粒，额面下半部有隐约可见的中龙骨，额毛短齐而稠密，分布于整个额面，口上突的基缘两侧凸起，形成1小瘤；雌成虫额面较短阔平凸，额面上的颗粒和鬃毛与雄虫相同，只是口上突基缘两侧的瘤更小；前胸背板表面遍生圆小清晰的刻点；鞘翅刻点沟和沟间各生1列刻点，部分个体在第1、2或3沟间出现不规则的双列刻点；腹部第1和第2腹板构成直角或钝角状削面，第2腹板光平无瘤，雄成虫第3、4腹板后缘当中各有1小瘤，第5腹板与第8背板之间夹生1排黄色刚毛，向体后水平延伸，有如1排毛刷，刷两侧的毛较粗壮挺直，当中的毛较柔弱细短呈凹窝状；雌成虫第3、4腹板后缘当中分别有1小瘤，与雄性相同，但第5腹板后缘无刚毛刷。

寄主 主要为榆属（*Ulmus* spp.），很少寄生于桦叶鹅耳枥（*Carpinus betulus*）、欧梣（*Fraxinus excelsior*）、胡桃（*Juglans regia*）、黑杨（*Populus nigra*）、栎属（*Quercus* spp.）、柳属（*Salix* spp.）。

分布 奥地利、比利时、英国、保加利亚、捷克、斯洛伐克、丹麦、法国、希腊、匈牙利、意大利、卢森堡、荷兰、挪威、波兰、葡萄牙、罗马尼亚、西班牙、瑞典、瑞士、俄罗斯、前南斯拉夫。

图152 欧洲大榆小蠹背面观、侧面观、腹面观

256 副脐小蠹 *Scolytus semenovi*（Spessivtsev）

鉴定特征 体长1.6～2.6mm；头部和前胸背板黑色，鞘翅黄褐色；体表光亮少毛；额面遍布纵向针状条纹，条纹间散布着刻点；前胸背板刻点大小适中，背中部刻点稀疏，在背中线区域无刻点；鞘翅刻点沟明显凹陷，刻点沟刻点圆形或长椭圆形，深大浓密；沟间部宽度适中，具1列小而浅的圆刻点，刻点间通常有1条细浅的纵沟相连；腹部急剧收缩，第1和第2腹板构成直角腹面，雄虫的第2腹板

中部具1柱状瘤，第4腹板后缘中部延伸加厚，构成扁平阔圆的唇状瘤；雌虫的第4腹板无瘤；腹部仅具有细小的毛。

寄主 榆树（*Ulmus pumila*）、春榆（*U. propinqua*）。

分布 中国、俄罗斯。

图153 副脐小蠹背面观、侧面观、腹面观

十五、锉小蠹族 Scolytoplatypodini Blandford, 1893

族征 额二型，雄虫凹陷，雌虫凸起；头部前面是横截的；眼卵圆形，全缘；柄节延长，索节5节，触角棒扁平，无缝；前胸背板无刺，通常在前1/2缢缩，雌虫具有中央菌孔；前基节分离距离较宽；前足胫节外侧顶突显著，向后弯曲，外缘无镶嵌齿；小盾片不可见，除了在1个种中较小；鞘翅基缘通常随着1个连续的前缘脉线轻微隆起。

目前该族世界上仅有2属47种类。我国口岸主要截获1属5种。

锉小蠹族分属检索表

1 小盾片扁平，宽阔，同鞘翅齐平，清晰可见；前胸背板的后缘直；雌虫携菌器接近前缘；雄虫前足胫节近乎平行，前胸背板的后侧角无尖刺…………………………………………………………………………………… ***Remansus***

小盾片窄三角形，鞘翅之间倾斜凹陷；前胸背板的后缘双波纹状；雌虫携菌器接近中部，雄虫的前足胫节不对称，在侧刺1和侧刺2之间具较大的切口，前胸背板的后侧角具有尖刺指向侧面…………………………… ***Scolytoplatypus***

（五十四）锉小蠹属 *Scolytoplatypus* Schaufuss，1891

属征 体长1.2～4.6mm，体长为体宽的1.7～2.2倍，体型中等至大型；雌雄二型现象明显，雌虫额凸，雄虫额明显凹陷，有时具成簇的毛；眼长椭圆形，完整；触角柄节棍棒状，索节6节，棒节扁平状，无缝，具有短的感觉鬃，在基部有时具长的鬃毛；前胸背板长与宽相同，或宽大于长，基部双波纹状，侧面缢缩形成腿节窝；雄虫的前足胫节不对称、后缘光滑，具有2个或更多长的侧刺；雌虫的前足胫节更宽阔，后缘面具有粗糙的颗瘤；亚洲种类与非洲和马达加斯加种类明显不同：亚洲种类触角具有明显雌雄二型现象，雌雄的前胸背板的侧缘均缢缩，雄虫的前胸腹板具尖突起或小瘤。

目前该属世界上已知43种，主要分布于亚洲、马达加斯加和非洲。该属昆虫为食菌小蠹，雌虫在前胸背板的前部1/3携带有较大的菌器孔，真菌是该类群幼虫的主要取食物；该类群的大多种类无寄主选择性，可取食危害多种树木，主要危害较小的枝干，不危害枝条和较大的原木，不侵染健康树木，属于次生害虫。我国口岸曾多次截获该属种类。

东洋区锉小蠹属雄虫分种检索表

1 前足腿节近端部具有齿（在*exiguus*中齿较弱）……2

前足腿节无齿……9

2 额在眼上部和下部区域具有窄的簇状的长毛，额上部具有1对齿；前胸腹板扁平，前缘具有小的中瘤；鞘翅斜面的端部无刻点沟和沟间部，刻点微小，刻点具有非常短的贴伏状毛；体长1.6mm……***S. exiguous***

额无成簇的毛，在上部区域无瘤；前胸腹板无变化；鞘翅斜面端部具有或无刻点沟和沟间部；体长至少2.2mm……3

3 鞘翅背盘光亮，不规则刻点，斜面刻点沟刻点，第1沟间部和第3沟间部非常弱的隆起；前基节侧突无成簇的、长的、内弯毛；前胸腹板侧缘缢缩，隆起，后缘具有明显的瘤；体长4.0～4.1mm……***S. glaber***

鞘翅背盘半哑光状，具有丝滑光泽，纵向隆脊；前基节侧突具有1或2个成簇的、长的、内弯的金黄色毛；前胸腹板后缘无明显的瘤，体长小于4.0mm……4

4 前胸腹板具有明显的中龙骨，中线的后缘处隆起……5

前胸腹板无明显的中龙骨，后缘扁平状……6

5 前胸腹板具有前中突，端部扩展为2个小的、分叉的、弱的，具有圆钝或平截端部的尖突；额上部在中线周围光亮区域呈扁平状阔椭圆形；体长2.9～3.3mm ……………………………………………………………………………… ***S. eutomoides***

前胸腹板无前中突，前缘部分呈垂直强壮构造，之后具有小的额三角形区域，端部的后缘具有中龙骨；额上部在中线周围光亮区域呈线性隆起形成黑色的脊；体长2.9～3.2mm……………………………………………… ***S. macgregori***

6 额在眼的上缘上隆起的中线区域具有小的、光亮的椭圆形肿块；前胸腹板扁平状的后部与内凹状的前部通过近横向的脊分离；腹部至前凹腔的2个凹突具有圆钝状侧面和尖端；鞘翅斜面的第1、3、5和7沟间部具有1列长的细毛…………7

额在眼上部中线区无椭圆形肿块，仅在隆起的中线上具有1个小的、扁平状的光亮的区域；前胸腹板无变化，缺失凹突；鞘翅斜面的第1、3、5和7沟间部具有或无1列长的细毛……………………………………………………………………8

7 前胸腹板的凹突宽阔的分离；前胸腹板的前缘延伸形成中部分叉的突，分叉的两个臂形成的夹角呈150°；端部延伸至端部形成浅沟，或横向的平截突；斜面上的刻点沟和沟间部脊退化，端部具密的均匀分布的颗瘤；鞘翅长为前胸背板长的1.05～1.2倍；体型较大，体长3.6～3.7mm……………………… ***S. bombycinus***

前胸腹板的凹突在中线几乎相连；前胸腹板的前缘在突之间具有小的三角形或圆形突起；凹陷的刻点沟可见，延伸至鞘翅端部；鞘翅长为前胸背板长的1.4～1.5倍；体型小，体长2.6～3.1mm………………………………… ***S. brahma***

8 前胸腹板自圆形多毛的基部隆起具有2个短的、微分离的、近平截的突，两突之间具有1小的中突凸起；前胸背板宽是长的1.07～1.12倍；鞘翅斜面具有较长的沟间部毛；体长2.8～3.2mm ………………………………………… ***S. luzonicus***

前胸腹板自前缘之后的扁平状基部隆起具2个短的、分离的、平截的、半透明的状突，两突之间无中突；前胸背板的宽至少为长的1.2倍；鞘翅斜面仅具有短的表被；体长2.2～2.6mm……………………………………………… ***S. javanus***

9 鞘翅在斜面近峰区具有明显的沟间部齿，齿有时非常微小；鞘翅背盘通常至少在后面具有凹陷的刻点沟，刻点凹陷…………………………………………10

鞘翅斜面峰区无沟间部齿；鞘翅背盘具不规则刻点或成列刻点，刻点沟仅稍微凹陷 ……………………………………………………………………………18

10 体型较大，体长长于2.8mm…………………………………………………………11

体型较小，体长短于2.0mm…………………………………………………………14

11 额具两簇向中腹弯曲的毛；前胸背板的基角不明显；鞘翅斜面峰区的沟间部刺

小或微小……………………………………………………………………………………………12
额具有背向缘毛；前胸背板的基角非常明显；鞘翅斜面峰区的沟间部刺非常强壮
……………………………………………………………………………………………………13

12 前胸腹板的前缘具2个三角形突，基部宽阔的分离，但突的分支均向中线延伸；前胸背板的中部隆起，最宽阔处位于前缘，向后结束时形成小的三角形突；额侧缘具有1列长的向内弯曲的毛，但不是浓密的簇状毛；额中部具有明显的近三角形的区域，具有非常密而短的鬃；前胸背板的前腹角具有1较大的深窝；斜面沟间部具有长的细毛和较短的微毛；体长3.5～3.7mm……………***S. pubescens***
前胸腹板的前缘突起呈2个圆叶状，稍微不对称，仅在右侧具有半透明状突；前胸腹板的中部隆起，前面和后面均窄；额的侧缘在眼中部和触角窝之间具有1小簇内弯的毛；额中部具有分界不明显的浓而短的毛区；前胸背板在前腹角无深窝；斜面无细长的毛；体长2.8～3.0mm……………………………***S. superciliosus***

13 鞘翅仅刺具一些短毛，鞘翅斜面光秃或几乎无毛；前胸腹板前缘具2个瘤，腹突前部呈钳状，钳状突分叉角度60°，钳状突端部向中线弯曲呈钩状；体长3.0～3.6mm……………………………………………………………………***S. mikado***
鞘翅刺具有成簇的长毛，鞘翅斜面沟间部具有短毛（来自台湾的标本，第1和第3沟间部的鬃较长）；前胸腹板前缘具2个瘤，腹突前部呈钳状，钳状突分叉角度120°，钳状突端部通常尖锐内弯曲呈钩状，来自泰国的种类呈直线状；体长3.0～3.2mm………………………………………………………………………***S. raja***

14 额在凹陷区上半部周围具有缘毛；鞘翅斜面峰区具有明显的齿……………………15
额自眼上部具有1对明显宽阔分离的成簇的毛，向中腹弯曲，或眼上部和下部具有成簇的毛；鞘翅斜面峰区具微小的齿……………………………………………16

15 鞘翅第1～5沟间部的齿几乎等长；第1沟间部在斜面端部隆起加宽，隆起在鞘翅端部之前结束，端半部光亮；前胸腹板前缘具有小的三角形中间突起，之后具1对排列紧密的、小的光亮瘤突；体长1.8mm…………………***S. reticulatus***
鞘翅第1～5沟间部的齿长短交替；第1沟间部在鞘翅的端部不隆起和加宽，端半部不光亮；前胸腹板前缘具有小的三角形中间突起，之后具有1对宽阔分离，微微光亮的扁平区；体长1.6mm…………………………………………***S. minimus***

16 额在眼上部具有1对宽阔分离的成簇的毛，眼下部仅具有一些较短的毛；额上部头顶下部无成对的瘤；前胸腹板扁平无突或瘤；鞘翅斜面端部区域有或无刻点沟和沟间部……………………………………………………………………………17

额自眼上部和下部具窄的成簇的毛，在额上部头顶下部区域具1对瘤；前胸腹板扁平，在前缘具有1小的中瘤；鞘翅斜面的端部无刻点沟和沟间部痕迹，刻点很小，刻点具有非常短的贴伏状毛；体长1.6mm……………………***S. exiguus***

17 鞘翅背盘近斜面区域具有深凹的刻点沟，沟间部隆起，似隆脊；第1和第2刻点沟在斜面上微微凹陷，近端部退化、无强壮刻点；体长1.4～1.6mm……***S. pusillus***

鞘翅背盘具微微凹陷的刻点沟，沟间部仅具浅的隆脊；第1和第2刻点沟在下面上强烈凹陷，端部不退化，具强壮刻点，如近鞘翅端部第7与第2刻点沟相交处一样；体长1.1～1.4mm……………………***S. nanus***

18 体型较细长；鞘翅长为前胸背板的1.7～2.0倍；鞘翅斜面始于鞘翅端部1/3处；体长通常至少3.0mm……………………19

体型粗壮；鞘翅长最多为前胸背板的1.5倍；鞘翅斜面通常始于鞘翅中部或中部之前；体长短于3.0mm……………………24

19 前胸腹板自中部隆起呈三角形，端部在前或后……………………20

前胸腹板扁平或微凸，不隆起呈三角形……………………21

20 前胸腹板的三角端部在前，具有1尖的瘤；前缘具有2个对称的分开的、三角形、半透明状突；前胸背板前腹角窝非常浅，具斜向倾斜的边，延伸至腹缘；体长3.1～33mm……………………***S. blandfordi***

前胸腹板的三角端部在后，前缘突起呈2个圆形叶状突，稍微不对称，近在右侧具有1半透明的突；前胸背板前腹角窝较深，具垂直的边，不向腹缘延伸；体长2.8～3.0mm……………………***S. ruficauda***

21 额上半部具清晰刻点，下半部无刻点，在每侧具有向内弯的非常稀疏的缘毛，缘毛不延伸至额的下半部；前胸腹板前缘无1对透明突；鞘翅背盘成列的刻点浅，但在斜面之前变的清晰凹陷；体长3.5～4.5mm……………………***S. tycon***

整个额区具有刻点，内弯的成簇的毛密而长，延伸超过额中部；前胸腹板具有1对宽阔分离的、半透明的、前缘分叉的突；鞘翅背盘成列的刻点不凹陷，通常不明显……………………22

22 触角棒长为宽的3倍，披针形渐尖；额的毛刷较宽，向额的凹陷中部弯曲；第7沟间部在斜面峰区无隆脊；体长3.5～4.1mm……………………***S. shogun***

触角棒卵形至椭圆形，长不超过宽的2倍；额的毛刷较窄，向内和向腹部弯曲，延伸至唇基缘或唇基上部；第7沟间部在斜面峰区具隆脊；体长2.9～3.3mm‥23

23 鞘翅斜面与背盘分界处具棱角；鞘翅刻纹强壮，斜面第1和第3沟间部具有1列

明显的颗瘤；鞘翅棕色，向后颜色逐渐加深，沿缝无明显的深色带……*S. daimio*
鞘翅背盘呈圆弧状延伸至斜面；鞘翅刻纹弱，第1沟间部斜面具不明显的颗瘤，第3沟间部颗瘤有时缺失；鞘翅前部黄色，在斜面峰区之前突然有段变为棕色，沿缝合前翅边缘颜色加深……*S. darjeelingi*

24 额在眼上部和下部具有分离的横向长的簇毛，两侧毛相交两眼之间的中部……25
额在侧面或上部具有连续的长缘毛，或缺失长缘毛……27

25 前胸腹板扁平，光滑，前缘具有1小的、扁平、阔圆形突；头顶无1对齿；眼上部横向成簇的毛与眼下部毛一样粗壮；体长1.6～1.9mm……26
前胸腹板前缘具有1小的、扁平突和1明显的后缘瘤形成的突；头顶近中部的每侧具有1齿；眼上部的横向簇状毛明显比眼下部的粗壮；体长2.8mm……*S. cirratus*

26 第1～3沟间部在斜面下部具有明显的、短的、白色毛，单列的颗瘤；在第1沟间部上齿排列非常紧密，在第2和第3沟间部分布较稀疏……*S. parvus*
第1～3沟间部在斜面下部退化，无齿瘤或明显、短的白色毛……*S. curviciliosus*

27 额在侧面和上面具有浓密的长缘毛；前胸背板在前腹角之后具有较大的深窝；前胸腹板前缘具微弱的凹坑，在凹坑边的每侧具小的透明状突；第2沟间部在鞘翅端部稍上不是以小的尖瘤结束……*S. nitidus*

28 额表面被大量短的小鬃，在侧面和上面缺少长的缘毛；前胸腹板在前腹角后缺失深窝；前胸腹板在前端部隆起三角形；第2沟间部在鞘翅端部稍上位置以小的尖瘤结束……*S. carinatus*

257 大和锉小蠹 *Scolytoplatypus mikado* Blandford

鉴定特征 体长3.0～3.6mm；雄虫无额缘毛，只有额面毛；前胸背板具颗粒状密纹，刻点浅大浓密，刻点间距小于刻点直径；雌虫的背板上具菌孔；前胸背板的基角非常强大，鞘翅斜面峰区的沟间部刺齿强壮；鞘翅刺齿具有较少的短毛，鞘翅斜面无毛或近乎如此；前胸腹板前面具有腹突，腹突前部呈钳状，钳状突分叉角度60°，钳状凸端部向中线弯曲呈钩状。

寄主 五加属（*Acanthopanax* spp.）、槭属（*Acer* spp.）、桤木属（*Alnus* spp.）、箣竹属（*Bambusa* spp.）、苦油楝属（*Carapa* spp.）、樟（*Cinnamomum camphora*）、山茱萸属（*Cornus* spp.）、水青冈属（*Fagus* spp.）、血桐属（*Macaranga* spp.）、刚

竹属（*Phyllostachys* spp.）、李属（*Prunus* spp.）、栎属（*Quercus* spp.）。

分布 中国、印度、日本、韩国、马来西亚、俄罗斯。

258 微毛锉小蠹 *Scolytoplatypus pubescens* Hagedorn

鉴定特征 前胸腹板前缘具有2个角形突，基部宽阔分离，之后于中部时聚合在一起；前胸腹板的中部隆起，前缘最宽阔，向后延伸至端末呈小三角突状；额的侧缘具有1排长的内弯曲的鬃，但不呈簇状；前胸背板的前腹角具有大的深凹；鞘翅斜面峰区沟间部的刺齿小，鞘翅背盘的刻点沟凹陷，至少后部的刻点沟为明显凹陷的。

寄主 坎贝尔槭（*Acer campbelli*）、尼泊尔桤木（*Alnus nepalensis*）、瓦氏崖摩楝（*Amoora wallichii*）、云南黄杞（*Engelhardtia spicata*）、无腺吴萸（*Evodia fraxinifolia*）、尼泊尔李（*Prunus nepalensis*）、印度锥（*Quercus incana*）。

分布 印度。

图154 微毛锉小蠹雄虫背面观、侧面观，雌虫背面观

259 毛刺锉小蠹 *Scolytoplatypus raja* Blandford

鉴定特征 体长3.0～3.2mm，体长约为体宽的2倍，体型短而粗壮；雄虫无额缘毛，只有额面毛；前胸背板的基角非常强大，鞘翅斜面峰区的沟间部刺齿强壮；

鞘翅刺齿具有成簇的长毛，鞘翅斜面具有短的沟间部毛，第1和第3沟间部的毛较长；前胸腹板前面具有腹突，腹突前部呈钳状，钳状突分叉角度达120°，钳状突端部通常尖锐内弯曲呈钩状，来自泰国的种类是呈直线状。

寄主 冷杉（*Abies webbiana*）、线叶金合欢（*Acacia decurrens*）、雪松（*Cedrus deodara*）、梾木（*Cornus macrophylla*）、云南黄杞（*Engelhardtia spicata*）、黄丹木姜子（*Litsea elongata*）、中平树（*Macaranga denticulata*）、香润楠（*Machilus odoratissima*）、长叶云杉（*Picea smithiana*）、尼泊尔李（*Prunus nepalensis*）、栎属（*Quercus* spp.）、茶叶山矾（*Symplocos theifolia*）。

分布 中国、印度、尼泊尔。

图155 毛刺锉小蠹雄虫背面观、雌虫背面观

260 大名锉小蠹 *Scolytoplatypus daimio* Blandford

鉴定特征 体长3.0～3.5mm；额具有清晰的微小刻点，具长的鬃毛，口上缘具有钟形的凹陷；前胸背板的基缘端部近矩形或圆钝状，向侧面无延伸，不能呈角状；前行背板背部具菌孔；鞘翅相对较长，单一颜色；鞘翅背盘刻点沟无凹陷，鞘翅斜面光秃无毛，沟间部具有不均匀的颗瘤。

寄主 印度冷杉（*Abies pindrow*）、深灰槭（*Acer caesium*）、雪松（*Cedrus deodara*）、洋常春藤（*Hedera helix*）、长叶云杉（*Picea smithiana*）、稠李（*Prunus* *padus*）、拉纳塔梨（*Pyrus lanata*）、栎属（*Quercus* spp.）、欧洲红豆杉（*Taxus baccata*）。

分布　印度、日本、尼泊尔。

图156　大名锉小蠹背面观

261 束发锉小蠹 *Scolytoplatypus superciliosus* Tsai and Huang

鉴定特征　体长2.8～3.0mm；雄虫有额缘毛，聚成4束，出自额面两侧眼的上方和下方，4束长毛对称地卷曲在额面上；前胸背板的基角不明显，背板光亮，具稀疏的细小刻点，刻点间隔远大于刻点直径，背板中部偏前的区域平滑无刻点；雌虫的前胸背板无背部菌孔，在前腹角无深凹窝；前胸腹板前缘具有腹突，腹突呈圆叶状，稍微不对称；鞘翅背盘无明显刻点沟和沟间部，非常平坦；鞘翅斜面沟间部各有1列锐齿，齿小或弱小；雌虫仅第1和第3沟间部具有1列钝齿。

寄主　栲（*Castanopsis fargesii*）。

分布　中国。

图157　束发锉小蠹背面观

十六、切木小蠹族 Xyloctonini Eichhoff, 1878

族征　额区无雌雄二型现象，额通常无明显特征；眼凹陷至分离；触角柄节延长，索节6或7节，触角棒非常扁平，缝存在时向上弯曲或退化；前胸背板前面区域具颗瘤，前缘通常具有齿列；前足基节相连；小盾片大，扁平；跗节伸缩入胫节沟槽中；腹部腹面逐渐至非常急剧下落至鞘翅端缘。

该族世界已知有5个属，主要分布非洲区，该族所有种类为一雌一雄型，蛀孔型小蠹。我国口岸主要截获到其中的1属5种。

切木小蠹族分属检索表

1 眼完整至稍微内凹；触角棒的第1缝分离，近乎直；触角索节7节；鞘翅沟间部缘脊状 ………………………………………… ***Cryphalomimus***

眼正常内凹至完全分离，触角棒缝稍微至明显向前弯曲状 ……………………2

2 眼正常内凹，内凹在眼高的1/3 处；前胸背板的基缘和侧缘圆形；触角索节6节，触角棒的缝稍微至正常向前弯曲，缝1不分离；鞘翅斜面陡峭，腹部缓慢递升 ………………………………………… ***Glostatus***

眼内凹至眼宽的一半或完全分离；前胸背板的基缘和侧缘具有浅的隆起的线；触角棒的缝明显的向前弯曲；缝1部分或完全分离；腹部正常至强烈递升………3

3 触角索节7节，触角棒正常扁平状，不对称，相对较小，与柄节等长，缝1在后半缘分离；鞘翅斜面非常陡，腹部正常递升；眼完全分离 …………… ***Ctonoxylon***

触角索节6节，触角棒非常扁平，对称，较大，明显大于柄节，缝1部分分离或不分离；鞘翅斜面短，非常缓，腹部强烈递升；眼完全分离或不分离 …………4

4 小盾片大，扁平，近三角形，同鞘翅基部齐平 …………………… ***Scolytomimus***

小盾片较小，近四边形，小盾片同第1和第2沟间部的凹陷区相连，小盾片稍微凸起于背面 ………………………………………… ***Xyloctonus***

（五十五）切刺小蠹属 *Scolytomimus* Blandford，1895

属征 体长1.0～2.5mm；体型较小，粗壮；触角索节6节，触角棒较大，扁平状，无明显的节间缝；复眼具有非常深的凹缘，几乎凹分为2部分；前胸背板具有明显的峰；小盾片大，呈三角状；鞘翅刻点沟和沟间部区分明显。

目前该属世界上已知14种，主要分布于东洋区和澳洲区，中国未有该属种类记录。切刺小蠹属种类为树皮小蠹，主要危害采伐倒下的树干或树桩。目前发现的所有种类的坑穴几乎是相同的模式。穿透树皮的侵入孔直接连着1个非常小的垂直的交配坑室，在交配坑室的上面和两侧是近直的、横向的母坑道，在母坑道的上下两侧均有数量较多的子坑道。依据赤道附近的气候条件，该属昆虫完成1个生活史的时间不超过4周。我国口岸在来自东南亚地区的原木上发现该属的多个种类。

262 安达曼切刺小蠹 *Scolytomimus andamanensis* Wood

鉴定特征 体长1.9～2.1mm，体长是体宽的1.9倍；体色棕黄色；触角棒端部阔圆；额强烈凸起，口上区横向的凹陷不明显；额表面具有密而深且非常粗糙的刻点，刻点间距离短于刻点直径；前胸背板前中部具有1对明显的齿瘤，齿瘤呈分离状，雌虫的前胸背板除了前中部具有1对明显的齿瘤外，前缘处还具有1对明显齿瘤，齿瘤紧相连；前足胫节后表面具有混乱的颗瘤；鞘翅具有明显的沟间部隆脊，第1、3、5、7沟间部与第9沟间部相交，第2、4、6、8沟间部缩短或消减，不与弯曲的第9沟间部隆脊相交。

寄主 久榄属（*Sideroxylon* spp.）。

分布 印度。

图158 安达曼切刺小蠹背面观、侧面观

263 牛油果切刺小蠹 *Scolytomimus mimusopis* Wood

鉴定特征 体长1.7～2.1mm，体长是体宽的1.9倍；体色棕黄色至棕色；额具有较多褶皱；前胸背板前缘具有1对明显的齿瘤和较多褶皱；鞘翅刻点沟具有圆形刻点，刻点之间的距离短于刻点半径；沟间部隆脊上无颗瘤；第7和第9沟间部隆脊于第7沟间部相交融合后继续延伸，先与缘脊相交融合，再与第3沟间部相交。

寄主 印度赤铁树（*Bassia latifolia*）、香榄（*Mimusops elengi*）。

分布 斯里兰卡。

图159 牛油果切刺小蠹背面观、侧面观

264 菲律宾切刺小蠹 *Scolytomimus philippinensis*（Eggers）

鉴定特征 体长1.8～2.0mm；体色暗棕色至棕黑色（但足和腹部黄色或棕黄

色）；前胸背板前中部具有1对明显的齿瘤和较少褶皱，齿瘤呈分离状；鞘翅刻点沟明显凹陷；刻点浅但明显；沟间部与刻点沟等宽或稍窄于刻点沟；鞘翅具有明显的沟间部隆脊，第1、3、5、7沟间部与第9沟间部相交，第2、4、6、8沟间部缩短或消减，不与弯曲的第9沟间部隆脊相交。

寄主 棕榈（*Palmetia pinnata*）、羯布罗香（*Dipterocarpus turbinatus*）、久榄属（*Sideroxylon* spp.）。

分布 澳大利亚、菲律宾。

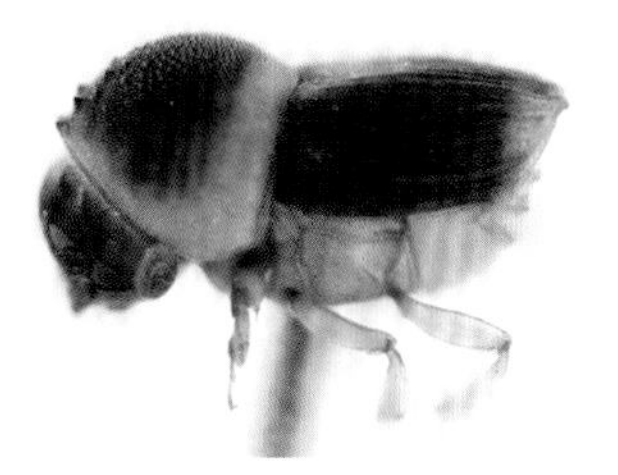

图160 菲律宾切刺小蠹背面观、侧面观

265 四齿切刺小蠹 *Scolytomimus quadridens* Wood

鉴定特征 体长1.6～2.0mm，体长与体宽相同；体色棕黄色；前胸背板前缘具有4个大的齿瘤，中间1对明显较大；额具有明显的凹陷，表面网状，刻点浅而稀疏；前胸背板的前缘至峰区表面粗糙，后部和侧面具有浅而粗糙的刻点，无褶皱，表面网状；鞘翅刻点沟刻点小、浅且紧密；沟间部宽度是刻点沟的4～5倍；鞘翅背盘微微凸起，刻点非常小且排列混乱；第9沟间部隆脊自鞘翅基部呈弱的圆钝隆起，与第3沟间部相交后，继续延伸至缘脊，第3和第5沟间部隆脊弱的隆起，不与第9沟间部相交。

寄主 无记录。

分布 巴布亚新几内亚。

图161 四齿切刺小蠹背面观、侧面观

266 伍德切刺小蠹 *Scolytomimus woodi* Browne

鉴定特征 体长1.1～1.3mm，体长是体宽的1.9倍；体色深棕色，足及其他附器颜色浅；额凸，近光亮，具有浅的网纹，下半部具有浅的刻点；鞘翅表面具有微小的网纹，刻点沟浅，刻点大而浅，不明显；沟间部窄于刻点沟，弱的隆脊；

第1、3、5沟间部延伸至端缘，第2、4沟间部短，不达端缘，第6、7、8沟间部端部消弱，第9沟间部弯曲成圆形与第1、3、5沟间部相交。

寄主 胶木属（*Palaquium* spp.）。

分布 马来西亚。

图162 伍德切刺小蠹背面观、侧面观

十七、木小蠹族 Xyloterini LeConte, 1876

族征 成虫的额具有雌雄二型现象，雄性额扁平或凹陷，雌性额凸；眼完全分离成2部分；触角索节4节，触角棒无缝，扁平呈叶片状；前胸背板的最高点位于背板中部，侧面观背板呈风帽状；前足基节相连。

该族世界已知有3个属，我国口岸主要截获到其中的1属3种。

木小蠹族分属检索表

1 触角棒基部明显近似角质状，端缘相当狭窄的部分强烈的向前面弯曲；前足胫节粗壮，雌虫前足胫节的后表面具瘤，雄虫的通常为扁平的微小瘤；雄虫额阔，自唇基至额顶深深凹陷，雌虫的则凸起状；雄虫的前胸背板近四方形，前缘直或稍稍后弯曲，雌虫前胸背板的前缘前弯曲具有一些齿 ········ ***Trypodendron***

触角棒的基部阔的，稍微向前弯曲或不完全角质状；前足胫节扁平，雌雄虫的前足胫节后面无颗瘤；雌雄虫的前胸背板的前缘向前弯曲，具有1列齿 ············ 2

2 触角棒的基部不加厚或角质化，统一地微毛至基部；雌雄体型相同；雄虫前胸背板的前缘具有中线 ············ ***Indocryphalus***

触角棒的基部近似角质状，前缘加厚，稍微向前弯曲；雄虫体型明显小于雌虫；雄虫前胸背板的前缘和雌虫相似，仅前缘的齿是退化或缺失的 ········· ***Xyloterinus***

（五十六）木小蠹属 *Trypodendron* Stephens，1830

属征 额两性不同，雌性额凸，雄性额深深凹陷；眼完全分离成2部分；触角索节4节，触角柄节延长，触角棒节叶片状，没有节间，具有强烈向上弯曲的近角质状基部区域；前胸背板两性不同，雌虫的前胸背板背面观前缘圆形后缘方形，雄虫的前胸背板背面观近方形；雌虫前足胫节的后缘具有粗糙的颗瘤；具有小盾片。

该属世界已知13余种，主要分布于新北区和古北区，我国已知3种。我国口岸主要截获到木小蠹属中的3个种类。

267 黑条木小蠹 *Trypodendron lineatum*（Olivier）

鉴定特征 体长2.7～3.5mm；体表光泽较弱，少毛；头部和前胸背板黑色，鞘翅底面褐色，有5条黑带，对称地纵贯翅面；触角棒节基狭顶阔，形状如扇，两侧对称；雄虫额面强烈凹陷，中心为一深窝；额面的刻点疏少，分布在两侧，雌虫额面隆起，刻点全部突起成粒，细小均匀；两性翅面刻点沟不明显凹陷，沟中的刻点圆形微弱，行列模糊；沟间部宽阔，平滑无点。

寄主 桤木属（*Alnus* spp.）、桦木属（*Betula* spp.）、刺柏属（*Juniperus* spp.）、崖柏属（*Thuja* spp.）、高加索冷杉（*Abies nordmanniana*）、弗雷泽冷杉（*A. fraseri*）、北美冷杉（*A. grandis*）、落基山冷杉（*A. lasiocarpa*）、红冷杉（*A. magnifica*）、雪松属（*Cedrus* spp.）、落叶松属（*Larix* spp.）、云杉属（*Picea* spp.）、布鲁尔云杉（*P. breweriana*）、恩氏云杉（*P. engelmannii*）、北美短叶松（*Pinus banksiana*）、扭叶松（*P. contorta*）、加州山松（*P. monticola*）、西黄松（*P. ponderosa*）、华山松（*P. armandii*）、花旗松（*Pseudotsuga menziesii*）、铁杉属（*Tsuga* spp.）、苹果属（*Malus* spp.）、北美红杉（*Sequoia sempervirens*）。

分布 中国、日本、韩国、土耳其、阿尔及利亚、埃及、利比亚、摩洛哥、突尼斯、奥地利、比利时、法国、捷克、斯洛伐克、丹麦、英国、芬兰、德国、希腊、匈牙利、意大利、卢森堡、荷兰、挪威、波兰、罗马尼亚、苏格兰、西班牙、瑞典、瑞士、俄罗斯、爱沙尼亚、拉脱维亚、加拿大、美国、前南斯拉夫。

图163 黑条木小蠹背面观、侧面观

268 光亮木小蠹 *Trypodendron proximum*（Niisima）

鉴定特征 体长3.5mm；体表极其光亮，体型粗壮；头部与前胸背板黑色；触角棒节两侧对称；额面刻点圆小，突起成粒，疏散均匀，雌虫额平隆，底面有细密印纹，暗淡无光泽，颗瘤更加粗糙；鞘翅没有黑色纵带，仅在鞘翅底面颜色部分区域颜色呈墨黑状。

寄主 红皮云杉（*Picea koraiensis*）、鱼鳞松（*Pinus microsperma*）。

分布 中国、日本、韩国、俄罗斯。

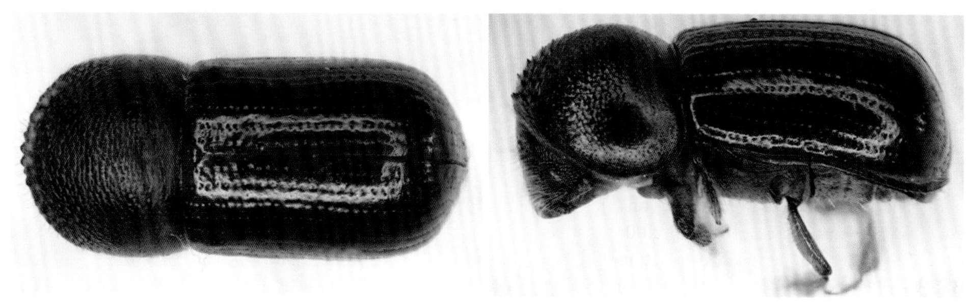

图164 光亮木小蠹背面观、侧面观

269 黄条木小蠹 *Trypodendron signatum*（Fabricius）

鉴定特征 体长3.5mm；体表光泽较弱，体型粗壮；头部与前胸背板黑色；触角棒节两侧不对称；额面颗瘤较多，雌虫的额部颗瘤多而粗糙；鞘翅底面黄色，上面具有5条黑色纵带，带形狭窄稍短；鞘翅刻点沟明显，刻点沟刻点粗大。

寄主 色木槭（*Acer mono*）、槭属（*Acer* spp.）、辽东桤木（*Alnus sibirica*）、桦木属（*Betula* spp.）、水青冈属（*Fagus* spp.）、梣属（*Fraxinus* spp.）、杨属（*Populus* spp.）、椴属（*Tilia* spp.）、春榆（*Ulmus japonica*）。

分布 中国、日本、韩国、土耳其、阿尔及利亚、埃及、利比亚、摩洛哥、突尼斯、奥地利、比利时、法国、捷克、斯洛伐克、丹麦、英国、芬兰、德国、希腊、匈牙利、意大利、卢森堡、荷兰、挪威、波兰、俄罗斯、罗马尼亚、苏格兰、西班牙、瑞典、瑞士、爱沙尼亚、拉脱维亚、加拿大、美国、前南斯拉夫。

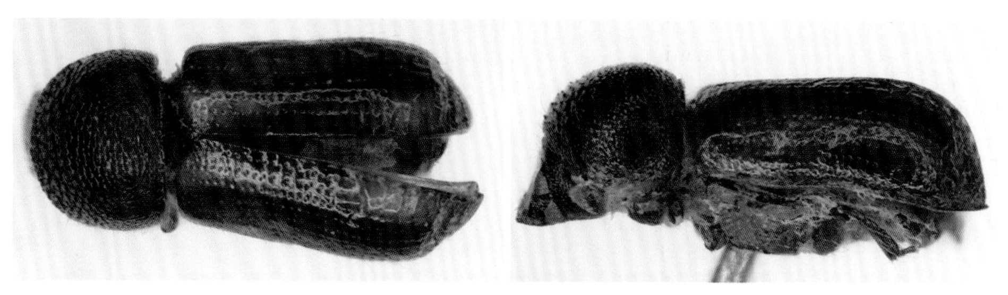

图165 黄条木小蠹背面观、侧面观

参考文献

陈志麟,邓金容, 2000. 进口花梨原木上截获的害虫及处理[J]. 植物检疫.
黄建珍, 吴振旺, 张晓琼, 等, 2006. 杨梅毁灭性蛀干新害虫——小粒材小蠹[J]. 浙江农业科学,(02): 101-102.
黄雅志, 阿红昌, 2001. 橡胶小蠹虫的危害和防治[J]. 热带农业科技,(3): 1-4.
李德山, 段刚, 赵汗青, 2003. 植物检疫除害处理研究现状及方向[J].植物检疫, 17(5).
李丽莎, 刘宏屏, 周楠, 等, 2004. 松小蠹综合控制技术研究[J]. 西部林业科学,33(1): 62-71.
刘增辉, 曹逸霞, 吴建波, 等, 2013. 齿小蠹信息素的研究与应用[J]. 植物检疫,27(6): 35-40.
綦虎山, 张俊华, 陈乃中, 等, 2014. 中国口岸截获的小蠹科昆虫概况[J]. 植物检疫,(6): 27-32.
杨星科, 2005. 外来入侵种: 强大小蠹[M]. 北京:中国林业出版社.
杨忠岐, 2004. 利用天敌昆虫控制我国重大林木害虫研究进展[J]. 中国生物防治学报, 20(4): 221-227.
姚剑, 殷玉生, 余晓峰, 等, 2009. 世界大小蠹研究[J]. 安徽农业科学, 37(16): 7533-7535.
殷蕙芬, 1984. 中国经济昆虫志—第二十九册:鞘翅目 · 小蠹科[M].北京:科学出版社.
张俊华, 牛春敬, 陈乃中, 2015. 警惕来自非洲原木上精灵小蠹属的有害昆虫[J].植物检疫(1): 73-77.
张俊华, 周贤, 于艳雪, 等, 2013. 检疫性小蠹科昆虫系统分类现状[J]. 植物检疫,27(3): 20-24.
ALONSO-ZARAZAGA M A, C H C LYAL, 2009. A catalogue of family and genus group names in Scolytinae and Platypodinae with nomenclatural remarks (Coleoptera: Curculionidae)[J]. Zootaxa, 2258: 1-134.
BEAVER R A, 2010. A review of the genus *Hadrodemius* Wood, with new synonymy and a key to species (Coleoptera: Curculionidae: Scolytinae)[J]. Zootaxa,2010(2444):51-57.
BEAVER R A, H GEBHARDT, 2006. A review of the Oriental species of *Scolytoplatypus* Schaufuss (Coleoptera, Curculionidae, Scolytinae)[J]. Deutsche Entomologische Zeitschrift, 53(2): 155-178.
BEAVER R A, L Y LIU, 2010. An annotated synopsis of Taiwanese bark and ambrosia beetles, with new synonymy, new combinations and new records (Coleoptera: Curculionidae: Scolytinae)[J].Zootaxa,2602: 1-47.
BOVEY, 1987. Insecta Helvetica, Catalogus Band 6: Coleoptera: Scolytidae et Platypodidae[J].Musse d'Histoire Naturelle de Neuchatel,1-96.
BRIGHT D E, 1976. The Insects and Arachnids of Canada (Part 2) The bark beetles of Canada and Alaska (Coleoptera: Scolytide)[J].Publ Can Dep Agric,23(2):148.
BRIGHT D E, 2014. A catalogue of Scolytidae and Platypodidae (Coleoptera), Supplement 3 (2000-2010), with notes on subfamily and tribal reclassifications[J].Insecta Mundi,(0356): 1-336.
BRIGHT D E, TORRES, 2006. Studies on West Indian Scolytidae (Coleoptera) 4 A review of the Scolytidae of Puerto Rico, U.S.A. with descriptions of one new genus, fourteen new species and notes on new synonymy(Coleoptera: Scolytidae)[J].Koleopterologische Rundschau, 76:389-428.
BROCKERHOFF E G, J BAIN M KIMBERLEY, M KNÍŽEK, 2006. Interception frequency of exotic bark and ambrosia beetles (Coleoptera: Scolytinae) and relationship with establishment in New Zealand and worldwide[J]. Revue Canadienne De Recherche Forestière,36(2): 289-298.
COGNATO A I, S M SMITH, 2010. Resurrection of *Dryotomicus* Wood and description of two new species from the Amazon River Basin (Coleoptera, Curculionidae, Scolytinae, Phloeotribini)[J].Zookeys, 56(56): 49-64.
COGNATO A I, F A H SPERLING, 2000. Phylogeny of *Ips* DeGeer Species (Coleoptera: Scolytidae) Inferred from Mitochondrial Cytochrome Oxidase I DNA Sequence[J].Phylogenetics & Envolution,14(3): 445-460.
GRÜNE, 1979. Bestimmung der europäischen Borkenkäfer-Brief Illustrated key to European Bark Beetles[J]. The genus *Dendroctonus*.
HAACK R A, J C GRÉGOIRE, S SALOM, et al., 2001. Intercepted scolytidae (Coleoptera) at U.S. ports of entry: 1985-2000[J]. Integrated Pest Management Reviews,6(3-4): 253-282.
HOPKINS A D, 1909. Contributions toward a monograph of the scolytid beetles. 1. The genus *Dendroctonus*[J]. Hua L z, 2002. List of Chinese Insects[M].Vol.II.Zhongshan:Zhongshan University Press.
HULCR, JIRI, 2010. Taxonomic changes in palaeotropical Xyleborini (Coleoptera, Curculionidae, Scolytinae) [J]. Zookeys, 56: 105-119.
HULCR J, A I COGNATO, 2009. Three new genera of oriental Xyleborina (Coleoptera: Curculionidae: Scolytinae[J]. Zootaxa, 2004: 19-36.
HULCR J, A I Cognato, 2010. New genera of Palaeotropical Xyleborini (Coleoptera: Curculionidae: Scolytinae) based on congruence between morphological and molecular characters[J].Zootaxa, 2717: 1-33.
HULCR J, A I COGNATO, 2013. Xyleborini of New Guinea: a taxonomic monograph[J].The Entomological Society of American, 1-172.

HULCR J, D S A, B R A, et al., 2007. Cladistic review of generic taxonomic characters in Xyleborina (Coleoptera: Curculionidae: Scolytinae)[J].Systematic Entomology.

JORDAL B H, G HEWITT, 2004. The Origin and Radiation of Macaronesian Beetles Breeding in Euphorbia: The Relative Importance of Multiple Data Partitions and Population Sampling[J]. Systematic Biology,53(5): 711-734.

JORDAL B H, 2010. Revision of the genus *Phloeoditica* Schedl - with description of two new genera and two new species in Phloeosinini (Coleoptera, Curculionidae, Scolytinae)[J].Zookeys,56(56).

JORDAL B H, 2013. Deep phylogenetic divergence between *Scolytoplatypus* and *Remansus*, a new genus of Scolytoplatypodini from Madagascar (Coleoptera, Curculionidae, Scolytinae)[J].Zookeys,352:9-33.

KIRKENDALL L R, M FACCOLI, H YE, 2008. Description of the Yunnan shoot borer, *Tomicus yunnanensis* Kirkendall & Faccoli sp n. (Curculionidae, Scolytinae), an unusually aggressive pine shoot beetle from southern China, with a key to the species of Tomicus[J]. Zootaxa, 25-39.

KNÍŽEK, 2011. Scolytinae.In:Lobl, I., Smetana, A.(Eds.), Catalogue of Palaearctic Coleoptera, CurculionoideaI[M]. Vol.7.Apollo Books, Stenstrup,204-251.

LECONTE J L, G H HORN, 1876. The *Rhynchophora* of America north of Mexico[J].15(96): vii-ix, xi-xvi, 1-442.

MAITI P K, S NIVEDITA, 2004. The fauna of India and the adjacent countries. Scolytidae: Coleoptera (bark and ambrosia beetles): Volume I (Part 1) introduction and tribe Xleborini[J].

MECKE R, 2004. New species of *Pachycotes* Sharp and *Xylechinus* Chapuis (Coleoptera: Curculionidae: Scolytinae, Tomicini) from New Caledonian *Araucaria* spp. (Coniferales: Araucariaceae)[J].Zoology,31(4): 343-349.

NUNBERG, 1963. *Xyleborus* Eichhoff (Coleoptera: Scolytidae). Ergänzungen, Berichtigungen und Erweiterung der Diagnosen (II. Teil)[J].Sciences zoologiques,115:1-127.

PFEFFER A, 1995. Zentral- und westpaläarktische Borken- und Kernkäfer (Coleoptera: Scolytidae, Platypodidae) [J].Basel:Pro Entomologia,1-310.

SCHEDL K E, 1951. Fauna aethiopica VII. Bark and ambrosia beetles from Dahomey and Togo collected by Mr.A.Villiers[M]. Bulletin de l' Institut Française de l' Afrique Noire,13: 1103-1106.

SCHOTT, 1994. Catalogue et Atlas des Coleopteres d' Alsace, Tome 6 : Scolytidae[J].Scolytidae.Societe Alsacienne d' Entomologie,1-172.

Smith S, A Cognato, 2014. A taxonomic monograph of Nearctic *Scolytus* Geoffroy (Coleoptera, Curculionidae, Scolytinae)[J]. Zookeys,450: 1-182.

SMITH S M, A I COGNATO, 2010. Notes on *Scolytus fagi* Walsh 1867 with the ignation of a neotype, distribution notes and Key to *Scolytus* Geoffroy of America east the Mississippi River (Coleoptera, Curculionidae, Scolytinae, Scolytini)[J].Zookeys,56(516).

SMITH S M, A I COGNATO, 2013. A New Species of *Scolytus* Geoffroy, 1762 and Taxonomic Changes Regarding Neotropical Scolytini (Coleoptera: Curculionidae: Scolytinae)[J]. Coleopterists Bulletin,67(4): 547-556.

STORER C G, J W BREINHOLT, J HULCR, 2015. *Wallacellus* is *Euwallacea*: molecular phylogenetics settles generic relationships (Coleoptera: Curculionidae: Scolytinae: Xyleborini)[J].Zootaxa, 3974(3): 391-400.

WOOD S L, 1963. A revision of the bark-beetle genus *Dendroctonus* Erichson (Coleoptera: Scolytidae)[J]. Great Basin Naturalist, 23(1-2): 1-117.

WOOD S L, 1982. The bark and ambrosia beetles of North and Central America (Coleoptera: Scolytidae), a taxonomic monograph[J]. Great Basin Naturalist Memoirs,6(6): 1-1359.

WOOD S L, 1986. A reclassification of the genera of Scolytidae (Coleoptera)[J]. Great Basin Naturalist Memoirs,(10): 1-126.

WOOD S L, 2007. Bark and ambrosia beetles of South America (Coleoptera, Scolytidae)[M]//Bark and ambrosia beetles of South America (Coleoptera,Scolytidae).Brigham Young University.

WOOD S L, D E BRIGHT, 1987. A Catalog of Scolytidae and Platypodidae (Coleoptera), Part 1: Bibliography[J]. Great Basin Naturalist Mem,11(11): 1-685.

WOOD S L, D E BRIGHT JR, 1992. A catalog of Scolytidae and Platypodidae (Coleoptera), part 2: taxonomic index[J].Great Basin Naturalist Memoirs,13(B): 835-1553.

学名索引